"十四五"普通高等教育本科部委级规划教材

纺织化学与原料前处理

张弦　李龙　主编

中国纺织出版社有限公司

内 容 提 要

本书是纺织科学与工程一流学科建设教材中的一种,系统地介绍了现代纺织技术中涉及的纺织化学基础和天然纺织原料的初步加工两方面内容。纺织化学基础包括高分子化合物、糖类化合物、氨基酸和蛋白质三部分内容,天然纺织原料如棉、羊毛、麻、绢纺原料、山羊绒的初步加工包括工艺原理、工艺条件、设备和质量控制等内容。

本书可作为高等院校纺织工程及相关专业的专业基础课教材,也可供纺织、化工领域的科研和工程技术人员参考。

图书在版编目(CIP)数据

纺织化学与原料前处理 / 张弦,李龙主编. --北京:中国纺织出版社有限公司,2023.4

"十四五"普通高等教育本科部委级规划教材

ISBN 978-7-5229-0254-8

I.①纺… Ⅱ.①张…②李… Ⅲ.①化学-应用-纺织工业-高等学校-教材②纺织-原料-前处理-高等学校-教材 Ⅳ.①TS101.3②TS102

中国版本图书馆 CIP 数据核字(2022)第 249073 号

责任编辑:孔会云 特约编辑:陈彩虹 责任校对:高 涵
责任印制:王艳丽

中国纺织出版社有限公司出版发行
地址:北京市朝阳区百子湾东里 A407 号楼 邮政编码:100124
销售电话:010—67004422 传真:010—87155801
http://www.c-textilep.com
中国纺织出版社天猫旗舰店
官方微博 http://weibo.com/2119887771
三河市宏盛印务有限公司印刷 各地新华书店经销
2023 年 4 月第 1 版第 1 次印刷
开本:787×1092 1/16 印张:14
字数:313 千字 定价:58.00 元

前言

本书是根据纺织高等教育改革的需求以及纺织工业的最新发展编写而成,系统地介绍了现代纺织技术中涉及的纺织化学基础和天然纺织原料初步加工两方面内容。本书在高等教育"十二五"部委级规划教材《纺织原料前处理》的基础上,对结构和内容重新进行了如下调整和修订:

天然纺织原料分纤维种类,如棉、羊毛、麻、绢纺原料、山羊绒分别介绍其初步加工的原理、工艺条件、设备和质量控制等内容,便于学生分类学习掌握;

纺织应用化学基础,介绍了与天然纺织原料初步加工相关的高分子化合物、糖类化合物、氨基酸和蛋白质的基本结构和性质,以及其他化学基础知识,学习掌握这部分内容对于深入理解纺织原料前处理的原理至关重要。

本书编写人员及分工如下:

第一章、第二章由吴倩编写;

第三章、第七章由张弦编写;

第四章、第五章由申国栋编写;

第六章由李龙编写。

全书由张弦、李龙统稿并最后定稿,由孙小寅审稿。

由于编者水平有限,书中难免存在不妥和错误之处,敬请读者批评指正。

编者

2022 年 9 月

课程设置指导

本课程设置意义 "纺织化学与原料前处理"是纺织工程专业的核心课程之一,它包括现代纺织技术中涉及的纺织化学基础和天然纺织原料初步加工两方面内容。本课程以纺织化学为基础,对棉、羊毛、麻、绢纺原料、山羊绒初步加工的原理、工艺条件、设备和质量控制等内容进行讲解,使学生能系统掌握相关专业知识。

本课程教学建议 "纺织化学与原料前处理"作为纺织工程专业的平台课程,建议 48~56 学时,每课时讲授字数建议控制在 4000 字以内。

本课程教学目的 通过本课程的学习,学生应系统地掌握纺织原料前处理加工所涉及的纺织化学理论;掌握棉、羊毛、麻、绢纺原料、山羊绒初步加工的基本原理、工艺条件、关键设备等;了解掌握半制品和成品的主要质量指标。

本课程设置指导仅供参考,各学校可根据实际情况进行调整。

目录

第一章 纺织应用化学基础

第一节 高分子化合物

纺织工业中使用的各种纤维原料，包括传统的天然纤维如棉、麻、丝、毛，以及涤纶、锦纶、腈纶等合成纤维，本质上都属于高分子材料。纺织纤维原料的加工也利用了高分子材料的多种性质，因而掌握高分子材料的基本概念和性质，对于深入理解纺织原料前处理加工的原理至关重要。

一、高分子化合物的含义和特征

（一）高分子化合物的含义

相对分子质量巨大，由一种或几种结构单元彼此以共价键重复连接而成的物质称为高分子化合物，也称高分子或高聚物。高分子化合物是由千百个原子彼此以共价键连接的、分子呈现多分散性的大分子化合物。

以聚氯乙烯为例：

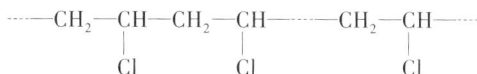

$$\cdots\cdots CH_2-CH-CH_2-CH-\cdots\cdots CH_2-CH$$
$$\quad\quad\quad\quad | \quad\quad\quad | \quad\quad\quad\quad\quad |$$
$$\quad\quad\quad\quad Cl \quad\quad\quad Cl \quad\quad\quad\quad Cl$$

简写为
$$\begin{bmatrix} CH_2-CH \\ \quad\quad | \\ \quad\quad Cl \end{bmatrix}_n$$

从聚氯乙烯的分子式可以看出，高分子化合物的大分子是由特定结构的基本单元多次重复组成的。组成大分子的重复结构单元称为链节，链节重复的次数称为聚合度，用 n 表示。能形成大分子中特定结构单元的低分子化合物称为单体。如聚氯乙烯分子中的链节为

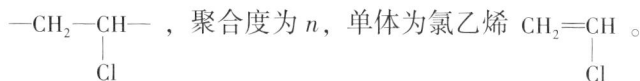

$$-CH_2-CH- \quad ，聚合度为 n，单体为氯乙烯 CH_2=CH$$
$$\quad\quad\quad | \quad\quad\quad\quad\quad\quad\quad\quad\quad\quad\quad\quad\quad\quad\quad\quad | $$
$$\quad\quad\quad Cl \quad\quad\quad\quad\quad\quad\quad\quad\quad\quad\quad\quad\quad\quad\quad\quad Cl$$

一般高分子化合物可简写为：

$$\underset{n}{\vdash P\dashv}$$

式中：P 为链节；n 为聚合度。

表 1-1 列出了常见纺织纤维的链节结构。

表 1-1　常见纺织纤维的链节结构

纤维	链节结构	单体
棉、麻、黏胶纤维、铜氨纤维		
羊毛、蚕丝		
聚对苯二甲酸乙二醇酯纤维（涤纶）		
聚己内酰胺纤维（锦纶6）		
聚己二酰己二胺纤维（锦纶66）		
聚丙烯腈纤维（腈纶）②		
聚乙烯醇缩甲醛纤维（维纶）③		
聚丙烯纤维（丙纶）		
聚氯乙烯纤维（氯纶）		

①单体也可采用 H_3COOC—⬡—$COOCH_3$ 。

②长链分子中含有少量（7%~9%）第二单体和第三单体。

③长链分子中约有30%的羟基与甲醛缩合成六元环，其余约70%羟基被保留。

（二）高分子化合物的特征

高分子化合物与低分子化合物相比，具有以下两大特征。

1. 巨大的分子量

一般在低分子化合物中，每一个分子中只有几个到几十个原子，分子量一般从几十到几百。就是比较复杂的有机化合物分子也不过含有二三百个原子，如三硬脂酸甘油酯（$C_{57}H_{110}O_6$）分子量也在 1000 以下。

但高分子化合物的分子量可以达到几万到几十万，甚至几百万，相对分子质量一般为 $10^4 \sim 10^6$。常见纺织高分子化合物的分子量见表 1-2。可见高分子化合物中的"高分子"就是指高分子量而言，这是高分子化合物与低分子化合物的主要区别。

表1-2　常见纺织高分子化合物的分子量

高分子化合物	分子量
淀粉	10000~80000
天然纤维素	1000000~2000000
涤纶	12000~20000
锦纶	15000~23000
聚丙烯腈	60000~500000

若高分子化合物的分子量为 M，链节的分子量为 M_p，聚合度为 n，则有下面的关系：

$$M = n \times M_p \tag{1-1}$$

由于分子量特别大，所以高分子化合物在结构上也比低分子化合物复杂得多，性质上也有所差异。

2. 异常的多分散性

（1）分子量的多分散性。高分子化合物是由许多大分子组成的，但是，在任何一种高分子化合物中，每一个大分子所含的链节数目不同，即聚合度或分子量不是单一的数值，而是在一定范围内。因此，高分子化合物的分子量是指平均分子量。例如，平均分子量为80000的聚苯乙烯，其分子量在几百到几十万之间，平均分子量为80000。所以高分子化合物在实质上是由许多链节相同而聚合度大小不同的化合物所组成的混合物，这种特性叫分子量的多分散性。平均分子量相同的高分子化合物，其分散性不一定相同。

分子量的分散性对高分子化合物的性质影响很大。高分子化合物分子量的多分散性越大（分子量的分布越宽），低分子组分越多，其力学性能越差（纤维的强力差）。反之，力学性能就越好。

（2）结构和组成上的多分散性。高分子化合物的结构和组成上也具有多分散性。例如，聚氯乙烯的分子链，除（Ⅰ）式结构外，还有少量的（Ⅱ）（Ⅲ）式结构存在。

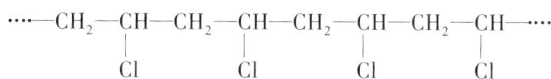

（Ⅰ）头—尾型

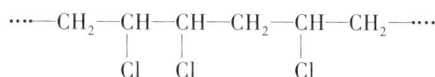

（Ⅱ）尾—尾型

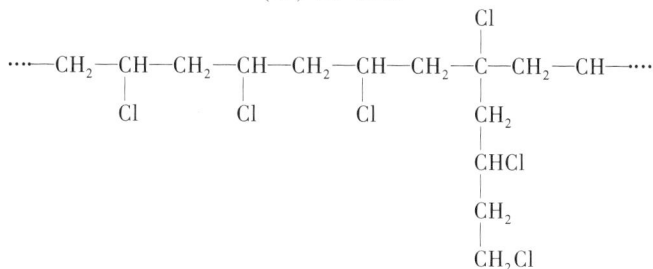

（Ⅲ）支链型

聚氯乙烯结构单元主要是头—尾型，如含有少量的尾—尾型，则会导致热稳定性下降。

（3）原子与原子团的排列方式多样化。高分子化合物空间结构上原子与原子团的排列方式也是多样化的，如聚丙烯的空间结构就有三种排列方式（图1-1）。

原子与原子团排列方式的不同，对高分子化合物的性质也有很大影响。全同立构聚丙烯的熔点为165℃，密度为0.92g/cm^3，经纺丝可制成丙纶；无规立构聚丙烯的熔点为75℃，密度为0.75g/cm^3，目前尚无使用价值。

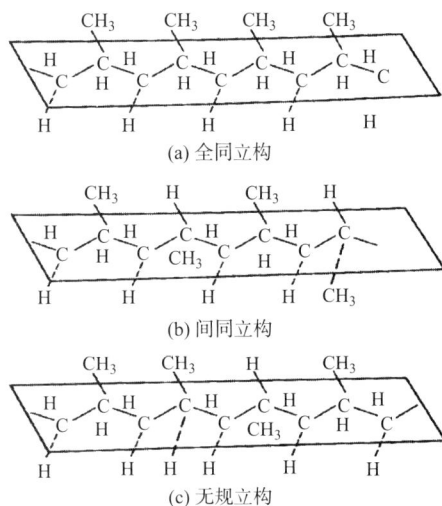

(a) 全同立构

(b) 间同立构

(c) 无规立构

图1-1　聚丙烯主链上碳原子的三种排列方式

二、高分子化合物的命名和分类

（一）高分子化合物的命名

天然高分子化合物沿用俗称，如纤维素、蛋白质、淀粉等。

合成高分子化合物采用以下四种命名方法。

1. 习惯命名

合成高分子化合物一般在单体的名称前加"聚"字，例如，聚乙烯、聚乙烯醇、聚丙烯、聚丙烯腈、聚对苯二甲酸乙二醇酯等。由两种单体经缩聚而成的聚合物，通常在单体名称或其简称后加"树脂"二字，例如，酚醛树脂、环氧树脂等。

2. 结构命名

根据组成聚合物大分子上烃基之间的键接基团来命名，例如，—COO—聚酯、—CONH—聚酰胺、—OCONH—聚氨基甲酸酯等。

3. 商品命名

有的根据外来语命名，有的根据聚合物的结构特征和使用性能特点命名。例如，尼龙66、尼龙6、涤纶、腈纶、丙纶等。

4. 系统命名

按低分子有机化合物的命名原则命名，然后在其前面加上"聚"字。这种命名方法较繁琐，不常用。

（二）高分子化合物的分类

1. 按来源分类

高分子化合物按来源分为天然高分子化合物和合成高分子化合物两大类。蚕丝、羊毛、棉、麻、淀粉及天然橡胶等都是天然高分子化合物。合成高分子化合物包括合成纤维、合成浆料、合成橡胶、塑料等。

2. 按主链结构分类

高分子化合物根据主链结构的不同可以分为三类。

（1）碳链高分子化合物。主链全部由碳原子构成，如聚氯乙烯：

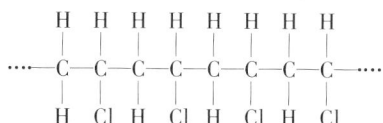

$$\cdots\text{—}\underset{\underset{\text{H}}{|}}{\overset{\overset{\text{H}}{|}}{\text{C}}}\text{—}\underset{\underset{\text{Cl}}{|}}{\overset{\overset{\text{H}}{|}}{\text{C}}}\text{—}\underset{\underset{\text{H}}{|}}{\overset{\overset{\text{H}}{|}}{\text{C}}}\text{—}\underset{\underset{\text{Cl}}{|}}{\overset{\overset{\text{H}}{|}}{\text{C}}}\text{—}\underset{\underset{\text{H}}{|}}{\overset{\overset{\text{H}}{|}}{\text{C}}}\text{—}\underset{\underset{\text{Cl}}{|}}{\overset{\overset{\text{H}}{|}}{\text{C}}}\text{—}\underset{\underset{\text{H}}{|}}{\overset{\overset{\text{H}}{|}}{\text{C}}}\text{—}\underset{\underset{\text{Cl}}{|}}{\overset{\overset{\text{H}}{|}}{\text{C}}}\text{—}\cdots$$

（2）杂链高分子化合物。主链中除碳原子外，还夹杂有氧、硫、氮等原子，如聚己内酰胺：

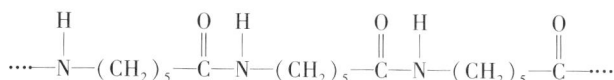

$$\cdots\text{—}\underset{}{\overset{\overset{\text{H}}{|}}{\text{N}}}\text{—}(CH_2)_5\text{—}\overset{\overset{\text{O}}{\parallel}}{\text{C}}\text{—}\underset{}{\overset{\overset{\text{H}}{|}}{\text{N}}}\text{—}(CH_2)_5\text{—}\overset{\overset{\text{O}}{\parallel}}{\text{C}}\text{—}\underset{}{\overset{\overset{\text{H}}{|}}{\text{N}}}\text{—}(CH_2)_5\text{—}\overset{\overset{\text{O}}{\parallel}}{\text{C}}\text{—}\cdots$$

（3）元素高分子化合物。主链不含碳原子，而是由硅、氧、钛、硼等原子组成，如聚二甲基硅氧烷（甲基硅油）：

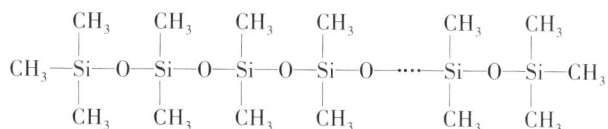

$$CH_3\text{—}\underset{\underset{\text{CH}_3}{|}}{\overset{\overset{\text{CH}_3}{|}}{\text{Si}}}\text{—O—}\underset{\underset{\text{CH}_3}{|}}{\overset{\overset{\text{CH}_3}{|}}{\text{Si}}}\text{—O—}\underset{\underset{\text{CH}_3}{|}}{\overset{\overset{\text{CH}_3}{|}}{\text{Si}}}\text{—O—}\underset{\underset{\text{CH}_3}{|}}{\overset{\overset{\text{CH}_3}{|}}{\text{Si}}}\text{—O—}\cdots\text{—}\underset{\underset{\text{CH}_3}{|}}{\overset{\overset{\text{CH}_3}{|}}{\text{Si}}}\text{—O—}\underset{\underset{\text{CH}_3}{|}}{\overset{\overset{\text{CH}_3}{|}}{\text{Si}}}\text{—CH}_3$$

3. 按分子的几何形状分类

高分子化合物按照分子的几何形状可分为线型高分子化合物（包括带支链的）和体型高分子化合物两大类。

4. 按性能、用途分类

根据性能、用途的不同，可分为塑料、橡胶、纤维三大类。随着化学合成工业的发展，又出现了树脂、涂料、黏合剂、合成浆料等。

5. 按合成方法分类

根据合成方法的不同，可分为加成聚合物、缩合聚合物两类。由一种或几种不饱和低分子化合物（单体）通过加成反应相互结合成为高分子化合物的反应，称为加聚反应，形成的高分子化合物称为加成聚合物，如聚丙烯、聚氯乙烯。由含有两个或两个以上官能团的一种或多种单体互相缩合成为高分子化合物，同时析出其他低分子物质（如水、氨、醇、卤化氢）的反应，称为缩聚反应，形成的高分子化合物称为缩合聚合物，如聚对苯二甲酸乙二醇酯、聚己二酰己二胺。

6. 按对热的性质分类

高分子化合物按照对热的性质可分为热塑性、热固性和元素固化性三大类。热塑性高分子化合物是指受热（低于分解温度）可以软化或变形，能受多次反复加热模压的高分子化合物，一般为线型结构，如聚酯、聚酰胺、聚苯乙烯等。热固性高分子化合物是指受热后转变为不熔状态的高分子化合物，如氰醛树脂、酚醛树脂等，一般都是体型结构。元素固化性高分子化合物是指在一定元素（如 S 和 O）作用下能转变为不熔状态的高分子化合物，如橡胶等。

三、高分子化合物的结构

高分子化合物的结构比常见的低分子化合物要复杂得多。这是由于它的分子量较大，从而带来分子结构、形态、聚集状态等的差异。通过各种观测方法对高分子化合物的结构进行研究后发现，高分子化合物是由许多不同层次、不同形式的结构组成的，它们具有各自的运动特点。正是由于这种结构、运动的多重性，使得高分子化合物呈现不同的性能。

高分子化合物的结构层次一般包括一次结构、二次结构和三次结构。一次结构是指大分子的化学组成和构型，一般称为分子链的化学结构；二次结构是指分子链的构象，或称大分子的形态结构；三次结构是指大分子的聚集态结构，指大分子链之间的排列与堆砌，又称为超分子结构。

（一）大分子链的构型

1. 立体异构

所谓构型，是指高分子化合物分子中的原子或基团在空间排列的方式。由于这种排列方式是由化学键固定的，因而非常稳定。

在有机化学中，当碳原子上所连的 4 个原子或基团不对称时，会形成立体异构。如含取代基的乙烯类高分子化合物，如果将其拉成平面锯齿形，取代基 R 分别位于碳原子所形成平面的上、下两侧位置。从立体结构的规整性看，高分子化合物会出现三种构型，如图 1-2 所示。

图 1-2（a）中取代基 R 排列在主链平面的同侧，这种构型称为全同立构（等规）；图 1-2（b）中取代基 R 交替出现在主链平面的两侧，称为间同立构（间规）；图 1-2（c）中取代基 R 无规则地排列在主链平面两侧，称为无规立构。

全同立构和间同立构的高分子化合物称为有规高聚物，无规立构的高分子化合物称为无规高聚物。一般情况下，高分子化合物中有规高聚物和无规高聚物同时存在，只是所占比例不同。通常将高分子化合物中有规高聚物所占

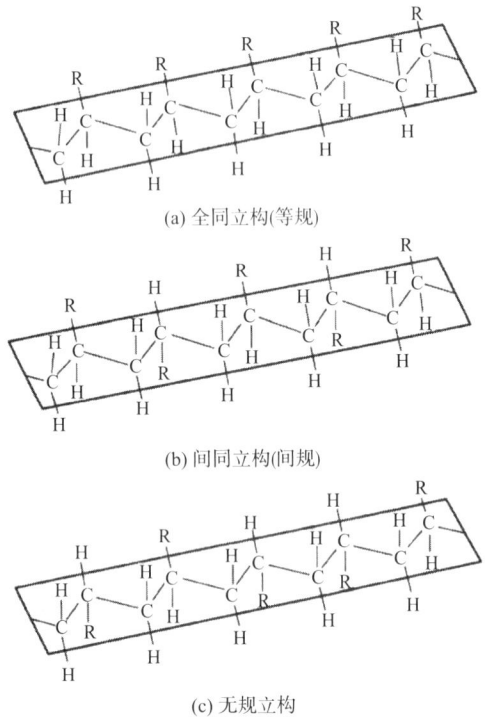

(a) 全同立构(等规)

(b) 间同立构(间规)

(c) 无规立构

图 1-2 乙烯类高分子化合物的三种立体构型

的比例称为等规度。等规度高的高分子化合物，由于分子排列规整，其结构比较紧密，容易形成结晶，高分子化合物密度大、熔点高、不易溶解。如有规聚苯乙烯的熔点为 240℃，不溶于苯；而无规聚苯乙烯的软化温度为 80℃，溶于苯。

2. 大分子链的几何形状

高分子化合物大分子链的几何形状分为线型和体型两种。纤维大分子属于线型结构，由许多链节连成一个长链，链的直径与长度之比可达 1 比几万（相当于直径为 1cm 而长则达几百米的绳子），这样长的链通常都是呈卷曲不规则的线团状，如图 1-3（a）所示。有些高分

子化合物链上带有一些支链，也属于线型结构，如图 1-3（b）所示。如果高分子化合物大分子之间有许多支链彼此交联起来，就成为体型结构，如图 1-3（c）所示，如常见的酚醛塑料。

高分子化合物大分子链的几何形状不同，性质也会有较大差别，见表 1-3。

线型结构与体型结构之间没有严格的界限，如支链多的线型高分子化合物的性质就接近体型的性质。另外，线型高分子化合物的分子，如果链节中含有互相可以起作用的基团，或分子间通过某种低分子物质相互作用，在一定的条件下发生化学反应，使分子链与分子链交联起来，也可以成为体型结构，所以常把带支链的大分子看作是一种过渡形态。

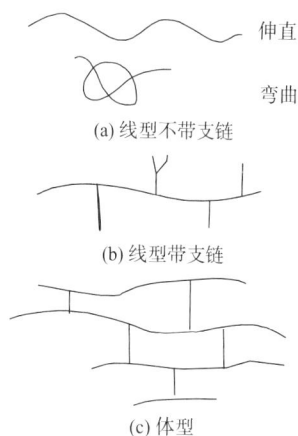

图 1-3 高分子化合物大分子链的几何形状示意图

表 1-3 线型结构与体型结构的性质

线型结构	体型结构
具有热塑性（热软冷硬）	不具有热塑性（不软不熔）
有弹性	无弹性
可溶于有机溶剂	不溶于有机溶剂
可以整齐排列	不能整齐排列

（二）大分子链的构象

高分子材料大多具有高弹性，如橡胶受力时可伸长数倍，释放外力又可迅速恢复原状。这一现象产生的原因主要是高分子化合物大分子的长链结构和链上各键的自由旋转，即构象。

1. 单键的内旋转与构象

高分子化合物大分子主链结构中存在着许多单键。这些单键是由 σ 电子组成的，两个由 σ 键连接的原子可以相对旋转而不影响其电子云分布。因此，单键可以绕轴旋转，称为内旋转。如果将以 3 个单键相连的 C_1—C_2—C_3—C_4 放在坐标上，如图 1-4 所示，在保持键角 109°28′ 不变的情况下，若 C_1—C_2 键以自身为轴旋转，则 C_2—C_3 键就会在与 C_2 相连的圆锥面上转动。这样由 3 个单键组成的碳链就可以在空间产生许多形态。将这种由于单键内旋转而产生的分子在空间的不同形态称为构象。高分子化合物大分子链的构象在外力作用下随温度的升高会产生变化。

高分子化合物主链中所含的碳原子数很多，单键成千上万。若每个单键都能进行自由内旋转，大分子在空间就会蜷缩成无数形态，所以高分子化合物的大分子链不会是僵硬的直线型，而是像一个杂乱的线团，称为

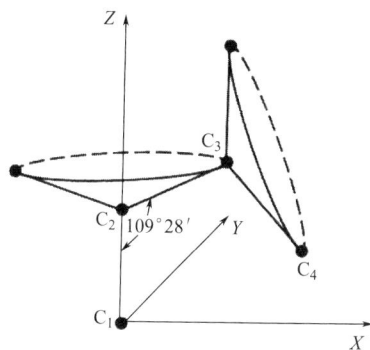

图 1-4 C—C 单键内旋转示意图

"无规线团"。事实上，完全自由的单键内旋转是不可能存在的，因为在碳原子上总会带有其他原子或基团。所以单键内旋转时，必须克服一定的阻力才能进行，这种内旋转称为受阻内旋转。受阻内旋转所受到的阻力称为位垒。由于位垒的存在，高分子化合物的构象更加复杂。

单个分子链的构象结构称为高分子化合物的二级结构，如图 1-5 所示，可以是单键完全伸展的锯齿状，也可以是无规缠结的柔软线团、折叠链或螺旋状链等。

无规线团　　　　　　折叠链　　　　　　螺旋状链

图 1-5　高分子化合物的二级结构示意图

2. 大分子链的柔顺性

链状大分子在分子内旋转的情况下可以卷曲收缩，也可以扩展伸长，从而改变其构象的性质，称为柔顺性。显然构象越多，分子链的卷曲倾向越大，分子链越柔顺。

表示大分子柔顺性的方法有两种，一种是链段长度表示法，另一种是均方末端距表示法，其中常用的是链段长度法。在大分子中，任何一个单键在进行内旋转时，必定会带动周围链节一起运动。但由于大分子链很长，不可能所有的链节都一起运动。受到带动而一起运动的若干链节称为链段，它被视为能够独立运动的最小单元。链段越短，大分子中能够运动的单元越多，构象越容易改变，大分子的柔顺性越好；反之，分子链柔顺性越差，呈现一定的刚性。如锦纶 66 的链段长度为 1.66nm，聚丙烯腈的链段长度为 3.17nm，所以，锦纶 66 比聚丙烯腈柔顺。

高分子化合物分子链的柔顺性影响大分子的聚集状态，从而对高分子化合物的力学性能产生很大的影响。一般认为，影响大分子柔顺性的因素主要有主链因素、侧链因素和外界因素。

（1）主链因素。主链结构对大分子柔顺性的影响主要包括主链的组成及主链的长短两方面。

高分子化合物的大分子链并不都是由 C—C 链组成的，除 C—C 链外，还存在着 Si—O、C—O 链等。主链所含的原子不同，形成的键长、键角不同，因此大分子内旋转所受到的阻力就不相同，导致大分子的柔顺性不同。一般地，不同主链的大分子柔顺性依次为：

$$Si—O>C—O>C—C$$

这是因为 Si—O 链的键长、键角大于 C—O 链的键长、键角，使得内旋转更容易，柔顺性更好；而 C—O 链的柔顺性好于 C—C 链，是因为 C—O 链上的非主链原子间的距离大于 C—C 链，因此柔顺性好。

如果主链结构中含有芳环或杂环，由于芳环或杂环不易绕单键进行内旋转，所以大分子的柔顺性下降。

对含双键的主链，双键对主链柔顺性的影响有两种情况：含孤立双键的大分子虽然连接的原子不能内旋转，但可使与双键相邻的单键内旋转更自由，从而可增加柔顺性；而含共轭双键的大分子，由于 π 键的覆盖，使其内旋转困难，导致柔顺性下降。实际上，含共轭双键的大分子通常呈现刚性。

若大分子链很短，内旋转的单键数目很少，分子的构象数很少，必然出现刚性。

（2）侧链因素。侧链取代基的体积大小、极性强弱以及取代基的数量等对高分子化合物大分子链的柔顺性有很大的影响。取代基体积大，内旋转所受阻力就大，分子链的柔顺性降低。同样，取代基的数量越多，链的柔顺性越差。就取代基的极性而言，极性增强，会增加大分子的分子间力，甚至使其产生交联，交联点的单键无法内旋转，使其柔顺性下降。一般地，交联越多，大分子的柔顺性越差，刚性越强。

（3）外界因素。外界因素对大分子柔顺性的影响主要是温度。温度不同，大分子的运动状态不同。随温度的升高，提供给大分子内旋转所需克服阻力的能量越多，分子热运动加强，使大分子中的原子、取代基、链段等越容易运动，大分子间的相互作用力也容易克服，从而使大分子柔顺性提高。如果温度降低，分子热运动能力降低，导致内旋转困难，大分子链的柔顺性就会降低。当温度下降到一定程度时，链段会发生"冻结"，这时大分子链会呈现僵硬状态。

利用温度可以改善大分子链柔顺性这一特点，在高分子化合物的加工过程中，常常配合其他条件，以改变高分子化合物的形态结构以及力学性质。

（三）聚集态结构

高分子化合物的聚集态结构称为三级结构，也称为超分子结构或微结构，指许许多多单个大分子在高分子化合物内部的排列状况及相互联系。高分子化合物的聚集态结构直接影响物质的加工和使用性质。

低分子固体物质有晶态和非晶态两种结构。若组成物质的分子、原子或离子在空间以几何方式有规则地排列，称为晶态；若无规则地排列，则称为非晶态。

高分子化合物的分子，因分子链长、卷曲及结构的多分散性，不能排列为整齐的形状。但由于分子链间的作用力，当温度降低或将其拉伸时，可使各分子链的链节部分排列整齐。应用 X 射线研究高分子化合物聚集态结构发现，许多高分子化合物虽然不像低分子晶体那样有规则地排列，但其内部也有一定数量的微小晶粒。而且晶粒内部也具有最小的单元晶胞。因此，可以认为固体高分子化合物也有晶态和非晶态之分。不过，固体高分子化合物中大分子链的真实排列情况至今尚无定论，聚集态的理论还存在一定的问题，但对帮助人们认识高分子化合物的基本结构和性质，还是很有价值的。

尽管高分子化合物和低分子化合物都有晶态和非晶态，但与低分子化合物不同的是，同一化学结构的高分子化合物会因合成条件和加工条件的不同，形成不同的晶体，从而导致高分子化合物性能的差异。如聚对苯二甲酸乙二醇酯既可以加工成高强度低伸长的纤维，也可以加工成低强度高伸长的纤维。同一材料具有不同的应用性能，关键在于高分子化合物超分子结构的差别。

高分子链之间堆聚在一起会有许多形式，可以是完全无规的无定形结构，也可以是有规的结晶结构，甚至是二重螺旋结构，更多的是半结晶结构，如图1-6所示。

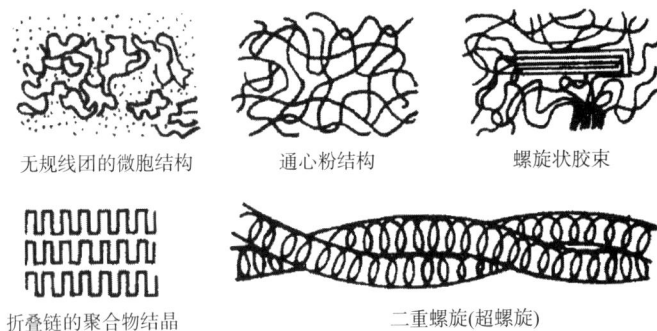

无规线团的微胞结构　　　　　通心粉结构　　　　　螺旋状胶束

折叠链的聚合物结晶　　　　　二重螺旋(超螺旋)

图1-6　高分子化合物的三级结构示意图

固体高分子化合物有晶态、非晶态和取向态三种聚集形式。为了更好地描述高分子化合物的聚集态结构并直观地反映超分子结构与性能的关系，在提出结构理论的同时，往往伴以相应的模型进行分析解释。有关高分子化合物聚集态的理论与模型有很多，比较实用的有以下几种。

1. 高分子化合物的晶态结构

高分子化合物的晶态结构有两种模型，两相结构模型和折叠链模型。

（1）两相结构模型。两相结构模型也称缨状微胞模型，后又发展成缨状原纤结构模型。

在用X射线对高分子化合物的聚集态结构进行大量研究的基础上，人们提出了结晶高分子化合物的缨状微胞结构模型，如图1-7所示。在这一模型中，大分子规则排列的部分称为晶区，它是由若干个分子链段相互规整、紧密排列形成的。大分子链呈无规则卷曲和相互

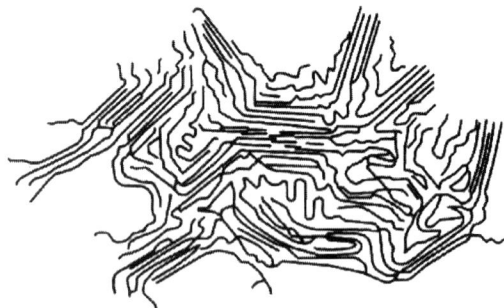

图1-7　结晶高分子的缨状微胞结构模型示意图

缠结的部分称为非晶区。研究发现，很多高分子化合物中既含有结晶部分也含有非晶（无定形）部分，因此认为高分子化合物的晶态结构是晶区与非晶区同时存在、不可分割的两相结构。其中单个大分子链可以同时贯穿几个晶区与非晶区。这个模型对解释高分子化合物化学反应的不匀性、纤维的力学性能、染色性等起到了很大作用。

随着测试技术的发展，在观察纤维超分子结构时发现了比微晶体大得多的丝状组织，称为原纤结构，因而对两相结构模型进行了修正，提出了缨状原纤结构模型。这个模型认为，原纤内部的分子排列是有序的、结晶的，但可能存在缺陷，而原纤之间则属于非晶态。

（2）折叠链模型。折叠链模型是在应用电子显微镜直接观察高分子化合物晶体结构的基

础上产生的，如图 1-8 所示。该模型认为，伸展的分子链倾向于相互聚集在一起形成链束。链束细而长，由于表面能很大，不稳定，会自发折叠成具有较小表面的带状结构，带状结构再进一步堆砌成晶片，最终由晶片堆砌形成晶体。

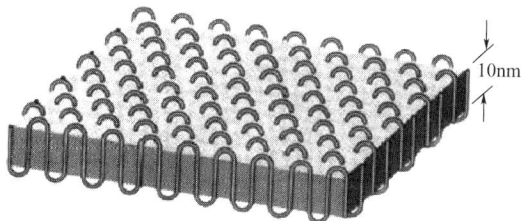

图 1-8 结晶高分子折叠链模型示意图

在一般结晶高分子化合物中，折叠链与伸直链、结晶区与非晶区往往是共存的，其比例视大分子的结构和结晶条件不同而不同，结晶部分占 40%~90%。在综合了晶态高分子化合物结构中可能存在的各种形态后，人们提出了一种折中的结构模型，即半晶高分子化合物折叠链模型，这个模型特别适合描述部分结晶高分子化合物的复杂结构形态。

一般用结晶度衡量结晶高分子化合物的结晶程度。其含义是结晶部分在整个聚集体中所占的百分数。它有两种表示方法，一种是质量结晶度 f_w，另一种是体积结晶度 f_v。

$$f_w = \frac{W_0}{W} \times 100\% \tag{1-2}$$

$$f_v = \frac{V_0}{V} \times 100\% \tag{1-3}$$

式中：W_0 为结晶部分的质量；V_0 为结晶部分的体积；W 为聚集体的质量；V 为聚集体的体积。

结晶度大小对高分子化合物的性能有很大影响。结晶度增加，高分子化合物的强度、硬度、尺寸稳定性等提高，而延伸度、吸湿性、染色性等下降。

由高分子化合物的结晶特点可以看出，大分子的对称性以及组成大分子链节基团极性的大小，对其结晶有很大影响。大分子的对称性越大或分支越少，分子链的平行排列程度就越大，结晶性就越好；反之，结晶变差。大分子链上含有极性基团（—OH、—COOH、—CONH$_2$ 等），分子间的力就越大，结晶就越好。

如图 1-9 所示，对纤维常采取拉伸的方法，使纤维的结晶度增加，以提高强度及化学稳定性。

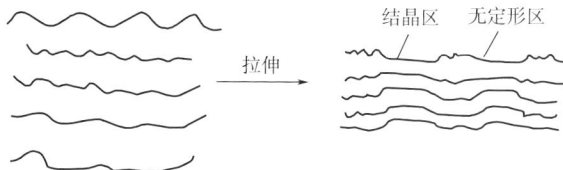

图 1-9 高分子化合物的部分结晶示意图

2. 高分子化合物的非晶态结构

物体仅有固体外表，没有晶格的结构称为非晶态结构，又称无定形结构。人们曾经认为非晶态结构高分子化合物中的分子链完全无规则地缠结在一起，像一块"毛毡"。它的分子间力较弱，易于卷曲，分子链会随外力的施加而伸长，随外力的释放而回复。但实验发现，非晶态结构也有一定程度的有序。因此出现了高分子化合物非晶态结构模型。在这一模型中，高分子化合物的晶区与非晶区不存在截然分开的物理界面，而是逐步过渡状态，这可用侧序度的概念加以说明。所谓侧序度，是指单位体积内所含的分子间键能或氢键数。显然，侧序度不同，大分子排列的紧密程度不同。高分子化合物的侧序度分布如图1-10所示。

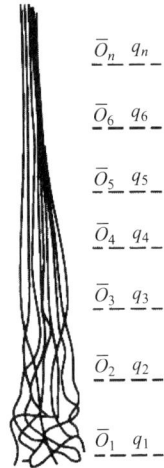

图1-10中，最无序的非晶区用侧序度 $\overline{O_1}$ 表示。随着有序度连续增大，任意将全部结构分为若干区域，其侧序度分别为 $\overline{O_1}$、$\overline{O_2}$、$\overline{O_3}$……$\overline{O_n}$，$\overline{O_n}$ 为最有序的结晶区。

图1-10 非晶态高分子化合物的侧序度分布示意图

通过模型可以看出，在完全无定形区，分子链排列比较散乱，分子间堆砌比较松散，分子间力较小。由于分子间存在着许多间隙和空洞，所以密度较小。在这些区域内，大分子链间既有结合点，也有缠结点。

天然纤维（棉、毛、丝、麻）及合成纤维的线型分子排列，一部分是结晶区，一部分是无定形区，如图1-9所示。而大多数合成树脂和合成橡胶都是无定形结构。

3. 高分子化合物的取向态结构

高分子化合物中，大分子链、链段或晶体结构沿外力方向做有序排列，这一过程称为取向，其有序排列的程度称为取向度。取向态和结晶态虽然都是分子的有序排列，但其状态不同。取向态一般是一维或二维有序，而结晶态则是三维有序。

取向包括链段取向、大分子链取向和结晶区取向。一般情况下，非晶态高分子化合物只发生链段取向和大分子链取向，如图1-11所示。而晶态高分子化合物的情况较复杂，它还会发生结晶区取向。无论哪一种取向，在外力作用下，首先发生的是链段取向，然后才是大分子链取向。

高分子化合物取向时，外力和温度是必不可少的条件。在外力作用时，由于内旋转位垒及分子间引力发生破坏，使大分子或其链段沿外力方向发生分子重排，达到取向目的。但是外力引发的取向并不是一个稳定的状态，一般情况下，取消外力会发生"解取向"。要使取向达到相对稳定的状态，温度是相当重要的条件。因为温度是引起分子热运动的重要因素，提高温度可以使大分子的热运动加剧，有利于克服分子间的阻力。外力作用容易使链段、大分子等产生移动，从而完成取向。但由于分子热运动总是使分子趋于紊乱无序，即解取向过程，所以取向完成时，为了维持取向状态，在释放外力前，必须先降低温度，以便将链段和大分子的运动"冻结"。

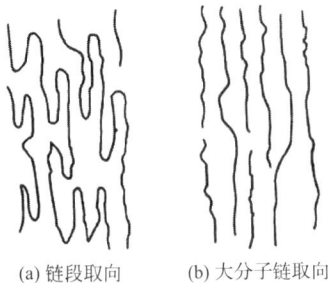

(a) 链段取向　　(b) 大分子链取向

图1-11 高分子化合物的取向

取向和无取向的同一高分子化合物在性质上有很大差异，其力学性能、光学性能及其他性能都会发生一定的变化。对于纺织纤维，要使纤维既有较高的强度，又有一定的弹性，须使大分子取向而链段解取向。

四、高分子化合物的性质

高分子化合物由于大分子结构的特点，决定了其具有与低分子物质不同的性质。

（一）高分子化合物的力学状态及转变

物质在外力作用下会表现出不同的力学性质，不同条件下其力学性质不同。而高分子化合物的力学性质直接影响其使用价值。

1. 非晶态高分子化合物的力学状态及转变

非晶态高分子化合物在所受外力作用不变的情况下，会随温度的变化呈现玻璃态、高弹态和黏流态三种不同的力学状态。图 1-12 是非晶态高分子化合物的温度—形变曲线图。图中 T_g 和 T_f 是高分子化合物的两个特征温度。T_g 为玻璃化温度，指高分子化合物从玻璃态转变到高弹态的温度；T_f 为黏流化温度，指高分子化合物从高弹态转变到黏流态的温度。

（1）玻璃态。当温度较低时（低于 T_g），分子的热运动很微弱，克服不了分子间作用力的"束缚"。这时无论是链节的热运动或整体的热运动都很微弱，大分子链段基本处于冻结状态，不能进行分子内旋转，只能在本位上振动，此时高分子化合物表现出的力学性质与玻璃相似。当受到外力作用时，只能引起键长、键角的变化，形变很小（0.01%~0.1%），且形变与所受外力大小成正比，高分子化合物失去弹性变得硬而脆。高分子化合物的这种状态称为玻璃态或普弹态。玻璃态时产生的形变称为普弹形变。

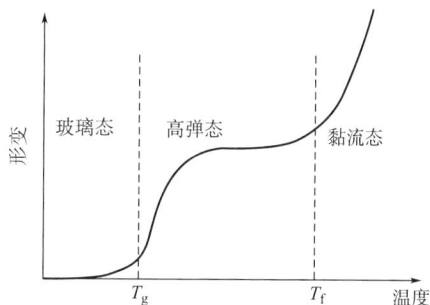

图 1-12　非晶态高分子化合物的温度—形变曲线图

T_g 一般是一个区间而不是一个单一值，也就是说，玻璃态转化过程不是突变而是渐变的。

（2）高弹态。当温度高于 T_g 时，分子的热运动能量不断增加，虽然整个大分子还不能移动，但分子热运动的能量足以克服内旋转阻力，链段不仅可以转动，还可以发生部分移动，大分子链间的相互作用力降低。在外力作用下容易沿受力方向从卷曲状态转变成伸直状态，发生很大的形变（100%~1000%），外力释放后又可回复原态。这种力学性质称为高弹态。高弹态时产生的形变称为高弹形变。

日常见到的无定形线型高分子化合物，一般都是有很大弹性的物质，这种弹性比一般低分子物质要大得多，这是高分子化合物特有的力学状态。无定形线型高分子化合物在普通室温下处于卷曲状态，大分子互相纠缠在一起，在一定温度范围内，大分子整体的热运动不能发生，而只具有分子链节的热运动。因此，当受到拉力时，卷曲着的大分子团因具有链的内旋转而产生的柔顺性使大分子改变原来卷曲的状态变得伸直。当拉力除去后，由于大分子链节的热运动，使大分子又恢复到原来的卷曲状态，如图 1-13 所示。由于组成线型分子的基团

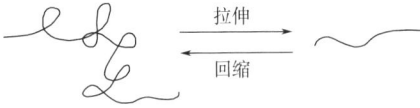

图 1-13 线型高分子化合物弹性示意图

的特性及高分子化合物的分子量不同，线型分子的弹性表现有所差异。

（3）黏流态。当温度继续升高（超过 T_f）时，分子的热运动能量超过了大分子链间的结合力，分子链间可以产生相对位移。当受外力作用时，高分子化合物会像液体一样发生黏性流动，产生很大的形变，外力释放后，形变也不能恢复，这种性质称为塑性。此时非晶态高分子化合物所处的力学状态称为黏流态。黏流态产生的形变称为塑性形变。T_f 也是有一定区间的。

高分子化合物的三种力学状态（玻璃态、高弹态、黏流态）和两个转变温度（T_g 和 T_f），对高分子材料的加工和应用有很高的实用价值。

通常纤维和塑料要求有一定的强度、硬度、耐热性、尺寸稳定性等，这正是玻璃态高分子化合物所具有的性质，因此 T_g 是这类材料使用温度的上限。提高其 T_g，可以扩大使用范围，也就是提高材料的耐热性，通常塑料或纤维的 T_g 高于常温，如有机玻璃的 T_g 为 70℃。橡胶的正常使用状态是高弹态，降低 T_g，可以提高橡胶的耐寒性，通常橡胶的 T_g 低于常温，如天然橡胶的 T_g 为 -73℃。

高分子材料的加工成型往往在黏流态进行，因此成型温度一般选择在 T_f 以上。T_f 越低，越易于加工，T_f 越高，耐热性越强。如果 T_g 较高，并且与 T_f 的差值小，这类高分子化合物在常温显示玻璃态，在较高温度时则变为黏流态，而且有可塑性，宜于作塑料。

T_g 与 T_f 之间的温度差决定着橡胶的使用温度范围，T_g 与 T_f 差值越大，橡胶的耐寒性、耐热性越好。如硅橡胶的 T_g 为 -109℃，T_f 为 250℃，T_g 与 T_f 差值大，性能更优良。

表 1-4 列出了几种主要合成纤维的热转变点。

表 1-4　主要合成纤维的热转变点

热转变点	聚酯	聚乙烯醇缩甲醛	聚酰胺6	聚酰胺66	聚丙烯腈	聚丙烯	聚氯乙烯
T_g/℃	67~81	65~85	35~50	47~50	80~100	-15	70~80
T_f/℃	238~240	220（干）110（湿）	160~180	235	190~240	140~160	150~160
熔点 T_m/℃	255~260	—	215~220	250~265	—	165~175	—

2. 结晶高分子化合物的力学状态和转变

结晶高分子化合物中既包含结晶区，也包含无定形区。高弹态仅发生在无定形区，所以形变量很小。结晶区熔化的温度称为熔点，用 T_m 表示。当温度达到 T_m 时，结晶高分子化合物的晶区熔融，但是否进入黏流态，则要视高分子化合物的分子量大小而定。

（二）高分子化合物的力学性质

1. 高分子化合物的拉伸性能

应力—应变曲线是高分子化合物在外力作用下从开始发生形变直至断裂的过程，如图 1-14 所示。

曲线中，开始阶段（Ob）应力与应变几乎呈线性关系。在这个阶段施加外力，高分子化合物发生形变，释放外力后形变恢复。其形变大小与外力成正比，符合普弹形变变化规律。这个阶段产生的形变很小，主要是键长、键角的变化。这一段直线的斜率为弹性模量（E），也称杨氏模量。

当应力超过 b 点，形变随应力迅速增大，因此 b 点又称为屈服点。屈服点所对应的应力称为屈服力，所对应的应变称为屈服应变。高分子化合物在 b 点前显示刚性，在 b 点后显示柔性。这是因为高分子化合物大分子在外力作用下，分子间力受到破坏，链段甚至大分子均被拉直，因而形变很大。此时外力即便释放，形变也不能完全恢复。

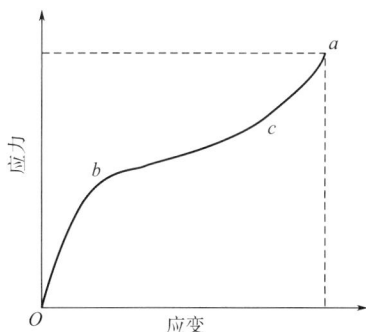

图 1-14 高分子化合物的应力—应变曲线

ca 段表示分子链取向度已经提高，再拉伸困难，所以形变减小，直至拉断。a 点对应的应力称为断裂应力或极限强度，对应的应变称为断裂应变或断裂伸长率。

应力—应变曲线包含的面积代表断裂功，它表示高分子材料被拉断时所需的外功。它的大小在一定程度上反映高分子材料的耐用性。

由于高分子材料的分子结构和超分子结构各异，导致其拉伸性能不同，因此不同材料的应力—应变曲线有很大的差异。图 1-15 是几种典型高分子化合物的应力—应变曲线。

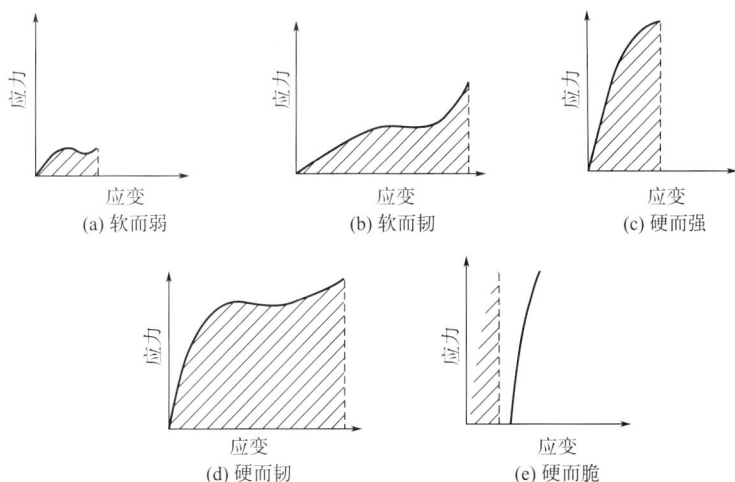

图 1-15 典型高分子化合物的应力—应变曲线

图 1-15 中不同类型应力—应变曲线的特征见表 1-5。

2. 高分子化合物的力学松弛现象

一个理想的弹性体受到外力作用时，发生的形变与时间无关；一个理想的黏流体受到外力时，发生的形变与时间呈线性关系。高分子材料的形变既与温度有关，也与时间有关，因此高分子材料通常被称作黏弹性材料。

表 1-5　不同类型应力—应变曲线的特征

类型	特征			
	弹性模量	屈服应力	极限强度	断裂伸长
（a）软而弱	低	低	低	中等
（b）软而韧	低	低	中等	高
（c）硬而强	高	高	高	中等
（d）硬而韧	高	高	高	高
（e）硬而脆	高	无	中等	低

高分子化合物的力学性质随时间变化的现象称为力学松弛。利用力学松弛可以解释纤维材料的变形、形变回复等产生的原因，并对纤维的定型加工有理论指导意义。力学松弛现象包括蠕变、应力松弛、滞后现象和内耗。

（1）蠕变。蠕变是指在一定的温度和较小的恒定外力作用下，高分子材料的形变随时间的增加而增大的现象。如塑料雨衣在钉子上长时间悬挂而下坠变形、绷直固定的塑料晾衣绳会随时间的延长而松弛。不随时间变化的形变不属于蠕变，如弹性形变，当开始拉伸时，弹性形变就已经存在。

高分子材料的蠕变过程是大分子链、链段运动的宏观表现。在外力作用下，随时间的延长，大分子链段不断运动，由卷曲变为伸直，表现出高分子材料的高弹形变。如果受力时间继续延长，分子链之间会产生相对滑移，形成部分塑性形变。释放外力后，蠕变过程中的形变回复只是高弹形变的恢复。人们将高分子化合物在恒定应力作用下和放松后的形变—时间关系绘成的曲线称为蠕变曲线，如图 1-16 所示。

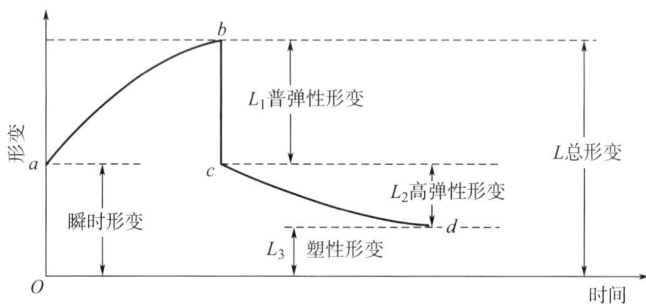

图 1-16　高分子化合物的蠕变曲线图

高分子材料的蠕变现象与温度高低和外力大小有关。一般温度低，外力小，蠕变缓慢；反之，蠕变明显。

（2）应力松弛。在保持高分子材料形变一定的情况下，高分子化合物内部应力随时间的增加而逐渐衰弱的现象称为应力松弛。用橡皮筋捆扎物体，开始捆扎得很紧，但日久会逐渐变松，这就是应力松弛现象。

应力松弛产生的原因在于高分子材料受力时，分子链的伸展和相对位移来不及进行，因此应力很大。随着时间的推移，链段进行重排，分子链缓慢伸展，导致应力逐渐衰弱。当外力作用时间足以使分子链产生位移时，应力会逐渐消失。

应力松弛与蠕变一样，都反映了高分子化合物受外力作用后，分子链由一种平衡状态转变到另一种平衡状态的松弛过程。因此，应力松弛也与温度、时间有关，提高温度可以使松弛时间缩短。涤纶等合成纤维的热定型加工正是利用了高分子化合物应力松弛的性质。

（3）滞后现象。在很多情况下，高分子材料受力并不恒定，而是周期性变化。在不断变化的外力作用下，由于大分子的构象改变困难，使得形变不能及时跟上应力的变化速度，与理想弹性体相比，无论应力增加还是减少，形变总是滞后于应力的变化。高分子化合物这种形变总是落后于应力的现象称为滞后现象。

（4）内耗。所谓内耗，是指高分子化合物在周期性变化的应力作用下，每一循环都要消耗一部分能量的现象。因为高分子化合物在外力拉伸和放松回缩时，形变的变化要适应应力的变化必须克服一定的阻力，从而导致内耗的产生。

对高分子材料而言，内耗既有有利的一面，也有不利的一面。减震、隔音等材料要求内耗大一些，因为内耗大，吸收的能量多，效果好。而橡胶、纤维等材料的内耗应小些，如橡胶轮胎在使用过程中会产生内耗，而内耗是以热的形式释放的，这会导致轮胎温度升高，加速橡胶的老化，从而降低其使用寿命。

3. 高分子化合物的力学性能

高分子化合物的力学性能（弹性、强度、耐磨性等），主要决定于它的聚合度、结晶度及分子间力等因素。聚合度越大，分子间的作用力越大，高分子化合物的力学性能就越好，但当聚合度增加到400以上时，此种关系就不显著。这是因为，随着聚合度的增大，结晶度相应减小。高分子化合物结晶度越大，分子排列越整齐，分子间的作用力增强，力学性能越好。若高分子化合物中具有极性基团，就能增强分子间的作用力，因而能显著地提高力学性能。

例如，在聚酰胺纤维的长链分子中存在酰胺基（ $-\overset{\text{O}}{\underset{}{\text{C}}}-\overset{\text{H}}{\underset{}{\text{N}}}-$ ），酰胺基之间可以通过氢键的作用互相吸引，使分子间的作用力大大加强。另一方面，聚酰胺纤维分子链上的亚甲基（ $-CH_2-$ ）不像聚酯纤维上的苯环那样僵硬，因此，聚酰胺纤维的分子链较易转动，使聚酰胺纤维柔软而富有弹性。

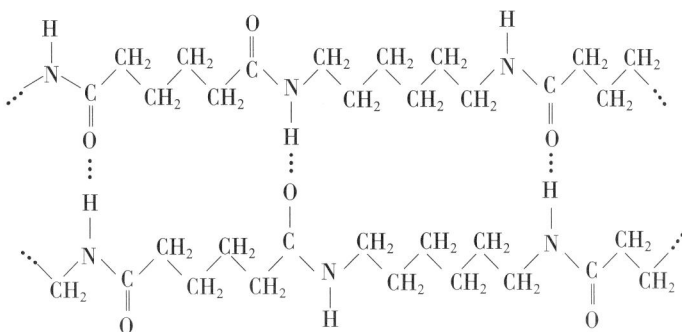

(三) 高分子化合物的溶解性

一般线型高分子化合物在一定的溶剂中具有可溶性,如有机玻璃可溶在二氯乙烷等溶剂中,硝化棉可溶于丙酮等溶剂。

高分子化合物的溶解过程,比一般低分子物质复杂,一般有三个阶段。

1. 溶剂化过程

溶剂分子(小分子)与溶质分子(大分子)之间有一定的作用力,这种力称为亲和力。由于亲和力的作用,小分子首先润湿大分子的表面,这个过程称为溶剂化过程。它的特点是此时大分子的体积与形状均不变化。

2. 溶胀过程

溶剂分子继续与大分子作用,钻入大分子内部,削弱了大分子之间的作用力,从而将一些链段互相推开,使链段之间的空隙扩大,引起高分子化合物的体积膨胀。

3. 溶解过程

溶剂分子进一步作用于大分子,使大分子间的引力完全失去,大分子彼此之间完全分离,从而分散在溶剂中,完成最后的溶解过程。

在高分子化合物的溶解过程中,必须考虑三种作用:即溶质与溶质分子间的力、溶剂与溶剂分子间的力、溶质与溶剂分子间的力。前两种都有阻止溶解过程发生的作用,而后一种则是起促进溶解发生的作用。对于不同的高分子化合物和不同的溶剂,它们之间的这三种作用力相对大小不同,因而产生了不同的溶解情况。有些高分子化合物不能完成溶解的全过程,只能进行到溶剂化或溶胀阶段。

另外,在一般情况下,线型高分子化合物在适当的混合溶剂中的溶解度较在单一溶剂中的溶解度大,这种现象对含有极性基团的高分子化合物更为显著。表 1-6 为几种常用的溶剂。

表 1-6 常用溶剂

溶剂	结构式	沸点/℃	在水中的溶解度	溶解物质
乙醇	C_2H_5OH	78.5	∞	许多有机物和许多无机物
乙醚	$C_2H_5-O-C_2H_6$	34.57	微溶	脂肪、蜡、树脂、苯甲酸、乙苯、苯酚
丙酮	$\begin{matrix} O \\ \parallel \\ CH_3-C-CH_3 \end{matrix}$	56.1	∞	乙炔、纤维素、有机玻璃、油、树脂、橡胶
汽油	$C_9 \sim C_{11}$	150~200	不溶	橡胶、树脂、脂肪
三氯甲烷	$CHCl_3$	61.7	微溶	脂肪、树脂、橡胶、苯甲酸、磷、乙醚
二氯乙烷	$\begin{matrix} CH_2-Cl \\ \mid \\ CH_2-Cl \end{matrix}$	83.47	微溶	油、脂肪、蜡、橡胶

续表

溶剂	结构式	沸点/℃	在水中的溶解度	溶解物质
乙酸乙酯	$CH_3-C{\overset{O}{\underset{OC_2H_5}{}}}$	77.06	溶	喷漆、硝化纤维
环己醇	⬡—OH	161.1	溶	聚氯乙烯、二硫化碳、松节油
苯	⬡	80.1	微溶	聚苯乙烯、邻苯二甲酸酐、油漆、橡胶
甲苯	⬡—CH₃	110.6	不溶	聚乙烯（少量）、聚苯乙烯、油漆、树脂、苯甲酸
氯苯	⬡—Cl	132	不溶	清漆、树脂、乙烯基乙炔
硝基苯	⬡—NO₂	210.8	微溶	乙醇、乙醚、苯
乙腈	CH_3CN	82	∞	脂肪酸、乙醇
二甲基亚砜	$(CH_3)_2SO$	189	∞	聚丙烯腈、溴乙烷、清漆
二甲基甲酰胺	$HCON(CH_3)_2$	152.8	∞	聚丙烯腈、树脂、乙烯、乙炔、丁二烯

（四）高分子化合物的化学稳定性

高分子化合物分子中由于含有 C—C、C—H、C—O 等牢固的共价键，活泼基团较少，所以，一般化学性质较稳定。许多高分子化合物可以制成耐热、耐酸碱或耐其他化学试剂的优良材料，如聚乙烯、聚四氟乙烯、聚苯乙烯等。然而，也有许多高分子化合物在特定的物理因素（光、热、高能射线等）以及化学因素（氧、水、酸、碱等）的作用下，会发生化学反应。

高分子化合物的化学反应是指高分子化合物分子主链或支链上所发生的反应。因高分子化合物分子量大，分子链结构复杂，分子间作用力大，在很多情况下，大分子不是作为一个整体参加反应，而是大分子链中个别链节发生局部反应。如聚丙烯腈水解后，大分子链中含有未反应的氰基及酰胺基、羧基、环状亚酰胺。

高分子化合物的化学反应可归结为三类：侧链上的官能团反应、链的交联及链的裂解。

1. 侧链上的官能团反应

这类反应是指高分子化合物侧链上的官能团与低分子化合物的反应，利用这类反应可以改变高分子化合物的性质及合成新的高分子化合物。例如，聚乙烯醇分子链中含有许多羟基，耐水性差。若将聚乙烯醇与甲醛发生缩醛反应后，约有 35% 的羟基变成亚甲醚键，这样就提高了聚乙烯醇纤维的耐水性（耐水整理）。

2. 链的交联

这类反应是指线型高分子化合物的大分子链通过主链或侧链上官能团的作用，在分子链间形成化学键发生交联，成为体型高分子化合物。

织物的防缩、防皱整理就是线型高分子化合物大分子链发生交联反应的结果。因交联后限制了分子链的滑动，当出现拉伸、皱褶等形变时，就能发生弹性恢复，因而具有良好的防缩、防皱效果。

3. 链的裂解

这类反应是指高分子化合物大分子链发生断裂，分子量降低的反应。裂解反应不仅可以用来确定高分子化合物的结构，而且可以从天然高分子化合物中制取有价值的物质。如由淀粉水解制取糊精作为浆料，蛋白质在生物酶的作用下分解成各种氨基酸。

裂解反应是在物理、化学因素的影响下发生的。

（1）氧化裂解。在高分子化合物的大分子链中，若含有已被氧化的基团，如双键、羟基、醛基等官能团时，遇到氧化剂就会发生氧化裂解。纤维素、淀粉及橡胶等属于这类易被氧化裂解的高分子化合物。

（2）水解与酸解。大多数的杂链高分子化合物都能与水作用而发生裂解反应。如果有酸存在，则更易发生水解作用。聚酰胺纤维的水解作用如下：

$$
\cdots\cdots\overset{\overset{\displaystyle H}{|}}{N}-(CH_2)_6-\overset{\overset{\displaystyle H}{|}}{N}-\overset{\overset{\displaystyle O}{\|}}{C}-(CH_2)_4-\overset{\overset{\displaystyle O}{\|}}{C}\cdots\cdots + H-OH \longrightarrow
$$

$$
\cdots\cdots\overset{\overset{\displaystyle H}{|}}{N}-(CH_2)_6-NH_2 + HOOC-(CH_2)_4-\overset{\overset{\displaystyle O}{\|}}{C}\cdots\cdots
$$

以羧酸代替水对聚酰胺纤维的作用，称为酸解作用。此时羧酸中的酰基相当于水中的氢原子。

$$
\cdots\cdots\overset{\overset{\displaystyle H}{|}}{N}-(CH_2)_6-\overset{\overset{\displaystyle H}{|}}{N}-\overset{\overset{\displaystyle O}{\|}}{C}-(CH_2)_4-\overset{\overset{\displaystyle O}{\|}}{C}\cdots\cdots + RCO-OH \longrightarrow
$$

$$
\cdots\cdots\overset{\overset{\displaystyle H}{|}}{N}-(CH_2)_6-NHCOR + HOOC-(CH_2)_4-\overset{\overset{\displaystyle O}{\|}}{C}\cdots\cdots
$$

此外，还有胺解和醇解作用，其反应与上述水解、酸解作用类似。

（3）热裂解。加热可使高分子化合物的链长减短、分子量降低，这种裂解称为热裂解。热裂解的程度一般与结构、温度有关。随着温度的升高，热裂解更加剧烈。天然橡胶的热裂解温度为 198℃，聚四氟乙烯的热裂解温度为 400℃。

裂解时，如果得到的小分子与单体是同一物质，则这种裂解称为解聚，如聚乙烯在高温下可解聚出 $CH_2=CH_2$。而聚氯乙烯加热时，析出 HCl，这种裂解称为分解。

此外，超声波、光、放电等作用也可使高分子化合物发生显著的裂解。

高分子化合物大分子链的交联过多和裂解，均会给高分子化合物带来危害。因交联过多使线型结构变成体型结构，致使高分子化合物变硬、变脆而丧失弹性。裂解使大分子链断裂、分子量降低，致使高分子化合物变软、发黏，丧失力学强度。上述两种现象称为高分子化合物的老化（陈化）。为了防止和减慢这种现象的发生，除在使用、保存条件上注意避免引起老化的因素外，主要是在生产高分子化合物的加工过程中，加入一种防老剂（稳定剂），防止老化。

第二节　糖类化合物

一、糖类化合物的定义与分类

糖类化合物又称碳水化合物，是由碳、氢和氧三种元素组成的。糖类化合物是自然界中存在的最丰富的一类有机化合物，它们是植物光合作用的产物。最初发现的糖类分子中，氢原子与氧原子数目之比是 2∶1，与水分子相同，用通式 $C_m(H_2O)_n$ 表示，所以称为碳水化合物。但后来发现有的糖，如鼠李糖（$C_6H_{12}O_5$）并不符合上述通式，而乙酸（$C_2H_4O_2$）虽符合上述通式，性质上却并不属于糖类。因此，"碳水化合物"这一名词并不十分恰当，但沿用已久，目前仍在使用。

从化学结构上看，糖类化合物是指具有多羟基醛或多羟基酮，以及能水解生成多羟基醛或多羟基酮结构的一类化合物。

糖类化合物根据它能否水解和完全水解后生成单糖分子的多少可以分为以下三类。

（1）单糖。单糖是最简单的、不能水解的多羟基醛或多羟基酮，如葡萄糖、果糖等。

（2）低聚糖。水解后生成几个分子单糖的糖类化合物称为低聚糖，按照水解生成单糖的分子数，又分为二糖、三糖、四糖等。低聚糖中最重要的是二糖，如蔗糖、麦芽糖等，它们水解后生成两个分子的单糖。

（3）多糖。水解后生成很多个分子单糖的糖类化合物称为多糖，如淀粉、纤维素、半纤维素等，它们水解后生成数千个单糖。

二、物质的旋光性和对映异构

（一）物质的旋光性

1. 偏振光

光是一种电磁波，它是振动前进的，其振动方向垂直于光波前进的方向。普通光是由各种波长在垂直于前进方向的各个平面内振动的光波组成的。如图 1-17 中，光波的振动平面可

以是 AA'、BB'、CC'、DD' 等无数垂直于前进方向的平面。

如果使普通光通过一个特制的尼可尔棱镜（冰晶石制成）时，由于这种晶体只能使振动平面和棱镜的晶轴平行的光通过，所以通过尼可尔棱镜的光，其光波振动平面就只有一个和棱镜晶轴平行的平面。这种通过尼可尔棱镜后仅在某一平面上振动的光，称为平面偏振光，简称偏振光，如图 1-17 所示。

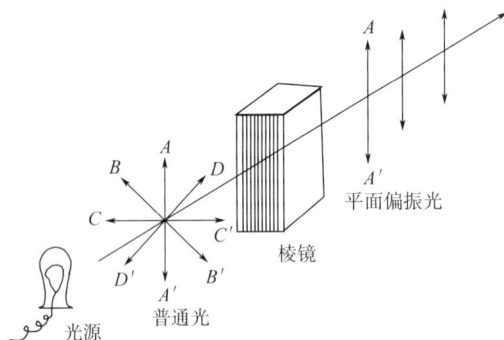

图 1-17　偏振光的形成

2. 旋光性

当两个尼可尔棱镜平行放置时，通过第一个棱镜后的偏振光，仍能通过第二个棱镜，这样，第二个棱镜后面可以见到最大强度的光。

在晶轴平行的两个尼可尔棱镜之间放一支盛液管，如图 1-18 所示。用一光源由第一个棱镜（起偏镜）向第二个棱镜（检偏镜）的方向照射，在第二个棱镜后面观察，可以发现：当盛液管中放有乙醇、乙酸等物质时，仍能见到最大强度的光；而当盛液管中放有乳酸、糖、酒石酸等溶液时，见到的光的亮度就有所减弱。但如将第二个棱镜向左或向右转动一定角度后，又能见到最大强度的光。这种现象是由于这些有机物将偏振光的振动平面旋转了一定的角度所致。

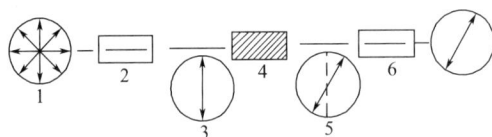

图 1-18　光学活性物质对偏振光的影响

1—普通光　2—第一块棱镜　3—偏振光　4—光学活性物质　5—旋转后的偏振光　6—第二块棱镜

能使偏振光的振动平面旋转的物质，称为旋光性物质，又称光学活性物质。光学活性物质能使偏振光的振动平面旋转的性质称为旋光性。光学活性物质使偏振光振动平面旋转的角度称为旋光度。使偏振光振动平面向右旋转（顺时针方向）的物质叫右旋物质，用（+）号表示，如（+）-葡萄糖，表示右旋葡萄糖。向左旋转（反时针方向）的物质叫左旋物质，用

（−）号表示，如（−）-果糖，表示左旋果糖。

3. 比旋光度

用于测定物质旋光度的仪器称为旋光仪，如图 1-19 所示。

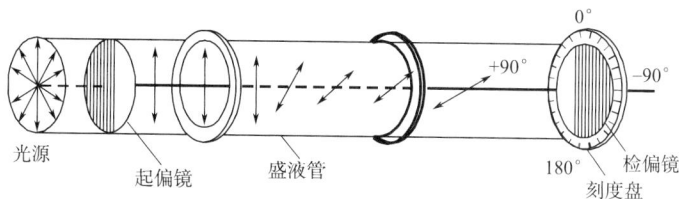

图 1-19　旋光仪

在旋光仪中，起偏镜是一个固定不动的尼可尔棱镜，其作用是使由光源射来的光变成偏振光。检偏镜是能转动的尼可尔棱镜，用于测定物质使偏振光振动平面旋转的角度和方向，其数值可在刻度盘上读出。

当检偏镜和起偏镜平行，并且盛液管是空着或放无光学活性物质的溶液时，用光源照射，则由目镜可以见到最大强度的光亮，这时，刻度盘指在零度。当盛液管中放光学活性物质的溶液时，则由起偏镜射来的光的振动平面被它向左或向右旋转了一定角度，因此，到达目镜的光的强度就被减弱。转动检偏镜至光的亮度最强时为止，由刻度盘上就可读出左旋或右旋的度数。

物质的旋光度随测定时所用的溶液的浓度、盛液管的长度、温度、光波的波长以及溶剂的性质而改变。但在一定条件下，光学活性物质的旋光度为一常数，通常用比旋光度 $[\alpha]$ 表示。比旋光度可以通过测得的旋光度、溶液浓度和盛液管长度，按以下公式计算：

$$[\alpha]_{\lambda}^{t} = \frac{\alpha_0}{c \times l} \tag{1-4}$$

式中：α_0 为由旋光仪测得的旋光度；λ 为所用光源的波长，一般采用钠光，波长是 589.3nm，用 D 表示；t 为测定时的温度，一般取室温 20℃；c 为被测溶液的质量浓度（g/mL）；l 为盛液管的长度（dm）。

当 c 和 l 都等于 1 时，则 $[\alpha] = \alpha_0$。因此，比旋光度的物理意义是：在一定波长的光源和一定温度下，某光学活性物质以 1mL 中含有 1g 溶质的溶液，放在 1dm 长的盛液管中测出的旋光度。

例如，天然葡萄糖水溶液是右旋的，在 20℃ 时，以钠光灯做光源，测得的比旋光度是 52.5°，则应写为：

$$[\alpha]_{D}^{20} = + 52.5° （水）$$

又如天然果糖是左旋的，比旋光度为：

$$[\alpha]_{D}^{20} = - 93° （水）$$

(二) 分子的手征性与对映异构体

1. 分子的手征性

当我们把左手放在镜子前面，在镜中呈现的影像（镜像）恰与右手相同。两只手的这种关系可以比喻为"实物"与"镜像"的关系，即对映体关系。实物与其镜像是不能重叠的，这种特点称"手征性"。某些化合物的分子也具有"手征性"，凡具有手征性的分子就有旋光性。

从分子的内部结构来说，手征性与分子的对称性有关，不对称的分子就有手征性。

在有机化合物分子中，凡是和四个不相同的原子或基团相连的碳原子，叫作手征性碳原子（不对称碳原子），用"＊"标出。如下面两个分子中，用"＊"标出的碳原子都是和四个不同的基团相连的。

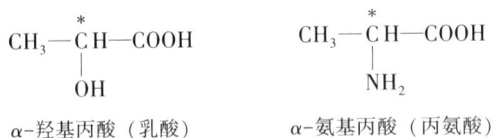

$$CH_3 \overset{*}{-} CH-COOH \qquad CH_3 \overset{*}{-} CH-COOH$$
$$\qquad\quad | \qquad\qquad\qquad\qquad\quad |$$
$$\qquad\quad OH \qquad\qquad\qquad\qquad NH_2$$

α-羟基丙酸（乳酸）　　　　α-氨基丙酸（丙氨酸）

含有一个手征性碳原子的有机化合物分子在空间可以有两种不同的排布方式，即两种不同的构型。这两种构型具有互为实物和镜像的关系，彼此不能完全重叠，即具有手征性。不能和自身的镜像完全重叠的分子叫作手性分子，如图 1-20 所示。

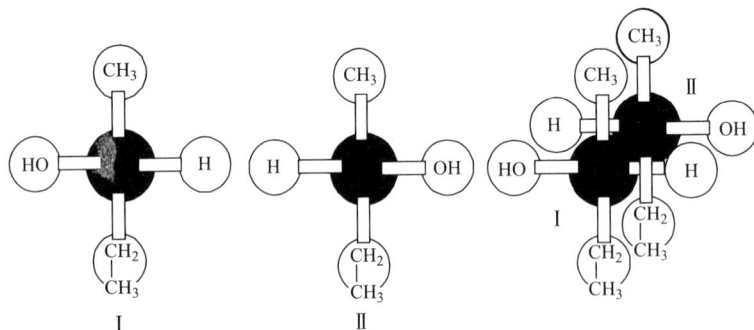

图 1-20　两种不同构型的 2-丁醇

2. 对映异构体

人们从实践总结出，含有一个手征性碳原子的化合物分子一定是手性分子，它有两种不同的空间构型。这两种互为实物和镜像关系的不同构型分子，叫作对映异构体，简称对映体。图 1-20 中两种不同构型的 2-丁醇就是一对对映体。对映体的熔点、沸点、相对密度、折射率、在一般溶剂中的溶解度以及光谱图等物理性质都相同，并且，在与非手性试剂作用时，它们的化学性质也一样，只是对偏振光的作用不同，即两者的旋光方向相反，一个是右旋体，另一个是左旋体，但它们的旋光能力是相等的。

如乳酸 $CH_3-CH-COOH$ 是手性分子，它存在两种不同的构型。这两种不同构型的分子都
$$\qquad\qquad\qquad | $$
$$\qquad\qquad\quad OH$$

具有旋光性，旋光能力相等，但旋光方向相反，一个是右旋体，另一个是左旋体，分别称为右旋乳酸和左旋乳酸，其比旋光度为：

右旋乳酸：$[\alpha]_D^{20} = + 3.82°$

左旋乳酸：$[\alpha]_D^{20} = - 3.82°$

（三）构型的表示及标记

1. 构型的表示法——费歇尔投影式

通常，一对对映体的构造式是相同的，其差别在于构型不同。分子的构型是三维立体的，表示三维的分子构成通常用透视式或投影式。为了书写方便，经常采用费歇尔（Fischer）投影式把分子的立体模型用平面式表示出来。乳酸的费歇尔投影式如图 1-21 所示，投影式的横竖两线的交点代表手征性碳原子，竖线的两个基团伸向纸后，横线的两个基团指向纸平面的前方。将含有碳原子的基团写在竖线上，并把命名时编号最小的碳原子放在竖线上端。

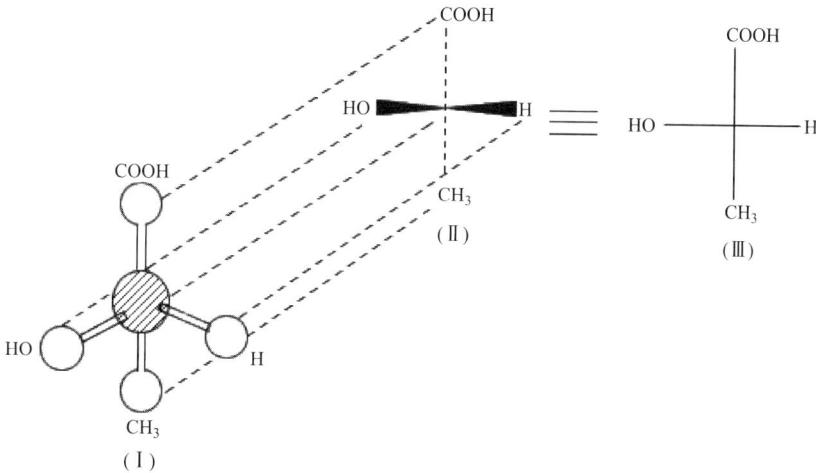

图 1-21 乳酸的费歇尔投影式

2. 构型的标记——D/L 标记法

在对映体中，对于一种构型的左旋或右旋，人为地规定以甘油醛为标准。甘油醛含有一个手征性碳原子，只有两种不同的构型（图 1-22）。

人为地规定右旋甘油醛的构型以（Ⅰ）式表示，左旋甘油醛的构型用（Ⅱ）式表示。（Ⅰ）式中手征性碳原子上的羟基投影在右边，叫作 D 型，相反的（Ⅱ）式叫作 L 型。这样甘油醛的一对对映体的全名应写为：D-(+)-甘油醛和 L-(-)-甘油醛，D 和 L 分别表示构型，而（+）和（-）则表示旋光方向。

例如，判断单糖分子的构型是以甘油醛作为标准。在单糖分子中，距离羰基最远的手征性碳原子与 D-(+)-甘油醛的手征性碳原子构型相同时，叫作 D 型；与 L-(-)-甘油醛的手征性碳原子构型相同时，叫作 L 型。

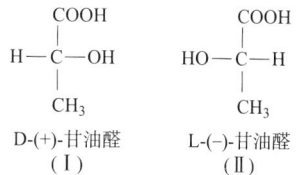

图 1-22 甘油醛两个对映体的投影式

（+）-葡萄糖分子的构型属于 D 型，其对映体（−）-葡萄糖属于 L 型。

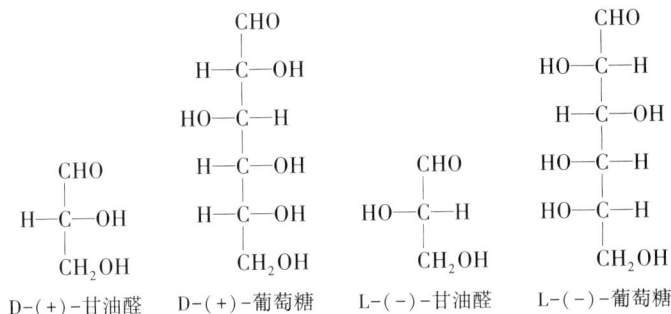

$$
\begin{array}{cccc}
& \text{CHO} & & \text{CHO} \\
& \text{H—C—OH} & & \text{HO—C—H} \\
& \text{HO—C—H} & & \text{H—C—OH} \\
\text{CHO} & \text{H—C—OH} & \text{CHO} & \text{HO—C—H} \\
\text{H—C—OH} & \text{H—C—OH} & \text{HO—C—H} & \text{HO—C—H} \\
\text{CH}_2\text{OH} & \text{CH}_2\text{OH} & \text{CH}_2\text{OH} & \text{CH}_2\text{OH} \\
\text{D-（+）-甘油醛} & \text{D-（+）-葡萄糖} & \text{L-（−）-甘油醛} & \text{L-（−）-葡萄糖}
\end{array}
$$

三、单糖

单糖是构成低聚糖和多糖的基本单元，了解单糖的结构和性质是研究糖类的基础。

单糖在自然界中有游离的存在，其构造为多羟基醛的称为醛糖，为多羟基酮的称为酮糖。自然界中存在的单糖主要是戊糖和己糖，例如，戊醛糖有核糖、木糖、阿拉伯糖等，己醛糖有葡萄糖、半乳糖、甘露糖等，己酮糖有果糖、山梨糖等，其中最主要的是葡萄糖。

单糖为无色结晶，有甜味；有吸湿性，在水中溶解度很大，稍溶于醇，不溶于有机溶剂如醚、氯仿和苯等；除丙酮糖外，单糖都有旋光性，大多数有变旋光现象。

（一）葡萄糖的结构

1. 开链式结构

从自然界中得到的葡萄糖是 D-（+）-葡萄糖，己醛糖。其开链式结构为：

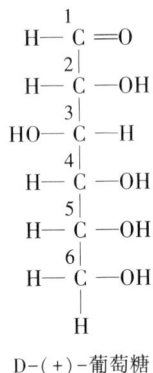

$$
\begin{array}{c}
\overset{1}{\text{H—C}}=\text{O} \\
\overset{2}{\text{H—C—OH}} \\
\overset{3}{\text{HO—C—H}} \\
\overset{4}{\text{H—C—OH}} \\
\overset{5}{\text{H—C—OH}} \\
\overset{6}{\text{H—C—OH}} \\
\text{H}
\end{array}
$$

D-（+）-葡萄糖

2. 氧环式结构

D-（+）-葡萄糖有两种。一种 D-（+）-葡萄糖的熔点是 146℃，新配制的水溶液的比旋光度 $[\alpha]_D^{20}$ 是+112°，放置时比旋光度逐渐减小到+52.5°。这种 D-（+）-葡萄糖叫作 α-D-（+）-葡萄糖。另一种 D-（+）-葡萄糖的熔点是 150℃，新配制的水溶液的比旋光度 $[\alpha]_D^{20}$ 是+19°，放置时比旋光度逐渐增大到+52.5°。这种 D-（+）-葡萄糖叫作 β-D-（+）-葡萄糖。像 D-（+）-葡萄糖这样，新配制的糖溶液随着时间的变化，比旋光度逐渐增大或减小，最后达到恒定的现象，叫作变旋光现象。

开链式结构解释不了 D-（+）-葡萄糖的变旋光现象。为了解释变旋光现象。提出了氧环式结构。氧环式结构是通过开链结构上第五个碳原子（C_5 原子）上的羟基与醛基作用，生成环状半缩醛（六节环）：

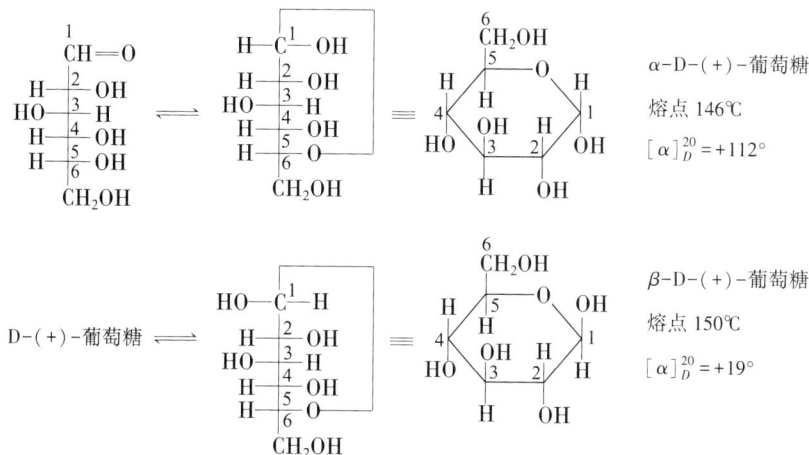

α-D-(+)-葡萄糖

熔点 146℃

$[\alpha]_D^{20}=+112°$

β-D-(+)-葡萄糖

熔点 150℃

$[\alpha]_D^{20}=+19°$

从上式可以看出，D-(+)-葡萄糖氧环式比开链式多一个手征性碳原子（C_1 原子，半缩醛碳原子），这个手征性碳原子叫作苷原子，它所连接的羟基叫作苷羟基。当苷羟基和 C_5 原子上的羟基同侧时，这种氧环式 D-(+)-葡萄糖叫作 α 型，即 α-D-(+)-葡萄糖。当苷羟基和 C_5 原子上的羟基不同侧时，则这种氧环式 D-(+)-葡萄糖叫作 β 型，即 β-D-(+)-葡萄糖。α 型和 β 型之间的差别仅在于第一个手征性碳原子的构型不同，而其他手征性碳原子的构型相同。单糖不仅以直链结构存在，而且以环状结构存在。

把 α-D-(+)-葡萄糖或 β-D-(+)-葡萄糖溶解于水，它们呈现各自的比旋光度。放置时，通过开链式，α-异构体部分地转变成为 β-异构体，β-异构体部分地转变成为 α-异构体，比旋光度因而随着改变。最后，α-异构体、β-异构体和开链式达到平衡，比旋光度也就达到定值，不再改变。平衡时，在水溶液中，α-异构体占 36.4%，β-异构体占 63.6%，开链式极少，小于 0.01%。

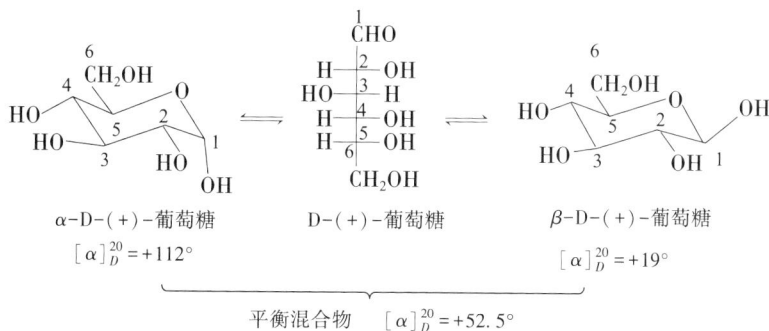

α-D-(+)-葡萄糖

$[\alpha]_D^{20}=+112°$

D-(+)-葡萄糖

β-D-(+)-葡萄糖

$[\alpha]_D^{20}=+19°$

平衡混合物　$[\alpha]_D^{20}=+52.5°$

（二）葡萄糖的化学性质

1. 氧化反应

葡萄糖具有还原性，可被多种氧化剂氧化，所用氧化剂不同，氧化产物不同。

葡萄糖能还原斐林溶液、银氨溶液，分别生成砖红色氧化亚铜沉淀、银镜，因此称为还原糖。葡萄糖与斐林溶液的反应在纺织工业中用作棉、麻纤维经化学处理后损伤程度的测定。

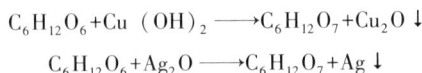

$$C_6H_{12}O_6 + Cu(OH)_2 \longrightarrow C_6H_{12}O_7 + Cu_2O \downarrow$$

$$C_6H_{12}O_6 + Ag_2O \longrightarrow C_6H_{12}O_7 + Ag \downarrow$$

醛糖被溴水氧化生成糖酸，被硝酸氧化生成糖二酸。例如：

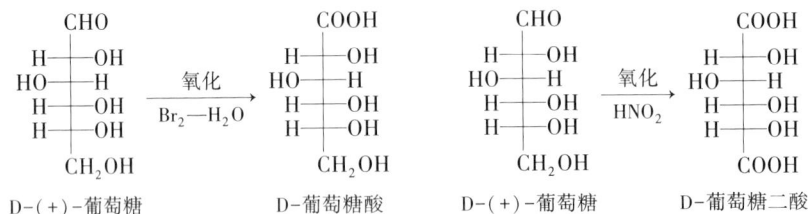

D-(+)-葡萄糖　　　　　D-葡萄糖酸　　　　　D-(+)-葡萄糖　　　　　D-葡萄糖二酸

2. 还原反应

葡萄糖可被还原成为多元醇：

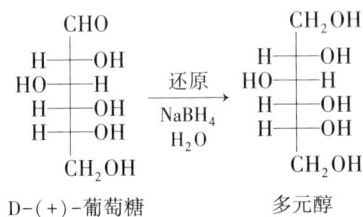

D-(+)-葡萄糖　　　　　多元醇

3. 成脎反应

葡萄糖与苯肼反应生成苯腙，如果苯肼过量，则进一步反应生成脎：

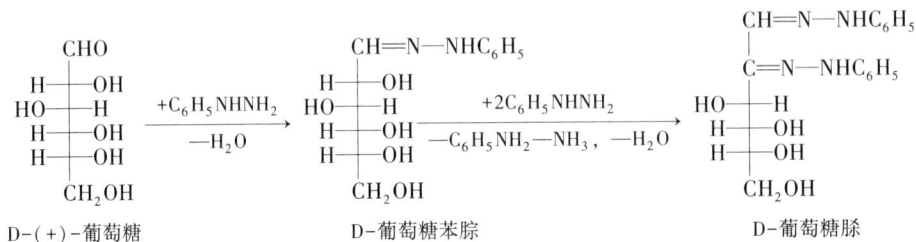

D-(+)-葡萄糖　　　　　D-葡萄糖苯腙　　　　　D-葡萄糖脎

糖脎是黄色难溶于水的晶体，不同的脎有不同的晶型。不同的糖一般生成不同的脎，即便生成相同的脎，例如 D-葡萄糖脎和 D-果糖脎，其生成、析出脎的时间也不相同。因此，常利用生成脎的反应来鉴别糖。

4. 成苷反应

葡萄糖分子中，苷羟基中的氢原子被其他基团取代生成的产物叫作配糖体或苷。例如，在氯化氢的催化下，加热时，D-(+)-葡萄糖与甲醇反应则生成 D-甲基葡萄糖苷：

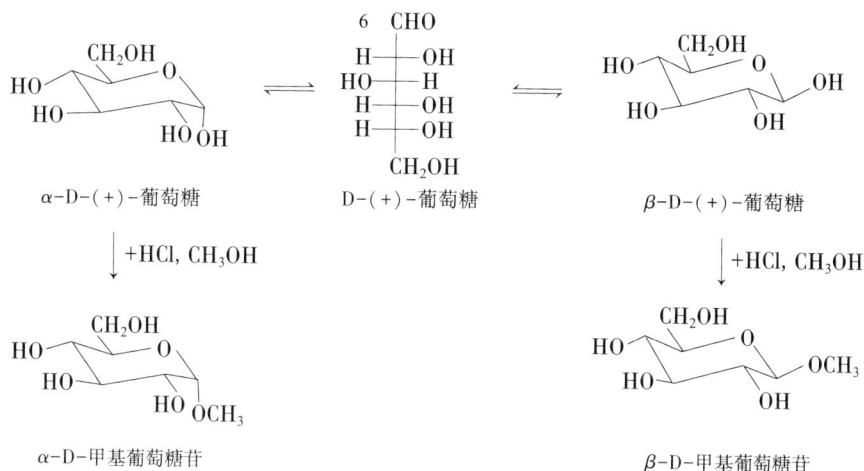

α-D-(+)-葡萄糖 　　　　 D-(+)-葡萄糖 　　　　 β-D-(+)-葡萄糖

α-D-甲基葡萄糖苷 　　　　　　　　　　 β-D-甲基葡萄糖苷

α-D-(+)-葡萄糖和β-D-(+)-葡萄糖在水溶液中可以通过开链式互相转变，最后达到平衡。但是，在生成苷以后，由于分子中已无苷羟基，不能再转变成为开链式，因此，α型和β型也就不能再互相转变。苷是一种缩醛，对碱稳定，较难被氧化，不与苯肼、斐林溶液和银氨溶液反应，也无变旋光现象。但是，在稀酸或酶的催化下，苷（如甲基苷）容易水解生成原来的葡萄糖和甲醇。

（三）果糖的结构与化学性质

果糖是一种己酮糖，是单糖中最甜的一种，在蜂蜜和水果中以游离态存在。果糖分子中距离羰基最远的碳原子上的羟基在右边，因此属于D型单糖，左旋糖，称为D-(-)-果糖。

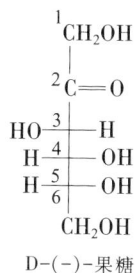

D-(-)-果糖

果糖的水溶液也存在氧环式结构与开链式结构的互变动态平衡，因而也有变旋光现象。其呋喃氧环式结构也有α，β两种构型：

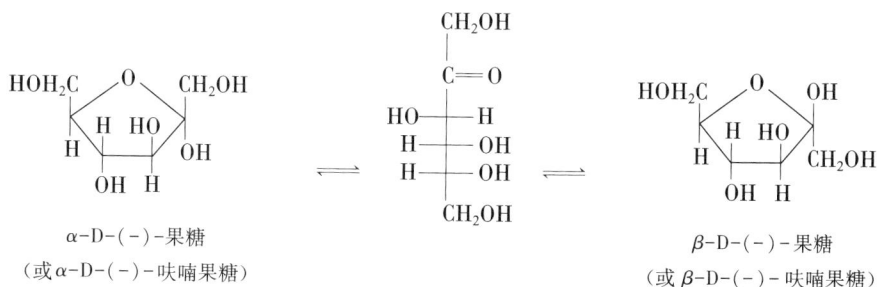

α-D-(-)-果糖
（或α-D-(-)-呋喃果糖）　　　　　　　　　　 β-D-(-)-果糖
（或β-D-(-)-呋喃果糖）

在稀碱溶液中，D-(+)-葡萄糖，D-(+)-甘露糖，D-(-)-果糖可以通过烯二醇中间体而相互转化，成为三种物质的平衡混合物，这种作用称差向异构化。

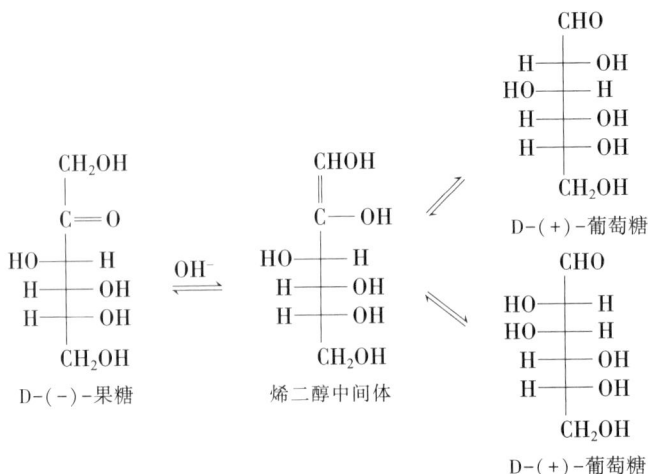

差向异构化可应用于糖的合成，尤其是制备自然界中难得到的糖类，例如，可用差向异构化的方法从较易得到的阿拉伯糖制备很难得的核糖。生物体代谢过程中某些糖衍生物的相互转化就是通过烯二醇中间体进行的。

溴水能氧化醛糖，但不能氧化酮糖，因为在酸性条件下，不会引起糖分子的异构化作用。据此反应可区别醛糖和酮糖。

果糖可被还原成为多元醇：

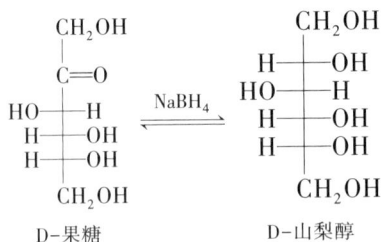

果糖与苯肼反应生成果糖腙、果糖脎：

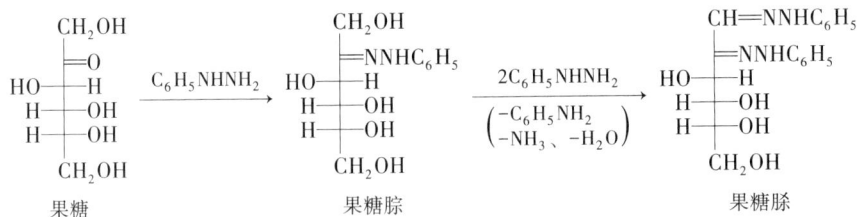

四、二糖

二糖是由两个单糖分子通过形成苷的方式结合而成的产物，有纤维二糖、麦芽糖、蔗糖等。二糖的物理性质和单糖相似，能形成结晶，易溶于水并有甜味。

二糖可分为还原性二糖和非还原性二糖。由一个单糖分子中的苷羟基与另一个单糖分子中的醇羟基失去一分子水后缩合生成的二糖为还原性二糖；由一个单糖分子中的苷羟基与另一个单糖分子中的苷羟基失去一分子水后缩合生成的二糖为非还原性二糖。这两个单糖分子可以是两个醛糖分子，也可以是两个酮糖分子，还可以是一个醛糖分子和一个酮糖分子。

1. 纤维二糖

纤维素部分水解可以得到纤维二糖，纤维二糖是无色晶体，易溶于水，熔点225℃。纤维二糖是右旋糖，也是还原性糖。自然界中没有游离的纤维二糖，1mol纤维二糖水解后生成2mol D-(+)-葡萄糖。纤维二糖是由β-D-(+)-葡萄糖的苷羟基与另一分子α-或β-D-(+)-葡萄糖分子中C_4上的醇羟基脱水缩合以β-1，4苷键结合而成的二糖。纤维二糖（β-异头物）的结构式如下：

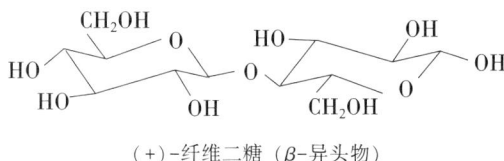

（+）-纤维二糖（β-异头物）

2. 麦芽糖

淀粉在酸或唾液酶的作用下，可以部分水解生成麦芽糖。麦芽中存在少量的麦芽糖，麦芽糖没有蔗糖甜，但也用作甜味食物，它是饴糖的主要成分。

麦芽糖是白色片状晶体，易溶于水，熔点160~165℃。麦芽糖是右旋糖，也是还原性糖。1mol麦芽糖水解后生成2mol D-(+)-葡萄糖。麦芽糖是由α-D-(+)-葡萄糖的苷羟基与另一个α-或β-D-(+)-葡萄糖分子中C_4上的醇羟基脱水缩合以α-1，4-苷键结合而成的二糖。其结构式如下：

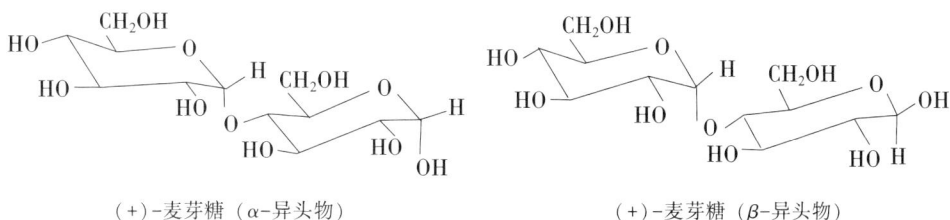

（+）-麦芽糖（α-异头物）　　　　　　（+）-麦芽糖（β-异头物）

3. 蔗糖

蔗糖是光合作用的主要产物，广泛分布于植物体内，特别是甜菜、甘蔗和水果中含量极高。蔗糖是白色有甜味的固体，极易溶于水、苯胺、氮苯、乙酸乙酯、酒精与水的混合物，不溶于汽油、石油、无水酒精等，熔点186℃。

蔗糖是α-D-葡萄糖C_1的苷羟基与β-D-果糖C_2的苷羟基脱水而组成的二糖，故蔗糖分子中的苷键是α-1，2苷键。

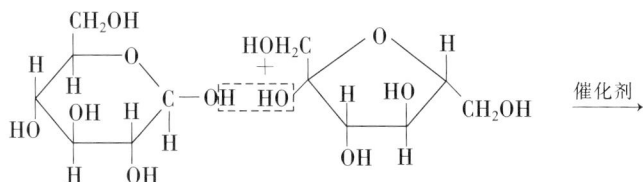

$$C_{12}H_{22}O_{11}（蔗糖）+H_2O \longrightarrow C_6H_{12}O_6（葡萄糖）+C_6H_{12}O_6（果糖）$$

$$+ H_2O$$

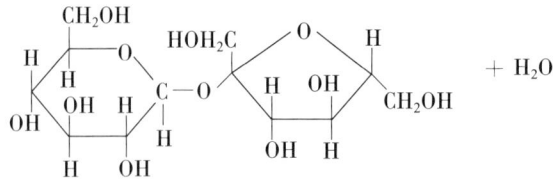

由于蔗糖分子中已无苷羟基，故蔗糖无变旋光现象，也无还原性，是非还原性二糖。

五、多糖

多糖是高分子化合物，是由很多单糖分子通过苷键结合而成的。多糖在性质上与单糖、低聚糖不同，一般无甜味、无还原性。

自然界中最重要的多糖是由己糖单元构成的，如纤维素和淀粉。还有一种多糖是以戊糖和己糖为单元共聚构成的，如半纤维素。

（一）纤维素

纤维素在自然界中分布很广，是构成植物的主要成分，木材中约含纤维素50%，麻类韧皮中含纤维素65%~75%，棉花是自然界中较纯的纤维素来源，含纤维素92%~95%。纤维素是由葡萄糖单元通过 $\beta-1$，4苷键互相连接而成的线型高分子化合物，分子式是 $(C_6H_{10}O_5)_n$，大分子结构式如下：

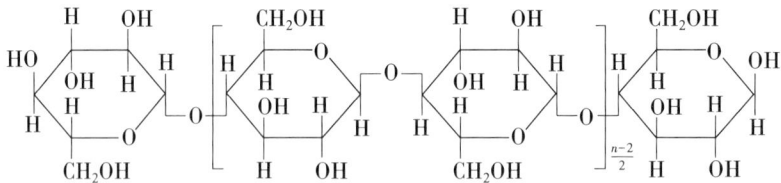

也可表示如下：

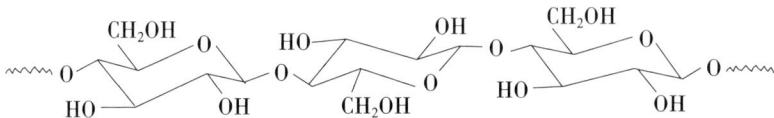

纤维素聚合度 n 为1500~5000，分子量为1000000~2000000。纤维素大分子链段有些沿着纤维长轴方向相互几乎平行有规律地匀整排列（结晶区），有些链段则是无序状态，杂乱无章地卷曲纠缠（非结晶区）。麻类纤维的结晶度低于棉，但是麻类纤维的聚合度比棉大，取向度也比棉高，所以麻的断裂强度是纤维素纤维中最高的。

1. 纤维素的物理性质

纤维素是无色、无味、无臭的物质，不溶于水，也不溶于一般的有机溶剂。

（1）吸湿和溶胀。纤维素的长链分子中含有很多羟基，因此，纤维素纤维具有较好的吸湿性。在大气中，所谓干燥的纤维素纤维实际上并不是绝对干燥的，而是吸附着一定的水分。

纤维素纤维吸湿后发生溶胀现象，其原因主要是由于纤维素分子中的亲水性羟基吸湿后，削弱了纤维无定形区分子间的相互联系。该区域中的分子链段运动范围增大，有类似于低分子物溶解的溶胀现象发生。但由于溶胀只发生在纤维无定形部分，而结晶部分不发生溶胀，还有限制纤维溶胀的作用，所以纤维素纤维在水中不能发生无限溶胀——溶解。

纤维素纤维在水中发生溶胀，是一个十分重要的性质，因纤维在水中发生溶胀后，微隙增大，染料或化学药剂分子就能渗入纤维的内部，从而获得满意的结果。

（2）刚性。在纤维素的长链分子中，含有众多难以发生内旋转的六元环，再加上分子内和分子间均有许多的氢键和范德瓦尔斯力，所以它的长链分子呈现很大的刚性，玻璃化温度很高（>200℃）。在它的链段获得能量后，有可能发生运动以前，大分子的主链已开始发生裂解（150~180℃）。如果将纤维素纤维完全干燥后，就好像塑料中缺少了增塑剂一样，变得比较硬脆。因此，纤维素纤维的大分子缺乏柔性，一般，纤维素纤维的回弹性欠佳，一定伸长下的弹性回复能力很差，其疲劳性能也不佳，尤其是低聚合度的黏胶纤维和高取向度的麻类制品，其疲劳强度都很低。

（3）对热的稳定性。纤维素纤维长链分子间具有很强的分子间作用力，其内聚能密度很高，不能被熔融。当温度达到140℃以上时，长链分子中的羰基和羧基含量就会增加，意味着它的热裂解已开始发生。温度达180℃时，热裂解趋于剧烈。

2. 纤维素的化学性质

纤维素大分子中，葡萄糖剩基上有三个自由羟基，其中2、3位上是两个仲羟基，6位上是伯羟基。两端葡萄糖剩基稍有区别，一端具有三个羟基和一个潜在醛基，另一端则没有潜在醛基，但有四个羟基。

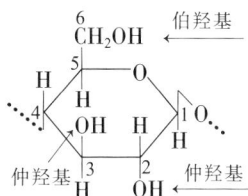

纤维素中葡萄糖单元

由于纤维素纤维大分子具有很高的聚合度，所以端基的还原性并不很显著，即无还原性。因此，纤维素的化学性质主要取决于分子侧链上的官能团和主链中存在的苷键，纤维素长链之间存在着的范德瓦尔斯力和氢键。纤维素可以进行下列两类化学反应：一类是与苷键有关的化学反应，即与大分子截短有关的化学反应，如强无机酸对苷键的作用；另一类是与三个自由羟基有关的化学反应，如氧化、酯化、醚化、交联和接枝等。

（1）酸的作用。纤维素分子中的苷键在酸的水溶液或高温水的作用下，能发生水解断裂，生成水解纤维素，使纤维素聚合度及强力降低。水解纤维素不是一个固定的产物，也不是一个单一的产物，它是随着水解程度的增加，或随着纤维素聚合度的降低所得到的一种混合物。在完全水解下，纤维素分子的所有苷键全部断裂，完全转化为 D-(+)-葡萄糖。

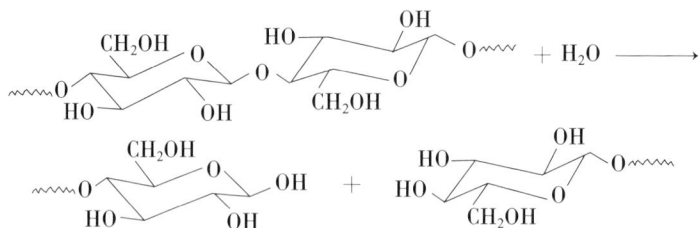

在水解过程中，β-1，4葡萄糖苷键断裂，并在断裂后与水分子结合。其中一个水解产物中第一个葡萄糖剩基上的 C_1 原子处生成潜醛基，而另一个水解产物末端的葡萄糖剩基上的 C_4 原子处则生成羟基。潜醛基能与斐林溶液作用，生成不溶性的氧化亚铜。100g 干燥纤维素与斐林溶液作用，将二价铜还原至一价铜的克数，称为纤维素的铜值。对于同样重量的纤维素，铜值越高，表示分子链越短；反之，铜值越低，表示分子链越长。因此，可以通过铜值测定纤维水解的程度，即测定纤维损伤的程度。

纤维素在高温水中（没有酸存在）虽然也能水解，但速度很慢。若有酸存在，则水解速度加快，因此，酸是纤维素水解的催化剂。酸对纤维素水解的影响与酸的性质、浓度、水解的温度及水解作用的时间有很大关系。

①酸的性质。强无机酸如硫酸、盐酸等作用最剧烈，磷酸较弱，硼酸更弱；至于有机酸，即便是强酸如蚁酸以及醋酸等的作用也还是比较缓和的。在使用强无机酸时，若能适当控制条件，不致立即引起纤维的严重损伤。

②温度。酸的浓度恒定，温度在 20~100℃ 的范围内，每提高 10℃，纤维素水解速度可增加 2~3 倍。

③酸的浓度。当酸的浓度在 3mol/L 以下时，纤维素水解速率与酸的浓度几乎成正比；酸的浓度大于 3mol/L 时，纤维素水解速率比酸浓度增大的速率快。

④时间。在其他条件相同的情况下，纤维素水解程度与时间成正比。

（2）碱的作用。纤维素苷键对碱的稳定性较好，常温下，稀碱溶液对纤维素是不起作用的。在浓碱及高温作用下，纤维素发生化学变化、物理化学变化和结构变异。化学变化就是生成新的化合物——碱纤维素；物理化学变化是溶胀和溶解，使纤维素变得富有弹性和丝光，还可使纤维素中的低聚合度部分发生溶解，从而提高了纤维素分子量的均一性，改善它的力学性质；结构变异是指大分子中葡萄糖基环之间的相互位置发生改变。

①碱纤维素的形成。纤维素与浓碱作用在理论上有以下两种说法。

第一种，生成分子化合物，其反应式为：

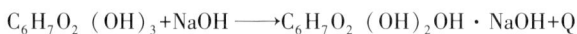

$$C_6H_7O_2(OH)_3 + NaOH \longrightarrow C_6H_7O_2(OH)_2OH \cdot NaOH + Q$$

所谓分子化合物，是指由两个或几个组分借分子间的相互作用，特别是借氢键结合而形成的产物。

第二种，生成醇化物型的化合物，其反应式为：

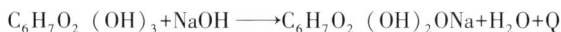

$$C_6H_7O_2(OH)_3 + NaOH \longrightarrow C_6H_7O_2(OH)_2ONa + H_2O + Q$$

该反应类似金属钠与醇反应生成醇钠化合物的过程。

上述两种生成碱纤维素的反应历程目前还没有用实验方法加以验证，所以尚无定论。随着反应条件的不同，既可有分子化合物的生成，也可有醇化物型化合物的生成。

②纤维素的溶胀和溶解。生成碱纤维素后，由于钠离子是一种水化程度很强的离子，固定其周围的水分子很多，即水化层很厚。当它与纤维素大分子结合时，有大量的水分子被带入纤维内部，从而引起了纤维的剧烈溶胀。随着碱液浓度的提高，与纤维素结合的碱量增多，所以纤维的溶胀也相应增大。溶胀后，纤维素的重量可为原纤维素重量的两倍，在溶胀过程中也同时产生放热现象，放热量随碱液浓度的增加而增加。

上述溶胀通常称为有限溶胀。此外，也可发生无限溶胀，即在一定条件下，纤维素可溶解在氢氧化钠溶液中。纤维素在碱溶液中的溶解度与其聚合度有关。随着纤维素聚合度的降低，纤维素在碱溶液中的溶解度增加。一般来说，聚合度较高的纤维素是不溶于碱溶液的。

除烧碱外，其他碱金属氢氧化物也能引起纤维素的溶胀，但溶胀程度视其水化能力而定。一些金属离子水化能力的顺序如下：

$$Li > Na > K > Rb > Cs$$

事实上，除碱金属的氢氧化物外，一些能拆散纤维素分子间结合力的试剂，也有类似的作用，如尿素、硫氰化锂、硫氰化钾等溶液。此外，无水乙胺、季铵盐、液氨等也都有使纤维素纤维发生剧烈溶胀的作用。

如果把棉纤维浸在18%左右的氢氧化钠溶液中，棉纤维就膨润溶胀，长度收缩，直径增大，表面呈凝胶状态。若将这样的纤维用机械拉紧，其表面就显示半透明状且平滑发光，这时在张力的状态下，用水洗涤并经干燥后，就得到具有独特外观和风格的丝光纤维，这种加工过程称为丝光处理。纤维经丝光处理后结晶度下降，无定形部分增多，分子链中葡萄糖剩基绕链的主价键发生了一定的旋转，因此，使纤维的柔软性稍有提高，化学活泼性大为提高，如吸湿、吸附染料等能力增强，但对酸和氧化剂的敏感性也随之增大。

近年来，也有用液氨代替烧碱进行丝光处理的，其对纱线和织物力学性能的改善优于烧碱丝光。

③碱纤维素的结构变异。氢氧化钠溶液与纤维素相互作用后能形成碱纤维素的若干变体。这种化学组成相同的物质能生成若干结构变体的现象称为同质多晶现象。研究证明，碱纤维素的结构变体至少有五种，随着处理条件的变化，五种变体之间可以互相转化，如图1-23所示。

纤维素随着碱液浓度及温度的不同可以生成不同的碱纤维素，几种主要碱纤维素结构变体的分子组成如下：

钠纤维素 I：$C_6H_{10}O_5 \cdot NaOH \cdot 3H_2O$

钠纤维素 II：$C_6H_{10}O_5 \cdot NaOH \cdot H_2O$

钠纤维素 III：$C_6H_{10}O_5 \cdot NaOH \cdot 2H_2O$

钠纤维素 IV：$C_6H_{10}O_5 \cdot H_2O$

钠纤维素 V：$C_6H_{10}O_5 \cdot NaOH \cdot 5H_2O$

（3）氧化剂的作用。纤维素长链分子中的羟基、苷键对氧化剂很不稳定。按氧化剂对纤

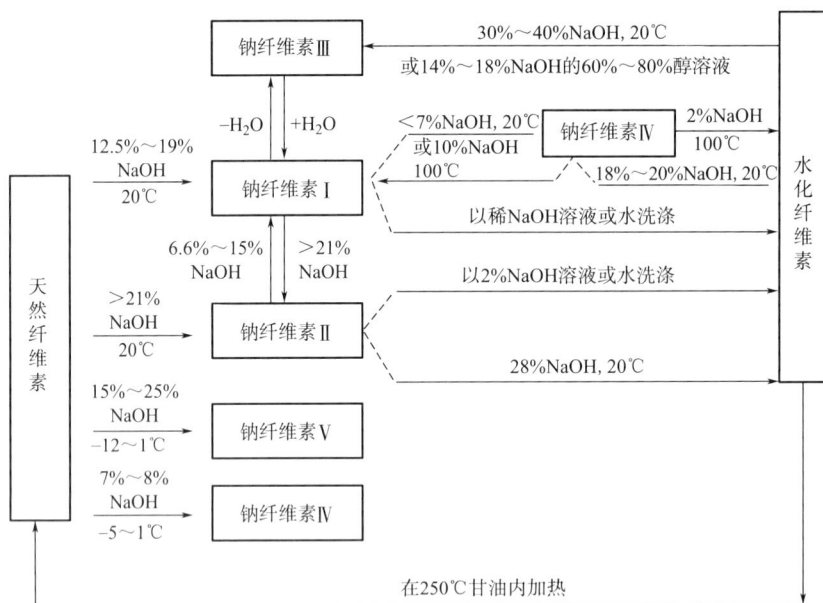

图1-23 碱纤维素各种结构变体的生成条件与相互转化条件

维素的作用形式，氧化剂可分成两类，即特殊性氧化剂和非特殊性氧化剂。非特殊性氧化剂对葡萄糖剩基的所有各部位都可以发生氧化作用，如空气、氧、臭氧、过氧化氢、次氯酸钠、氯胺T、卤素、过二硫酸盐及高锰酸盐等都属此类。特殊氧化剂对葡萄糖剩基的氧化作用只发生在个别部位，如二氧化氮或四氧化二氮主要是使 C_6 原子上的伯羟基氧化为醛基、羧基，而高碘酸、四醋酸铅等主要是使 C_2、C_3 原子上的两个仲羟基氧化，生成二醛基纤维素，同时使葡萄糖剩基环破裂，再用溴水、亚氯酸钠氧化则得相应的二羧基纤维素。氧化作用还可能发生在苷键，使纤维素分子链断裂，经剧烈氧化的最终产物为二氧化碳和水。

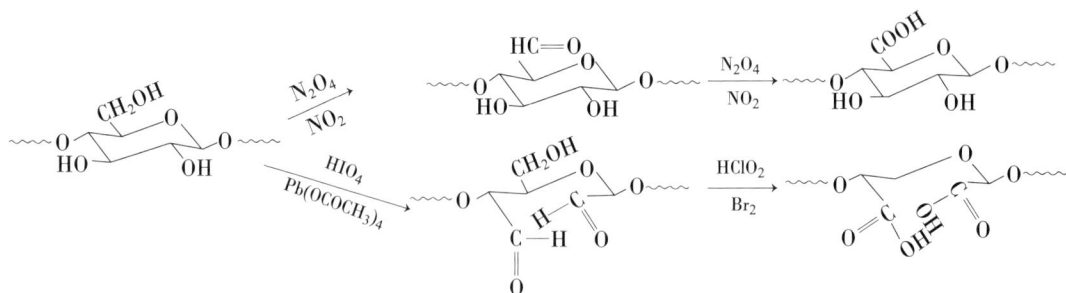

氧化剂对纤维素的作用

除上述氧化剂的种类与反应条件对纤维素氧化有影响外，溶液的酸碱性对纤维素的氧化作用也有影响，例如，以次氯酸盐氧化纤维素时生成醛基较多，而在碱性溶液中生成的羧基较多。溶液酸碱性对纤维素被氧化的反应速度也有影响，例如，在中性溶液中，次氯酸盐对纤维素的氧化速度最快，酸性溶液次之，碱性溶液最慢，因此，棉织物的漂白切忌在中性次氯酸盐溶液中进行，最好在弱碱性溶液中进行。

（4）其他化学试剂的作用。由于纤维素长链分子中有众多羟基，因此，可以将纤维素看成是多元醇，它能进行一系列醇所能进行的反应。利用这一特性，将纤维素纤维织物进行化学整理、染色或化学变性后，能得到具有各种特性的纤维素衍生物，可较显著地改变纤维素的性能，制造出许多新的、具有独特风格和用途的产品，也可重新制成纤维或浆料等材料，扩大纤维素的用途。

①酯化反应。

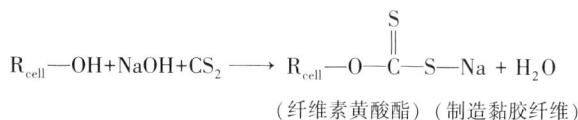

（纤维素黄酸酯）（制造黏胶纤维）

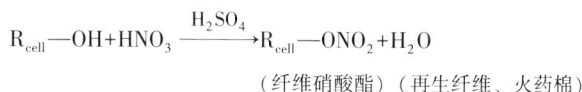

（纤维硝酸酯）（再生纤维、火药棉）

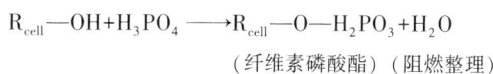

（纤维素磷酸酯）（阻燃整理）

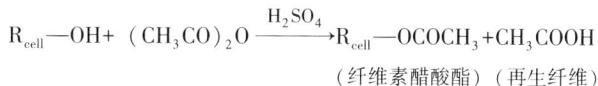

（纤维素醋酸酯）（再生纤维）

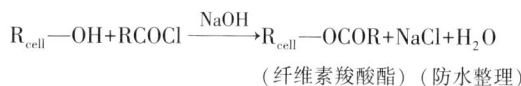

（纤维素羧酸酯）（防水整理）

②醚化反应。

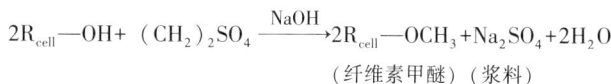

（纤维素甲醚）（浆料）

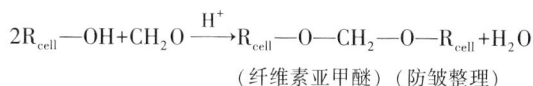

（纤维素亚甲醚）（防皱整理）

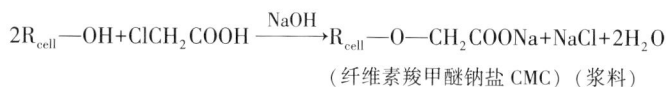

（纤维素羧甲醚钠盐 CMC）（浆料）

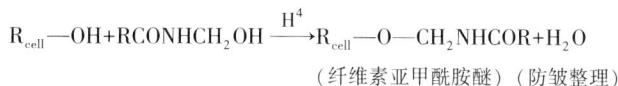

（纤维素亚甲酰胺醚）（防皱整理）

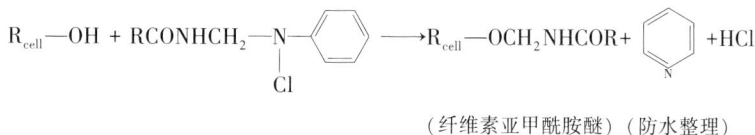

（纤维素亚甲酰胺醚）（防水整理）

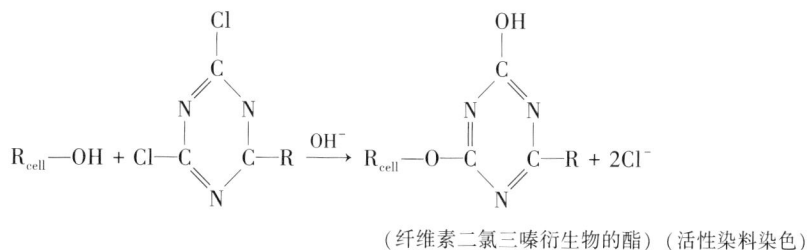

（纤维素二氯三嗪衍生物的酯）（活性染料染色）

③与环状化合物反应。

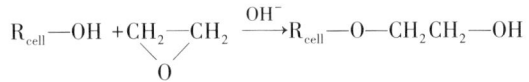

(纤维素乙二醇醚)(浆料)

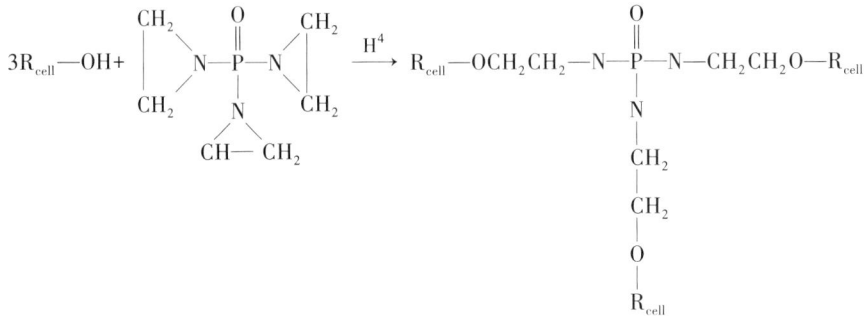

(阻燃整理)

(防皱整理)

(防皱整理)

④与活化乙烯化合物的加成反应。

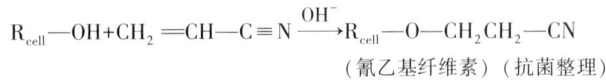

(氰乙基纤维素)(抗菌整理)

(纤维素乙烯砜醚)(防皱整理、活性染料染色)

⑤接枝聚合反应。在纤维素长链分子上接一些较短的合成聚合体的支链后,使纤维素的接枝共聚体具有一定的特性,如防水、抗菌、阻燃、改变染色和力学性能等。

（二）淀粉

淀粉是绿色植物进行光合作用的产物,存在植物的种子、茎和块根中。淀粉除食用外,也用于纺织行业中。由于淀粉对亲水性纤维有良好的黏附性及较好的成膜性,价格低廉,资源丰富,因此可用作棉、毛纤维的上浆剂(浆料)。尽管淀粉单独使用已不能满足高速织机上浆发展的需要,但仍可有较好的上浆效果,尤其是它的退浆污水对环境污染程度较其他化学浆料小。所以至今在各种浆料中,淀粉仍占很大比例。

1. 淀粉的结构

淀粉的分子式是（C_6H_10O_5)_n,分为直链淀粉和支链淀粉。直链淀粉难溶于水,遇碘呈蓝色。在酸催化下水解，直链淀粉生成麦芽糖和 D-(+)-葡萄糖。这表明直链淀粉是由葡萄糖单元通过 α-1，4 苷键连接生成的线型高分子化合物。直链淀粉并不是直线状的，而是由分子内的氢键使链卷曲成螺旋状的。直链淀粉的结构如下：

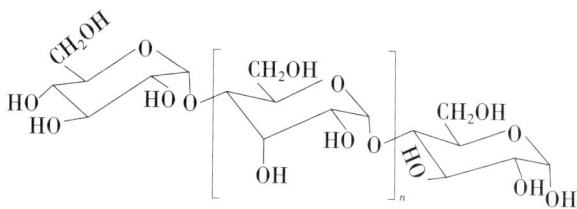

支链淀粉是由葡萄糖单元构成的带有许多支链的线型高分子化合物，可溶于水，遇碘呈红紫色。在酸催化下水解，支链淀粉除生成麦芽糖和 D-(+)-葡萄糖外，还生成异麦芽糖。异麦芽糖是由两个 D-(+)-葡萄糖单元通过 α-1，4-苷键相连接的外，还有以 α-1，6-苷键相连接的。支链淀粉的结构如下：

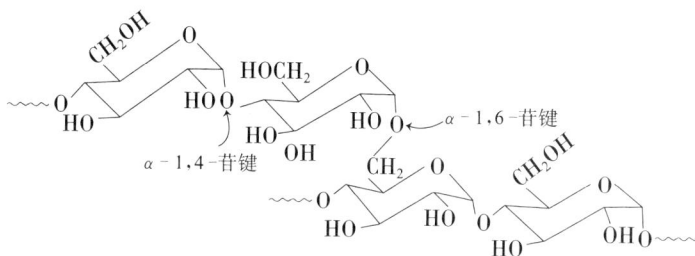

2. 淀粉的物理性质

淀粉是白色、无臭、无味的颗粒，不溶于一般有机溶剂，淀粉的颗粒形状和大小根据来源的不同而异。

3. 淀粉的化学性质

淀粉和纤维素一样，长链分子中含有大量的羟基及苷键，因此易被水解，被氧化剂氧化、酯化及醚化。

（1）水解。淀粉在酸或酶的作用下，可使苷键发生水解。酸起催化作用，常用的酸为盐酸或硫酸。

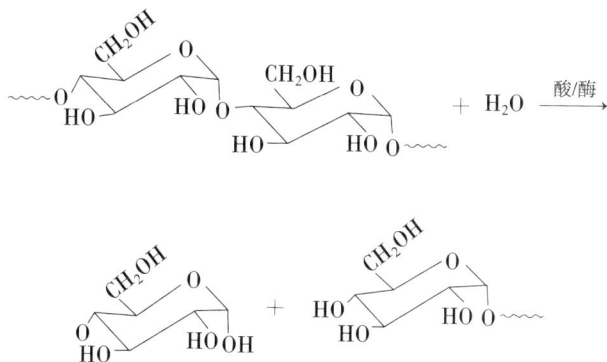

淀粉的水解

淀粉的水解作用主要开始于端基，由非还原性端基或苷键部分开始的第一及第二苷键比链中间的其他键更易反应，α-1，6-苷键比 α-1，4-苷键更易水解。因此，支链淀粉比直链淀粉更易水解为麦芽糖。如图 1-24 所示。

淀粉在酸催化下水解，首先生成分子量较小的糊精，然后生成麦芽糖和异麦芽糖，水解的最终产物是 D-(+)-葡萄糖。糊精能溶于冷水，水溶液有黏性，可作纤维上浆剂。

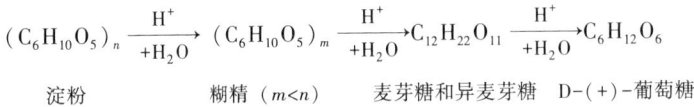

图 1-24　支链淀粉水解示意图

$$(C_6H_{10}O_5)_n \xrightarrow[+H_2O]{H^+} (C_6H_{10}O_5)_m \xrightarrow[+H_2O]{H^+} C_{12}H_{22}O_{11} \xrightarrow[+H_2O]{H^+} C_6H_{12}O_6$$

淀粉　　　　　　糊精（$m<n$）　　麦芽糖和异麦芽糖　D-(+)-葡萄糖

（2）氧化剂的作用。淀粉和纤维素一样，其氧化程度及产物不仅与氧化剂有关，还与氧化剂的浓度、pH 值、作用时间及温度等有关。

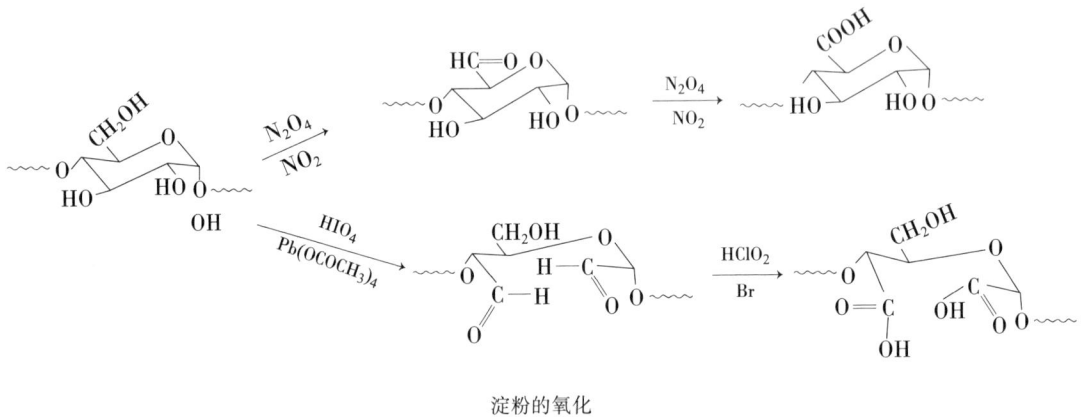

淀粉的氧化

氧化后淀粉分子中引入了羧基，提高了对棉纤维的亲和力，从而提高了黏附力。次氯酸钠还会使苷键断裂，使淀粉的聚合度降低，流动性好，黏度低，浸透性强，不易凝冻等，得到性能较好的淀粉浆液。

（3）碱的作用。碱对淀粉的作用随温度而异。在室温与低温下，碱能被淀粉吸收，使淀粉颗粒膨胀，促进糊化，糊化温度降低，使淀粉浆的黏度升高且溶解度增加。

$$R_{st}(OH)_3 + NaOH \longrightarrow R_{st}(OH)_2ONa + H_2O$$

当在高温下及氧存在时，碱能使淀粉分子中的苷键发生氧化而断裂，使淀粉浆的黏度降低，还原性增加，这就是氢氧化钠及硅酸钠（水玻璃）做淀粉分解剂的基本原理。

（4）酯化反应。淀粉长链分子中羟基与无机酸或有机酸都能形成酯，所得的产物为淀粉酯衍生物。经纱上浆中所用的淀粉无机酸酯主要是淀粉磷酸酯。这类产品易溶于水，用作棉纱或涤/棉纱的浆料，效果良好。其他如硫酸酯、磺酸酯等无机酸酯衍生物，在经纱上浆中用得不多。其反应历程如下：

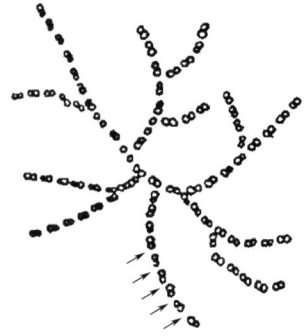

$$2NaH_2PO_4 \longrightarrow Na_2H_2P_2O_7 + H_2O$$

焦磷酸钠

$$R_{st}OH + Na_2H_2P_2O_7 \longrightarrow R_{st}-O-\overset{\overset{\displaystyle OH}{|}}{\underset{\underset{\displaystyle ONa}{|}}{P}}-O + NaH_2PO_4$$

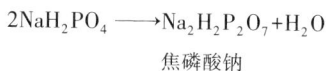

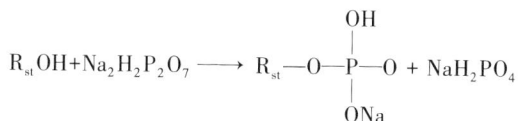

经纱上浆中所用的淀粉有机酸酯主要是淀粉醋酸酯。淀粉醋酸酯有较宽的黏度及取代度范围，较稳定，流动性好，不易凝冻，可用于棉纱、黏胶纱上浆，也可用于涤/棉纱上浆，有较好的效果。其反应式如下：

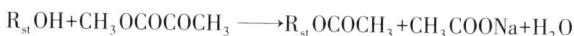

$$R_{st}OH + CH_3OCOCOCH_3 \longrightarrow R_{st}OCOCH_3 + CH_3COONa + H_2O$$

（5）醚化反应。淀粉中羟基可与醇或其他醚化剂形成醚化物，所得的产品叫淀粉醚衍生物。这类衍生物的种类很多，在经纱上浆中用得较多的是羧甲基淀粉及羟乙基淀粉。

羧甲基淀粉（CMS）是淀粉在氢氧化钠存在下与一氯醋酸钠或一氯醋酸反应而得。羧甲基淀粉水溶液为无色、无臭、带水果香味的透明状黏带溶液，在碱性及弱酸中稳定，在强酸中沉淀，吸湿性较大，特别是粗制品吸湿性更高。属于高分子弱电解质，能与二价、三价金属盐类 $[CaCl_2、Ba(OH)_2]$ 置换，生成沉淀。遇碘液呈紫黑色，具有良好的乳化性能，可作乳化剂。不易受微生物腐融，可较长时间放置，作为浆料时，具有浆膜柔软、退浆容易、调浆方便等优点，但耐磨性差，手感较软，易起毛，适宜与其他黏性材料混用。其反应式如下：

$$R_{st}OH + NaOH + ClCH_2COOH \longrightarrow R_{st}OCH_2COONa + NaCl$$

羟乙基淀粉（HES）是由预先糊化过的淀粉与环氧乙烷相互作用而制得，以氢氧化钠为催化剂。取代度为 $0.05 \sim 0.1$。羟乙基淀粉为白色粉末，水溶性好，不会凝冻，所成薄膜坚韧透明，退浆容易，只需在 $80℃$ 热水中加 0.5% 纯碱，漂洗 $15min$ 即可退掉。其反应式如下：

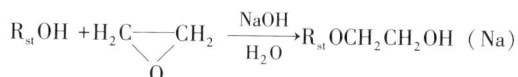

$$R_{st}OH + H_2C\!\!-\!\!\!\overset{\displaystyle }{\underset{\displaystyle O}{\diagdown\!\diagup}}\!\!-\!\!CH_2 \xrightarrow[H_2O]{NaOH} R_{st}OCH_2CH_2OH （Na）$$

（6）淀粉的氨基化——阳离子淀粉。淀粉与氨基烃反应，可将氨基引入淀粉长链分子中，所得产品称为阳离子淀粉。其反应式如下：

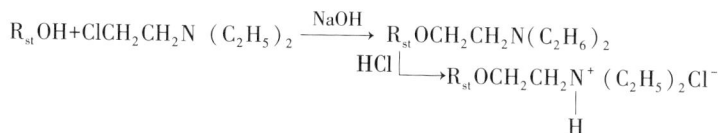

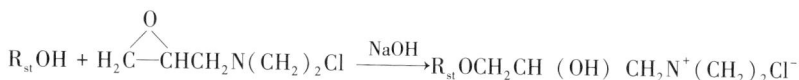

$$R_{st}OH + ClCH_2CH_2N(C_2H_5)_2 \xrightarrow{NaOH} R_{st}OCH_2CH_2N(C_2H_6)_2$$

$$\overset{HCl}{\underset{\quad}{\rule{0pt}{0pt}}}\!\!\!\!\!\!\!\!\vert\!\!\!\longrightarrow R_{st}OCH_2CH_2\overset{\displaystyle +}{N}(C_2H_5)_2Cl^-$$
$$\underset{\underset{\displaystyle H}{|}}{\rule{0pt}{0pt}}$$

$$R_{st}OH + H_2C\!\!-\!\!\!\overset{\displaystyle O}{\overset{\diagup\!\diagdown}{\rule{0pt}{0pt}}}\!\!-\!\!CHCH_2N(CH_2)_2Cl \xrightarrow{NaOH} R_{st}OCH_2CH(OH)CH_2\overset{\displaystyle +}{N}(CH_2)_2Cl^-$$

$$R_{st}OH + CH_2{-}CH_2 \longrightarrow R_{st}OCH_2CH_2NH_2$$

$$\xrightarrow{HCl} R_{st}OCH_2CH_2N^+H_2Cl^-$$

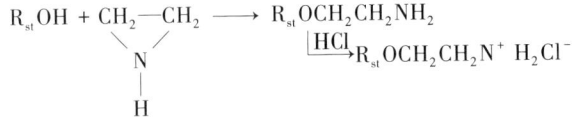

当淀粉中引入氨基后，由于氨基上氮的质子化作用而带有正电荷，从而增大了与带有负电荷的纤维表面之间的相互吸引力，得到较强的结合，尤其是可以提高浆料和合成纤维的黏附力，并对合成纤维有消除静电的效果，阳离子淀粉在水中分散性良好，流动性好，形成稳定的胶体溶液，上浆质量好，落浆少。

（7）淀粉的接枝共聚。淀粉在一定条件下，还可与乙烯型单体（丙烯腈、甲基乙烯醚、丙烯酸等）接枝共聚。形成一系列不同性能的接枝共聚物，进一步扩大了淀粉的使用范围与应用价值。其共聚原理与纤维素的接枝共聚原理一样。

（8）其他性质。

①机械裂解。干淀粉经球磨机或橡胶研磨机的机械作用，可制得冷水膨胀的产品，这种机械作用可使结晶区破裂，长时间研磨也可能使苷键断裂，发生淀粉大分子的裂解反应。

②辐射作用。在紫外线照射下，马铃薯淀粉的黏度会下降，发生降解作用。如在 1.5×10^7 伦琴 X 射线照射下会引起结晶区的破裂，甚至可完全分解为麦芽糖、葡萄糖，最后可生成 CO_2 及 H_2O。

第三节　氨基酸和蛋白质

蛋白质是生命的基础物质。人或动物的肌肉、皮肤、毛发、角、鳞片、羽毛、神经以及血液中的血红蛋白、激素、酶，乃至抗体等都是蛋白质。恩格斯说："没有蛋白质，就没有生命。"

蛋白质是一类复杂的高分子化合物，人们通过大量的基础研究工作认识到，组成蛋白质的基本单位是 α-氨基酸。

一、氨基酸

羧酸分子中烃基的氢原子被氨基（—NH_2）取代所生成的化合物称为氨基酸，分子中既含有氨基又含有羧基。

（一）氨基酸的分类和命名

1. 氨基酸的分类

（1）按照氨基酸的化学结构，可分为脂肪族氨基酸、芳香族氨基酸和杂环族氨基酸三类。羊毛和蚕丝蛋白质中各种氨基酸含量见表 1-7，表中氨基酸含量是指 100g 蛋白质分析得出的氨基酸克数。

表 1-7 羊毛和蚕丝蛋白质的各种氨基酸含量

分类		俗称	学名	结构式	氨基酸含量/g		
					羊毛蛋白质	桑蚕丝素蛋白质	桑蚕丝胶蛋白质
脂肪族氨基酸	单氨基单羧基氨基酸	乙（甘）氨酸	α-氨基乙酸	$H_2N-CH-COOH$ $\quad\quad\quad\quad H$	5.25	42.8	8.8
		丙氨酸	α-氨基丙酸	$H_2N-CH-COOH$ $\quad\quad\quad\quad CH_3$	4.10	32.4	4.0
		缬氨酸	β-甲基-α-氨基正丁酸	$H_2N-CH-COOH$ $H_3C-CH-CH_3$	5.38	3.03	3.1
		亮（白）氨酸	γ-甲基-α-氨基正戊酸	$H_2N-CH-COOH$ $\quad\quad CH-CH_2-CH_3$ $\quad\quad CH_3$	8.26	0.68	0.9
		异亮（白）氨酸	β-甲基-α-氨基正戊酸	$H_2N-CH-COOH$ $\quad\quad CH-CH_2-CH_3$ $\quad\quad CH_3$	3.41	0.87	0.6
	羟基氨基酸	丝氨酸	β-羟基-α-氨基丙酸	$H_2N-CH-COOH$ $\quad\quad\quad CH_2OH$	9.66	14.7	30.1
		苏（酥）氨酸	β-羟基-α-氨基正丁酸	$H_2N-CH-COOH$ $\quad\quad CH-OH$ $\quad\quad CH_3$	6.54	1.51	8.5
	单氨基二羧基氨基酸	天门冬氨酸	α-氨基丁二酸	$H_2N-CH-COOH$ $\quad\quad CH_2-COOH$	6.65	1.73	16.8
		谷（麸）氨酸	α-氨基戊二酸	$H_2N-CH-COOH$ $\quad\quad (CH_2)_2COOH$	14.41	1.74	10.1
	单羧基二氨基氨基酸	赖氨酸	α、ε-二氨基己酸	$H_2N-CH-COOH$ $\quad\quad (CH_2)_4NH_2$	3.22	0.45	5.5
		羟基赖氨酸	δ-羟基 α、ε-二氨基己酸	$H_2N-CH-COOH$ $\quad (CH_2)_2CH-CH_2-NH_2$ $\quad\quad\quad\quad OH$	0.16	—	—
		精氨酸	δ-胍基-α-氨基正戊酸	$H_2N-CH-COOH$ $\quad (CH_2)_3NH-C=NH$ $\quad\quad\quad\quad NH_2$	9.58	0.9	4.2

续表

分类		俗称	学名	结构式	氨基酸含量/g		
					羊毛蛋白质	桑蚕丝素蛋白质	桑蚕丝胶蛋白质
脂肪族氨基酸	含硫氨基酸	胱氨酸	双-β-硫代-α-氨基丙酸	$H_2N-CH-COOH$ $\mid$ CH_2 $\mid$ S $\mid$ S $\mid$ CH_2 $\mid$ $H_2N-CH-COOH$	12.02	—	0.33
		半胱氨酸	β-巯基-α-氨基丙酸	$H_2N-CH-COOH$ $\mid$ CH_2 $\mid$ SH	—	0.03	—
		蛋（甲硫）氨酸	γ-甲硫基-α-氨基丁酸	$H_2N-CH-COOH$ $\mid$ $(CH_2)_2S-CH_3$	0.52	0.1	0.1
	芳香族氨基酸	苯丙氨酸	β-苯基-α-氨基丙酸	$H_2N-CH-COOH$ $\mid$ CH_2-〇	3.8	1.15	0.6
		酪氨酸	β-对-羟基苯-α-氨基丙酸	$H_2N-CH-COOH$ $\mid$ CH_2-〇$-OH$	5.25	11.8	4.9
杂环族氨基酸		组氨酸	β-眯唑基-α-氨基丙酸	$H_2N-CH-COOH$ $\mid$ CH_2-C（咪唑环）	1.02	0.32	1.4
		脯氨酸	α-羧基四氢吡咯	$HN-CH-COOH$（四氢吡咯环）	6.79	0.63	0.5
		色氨酸	β-吲哚基-α-氨基丙酸	$H_2N-CH-COOH$ $\mid$ CH_2-C（吲哚环）	1.43	0.36	0.5

（2）按照氨基和羧基相对位置的不同，脂肪族氨基酸可分为 α-氨基酸、β-氨基酸、γ-氨基酸、δ-氨基酸、ε-氨基酸、ω-氨基酸等。例如：

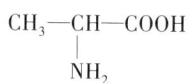
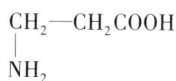
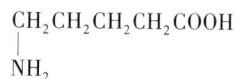

α-氨基丙酸　　　　　　　　β-氨基丙酸　　　　　　　　ω-氨基戊酸

至今在自然界中发现的氨基酸已有二百多种，其中以 α-氨基酸在自然界存在最广，也最重要，是构成蛋白质的"基石"。生物体内构成蛋白质的 α-氨基酸有二十多种。这些氨基酸分子中，除氨基和羧基外，有的还含有羟基、巯基、芳香环和杂环等。

ω-氨基酸中氨基与羧基分别位于分子链的链端，是生产聚酰胺纤维的单体。例如，ω-氨基己酸 $[H_2N(CH_2)_5COOH]$ 的内酰胺是生产锦纶 6 的单体，ω-氨基十一酸 $[H_2N(CH_2)_{10}COOH]$ 是生产锦纶 11 的单体。

（3）按照氨基和羧基数目的不同，可分为中性氨基酸、酸性氨基酸和碱性氨基酸。在氨基酸分子中，氨基和羧基的数目可能不止一个，而且可以相等，也可以不相等。中性氨基酸中氨基和羧基数目相等，氨基酸近乎中性。碱性氨基酸中氨基的数目多于羧基，氨基酸呈现碱性。酸性氨基酸中羧基的数目多于氨基时，氨基酸呈现酸性。

表 1-8 为蛋白质水解得到的常见氨基酸，其中标有"＊"的为人体必需的氨基酸，在人体内不能合成，必须由食物来提供。

表 1-8　组成蛋白质的常见氨基酸

分类	名称	结构式	等电点
中性氨基酸	甘氨酸 （α-氨基乙酸）	$\underset{\underset{NH_2}{\mid}}{CH_2}-COOH$	5.97
	丙氨酸 （α-氨基丙酸）	$CH_3-\underset{\underset{NH_2}{\mid}}{CH}-COOH$	6.00
	＊缬氨酸 （α-氨基异戊酸）	$CH_3-\underset{\underset{CH_3}{\mid}}{\overset{}{C}}\underset{\underset{NH_2}{\mid}}{H}-COOH$	5.96
	＊亮氨酸 （α-氨基异己酸）	$CH_3-\underset{\underset{CH_3}{\mid}}{CH}-CH_2-\underset{\underset{NH_2}{\mid}}{CH}-COOH$	6.02
	＊异亮氨酸 （β-甲基-α-氨基戊酸）	$CH_3-CH_2-\underset{\underset{CH_3}{\mid}}{CH}-\underset{\underset{NH_2}{\mid}}{CH}-COOH$	5.98
	＊苯丙氨酸 （β-苯基-α-氨基丙酸）	$\text{C}_6\text{H}_5-CH_2-\underset{\underset{NH_2}{\mid}}{CH}-COOH$	5.48
	酪氨酸 （β-对羟苯基-α-氨基丙酸）	$HO-\text{C}_6\text{H}_4-CH_2-\underset{\underset{NH_2}{\mid}}{CH}-COOH$	5.66
	丝氨酸 （β-羟基-α-氨基丙酸）	$HO-CH_2-\underset{\underset{NH_2}{\mid}}{CH}-COOH$	5.68

续表

分类	名称	结构式	等电点
中性氨基酸	半胱氨酸 (β-巯基-α-氨基丙酸)	HS—CH₂—CH—COOH 　　　　　NH₂	5.05
	胱氨酸 (双β-硫代-α-氨基丙酸)	S—CH₂—CH—COOH |　　　　NH₂ S—CH₂—CH—COOH 　　　　　NH₂	4.8
	*苏氨酸 (β-羟基-α-氨基丁酸)	CH₃—CH—CH—COOH 　　　OH　NH₂	6.16
	*蛋氨酸 (γ-甲硫基-α-氨基丁酸)	H₂C—S—CH₂—CH₂—CH—COOH 　　　　　　　　　　NH₂	5.74
	*色氨酸 [β-(3-吲哚)-α-氨基丙酸]	CH₂—CH—COOH 　　　NH₂	5.89
	脯氨酸 (α-羧基四氢吡咯)	COOH N H	6.30
	羟脯氨酸 (α-羧基-β'羟基四氢吡咯)	HO—　COOH 　　　N 　　　H	5.83
酸性氨基酸	天门冬氨酸 (α-氨基-1,4-丁二酸)	HOOC—CH₂—CH—COOH 　　　　　　NH₂	2.77
	谷氨酸 (α-氨基-1,5戊二酸)	HOOC—CH₂—CH₂—CH—COOH 　　　　　　　　　NH₂	3.22
碱性氨基酸	精氨酸 (δ-胍基-α-氨基戊酸)	HN=C—N—(CH₂)₃—CH—COOH H₂N　H　　　　　NH₂	10.97
	*赖氨酸 (α-ε-二氨基己酸)	H₂N—(CH₂)₄—CH—COOH 　　　　　　　NH₂	9.74
	组氨酸 [β-(5-咪唑)-α-氨基丙酸]	HC=C—CH₂—CH—COOH N　NH　　　NH₂ 　CH 　H	7.59

2. 氨基酸的命名

氨基酸可按系统命名法，以羧酸为母体，以氨基为取代基来命名。由蛋白质水解而来的 α-氨基酸通常都用它们的俗称来命名，见表 1-8。

3. 氨基酸的构型

蛋白质中常见的 α-氨基酸，除甘氨酸外，都具有手征性碳原子和旋光性。氨基酸中 α-碳原子的构型都与 L-甘油醛相同，因此大多数氨基酸都是 L-型的。

目前表示氨基酸构型的命名，一般仍沿用 D/L 命名法。例如：

L-甘油醛	L-丙氨酸	L-脯氨酸	L-异亮氨酸	L-苏氨酸

L-氨基酸都可用如下通式表示：

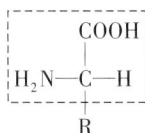

R 称为氨基酸的侧链，可以是 —CH₃，—C—CH₃，—CH₂OH，—CH₂SH 等。

（二）氨基酸的性质

从氨基酸的构型可以看出，虚线框内的部分对 α-氨基酸都相同，因而氨基酸具有共性。其余部分（即 R）彼此不同，因而各种氨基酸具有不同的个性。

1. 氨基酸的物理性质

天然氨基酸大多数为高熔点的无色晶体，少数为黏稠液体，熔点较高，大多数在 200～300℃之间，有些氨基酸往往在加热至熔点温度时便分解。大多数氨基酸（胱氨酸、酪氨酸除外）易溶于水，在水中都有一定的溶解度，几乎不溶于非极性有机溶剂（如乙醚烃类），氨基酸的碳链越长，在水中的溶解度越小。

2. 氨基酸的化学性质

（1）两性和等电点。氨基酸分子中既含有碱性的氨基（—NH₂），又含有酸性的羧基（—COOH），所以氨基酸是两性物质。它既能与酸作用生成铵盐，又能与碱作用生成羧酸盐。而且，它们本身在分子内也能形成盐，这种盐叫作内盐，也叫两性离子、偶极离子。

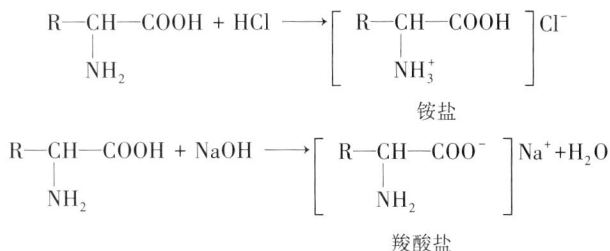

$$R-\underset{\underset{NH_2}{|}}{CH}-\overset{\overset{O}{||}}{C}-OH \longrightarrow R-\underset{\underset{NH_3^+}{|}}{CH}-\overset{\overset{O}{||}}{C}-O^-$$

内盐（两性离子或偶极离子）

当氨基酸溶于水时，羧基与氨基可以分别像酸和碱一样电离。

$$R-\underset{\underset{NH_2}{|}}{CH}-COOH \Longrightarrow R-\underset{\underset{NH_2}{|}}{CH}-COO^- + H^+$$

$$R-\underset{\underset{NH_2}{|}}{CH}-COOH + HOH \Longrightarrow R-\underset{\underset{NH_3^+}{|}}{CH}-COOH + OH^-$$

但氨基和羧基的电离度并不相同，中性氨基酸的水溶液并非中性（一般 pH 值略小于 7），酸性氨基酸水溶液的 pH 值小于 7，碱性氨基酸水溶液的 pH 值大于 7。

实验证明：α-氨基酸结晶状态时是以偶极离子形式存在的。在水溶液中，这种偶极离子与其阴、阳离子同时存在于一个平衡体系中。

$$H_2N-\underset{\underset{R}{|}}{CH}-COO^- \underset{OH^-}{\overset{H^+}{\Longrightarrow}} H_3\overset{+}{N}-\underset{\underset{R}{|}}{CH}-COO^- \underset{OH^-}{\overset{H^+}{\Longrightarrow}} H_3\overset{+}{N}-\underset{\underset{R}{|}}{CH}-COOH$$

阴离子   偶极离子   阳离子

（在强碱中）   （在强酸中）

究竟哪一种形式占优势，取决于溶液的 pH 值和氨基酸的结构、性质。在强酸性溶液中，氨基酸主要以阳离子形式存在，在电场中这种离子向阴极移动；在强碱性溶液中，氨基酸都以阴离子形式存在，在电场中这种离子向阳极移动。

若在氨基酸溶液中加酸或加碱（即调节溶液的 pH 值），使溶液中氨基酸的偶极离子浓度最大，阳离子和阴离子极少且浓度相等时，此时溶液的 pH 值称为该氨基酸的等电点，以 pI 表示。在等电点时，电场中的氨基酸既不向阳极移动，也不向阴极移动，氨基酸以偶极离子形式存在，呈现电性中和状态。

$$R-\underset{\underset{NH_2}{|}}{CH}-COO^- \underset{OH^-}{\overset{H^+}{\Longrightarrow}} R-\underset{\underset{NH_3^+}{|}}{CH}-COO^- \underset{OH^-}{\overset{H^+}{\Longrightarrow}} R-\underset{\underset{NH_3^+}{|}}{CH}-COOH$$

pH>等电点   pH 为等电点（内盐）   pH<等电点

等电点不是中性点，即在等电点时 pH 值不一定等于 7，它可看作是氨基酸分子内的氨基和羧基自相中和的结果。不同的氨基酸有不同的等电点。等电点的大小是由氨基酸分子中所含氨基和羧基的数目及其相对的电离强度而定。中性氨基酸的等电点一般在 5.0~6.5 之间；酸性氨基酸的等电点在 2.7~3.2 之间；碱性氨基酸的等电点在 7.5~1.0 之间。由于结构不同，各种氨基酸都有其特有的等电点。例如，丙氨酸的等电点为 6.00，谷氨酸的等电点为 3.22，见表 1-8。

在等电点时，氨基酸的溶解度最小，最容易从溶液中沉淀析出。因此，利用这个性质，调节 pH 值至某个等电点，就可以使某种氨基酸析出。所以可用这种方法从氨基酸混合液中分离出不同的氨基酸。

（2）受热后的反应。氨基酸分子中氨基和羧基的相对位置不同，受热后所发生的反应也不相同。

①α-氨基酸受热时，能发生两分子间的氨基和羧基脱水作用，两分子间失水形成环状的交酰胺。

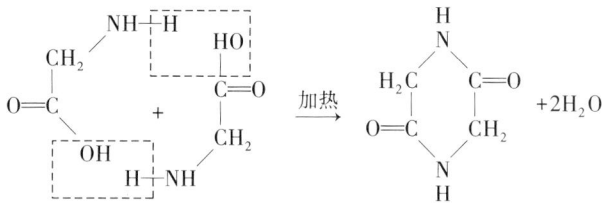

②β-氨基酸受热时，失去一分子氨，生成 α,β-不饱和羧酸。

$$\underset{\underline{\overline{\text{H}_2\text{N}\ \ \text{H}}}}{\text{RCHCHCOOH}} \xrightarrow{\text{加热}} \text{RCH}=\text{CHCOOH} + \text{NH}_3$$

③γ-氨基酸或 δ-氨基酸受热至熔点，分子内氨基与羧基失水形成内酰胺。

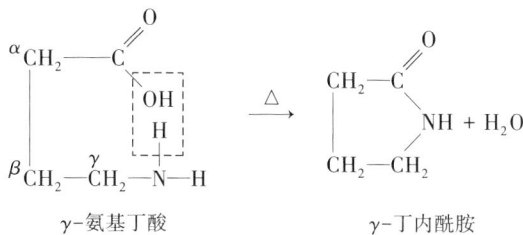

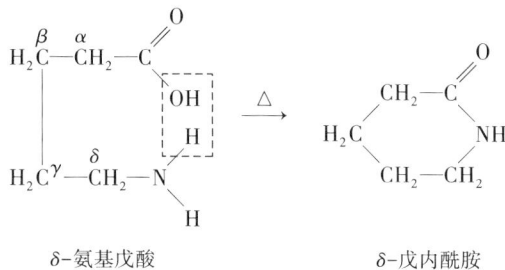

$$\underset{\text{NH}_2}{\text{RCHCH}_2\text{CH}_2\text{CH}_2\text{COOH}} \underset{\text{水解}}{\overset{\text{热至熔点}}{\rightleftharpoons}} \underset{\text{NH}}{\text{RCHCH}_2\text{CH}_2\text{CH}_2\text{C}=\text{O}} + \text{H}_2\text{O}$$

δ-内酰胺

γ-氨基丁酸　　　　　　　　　γ-丁内酰胺

δ-氨基戊酸　　　　　　　　　δ-戊内酰胺

④当氨基与羧基相隔 4 个以上碳原子时，受热后分子失水生成长链的聚酰胺。聚酰胺型合成纤维，如锦纶 6、锦纶 11 等，就是由相应的 ω-氨基酸去水生成的。

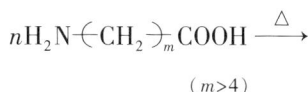

$$n\text{H}_2\text{N}{\underset{m}{+\text{CH}_2+}}\text{COOH} \xrightarrow{\triangle}$$

$$(m>4)$$

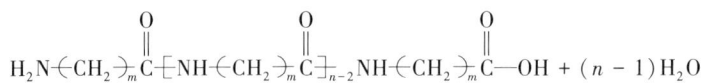

$$H_2N \overset{}{\longleftarrow} CH_2 \overset{}{\underset{m}{\longrightarrow}} \overset{O}{\overset{\|}{C}} NH \overset{}{\longleftarrow} CH_2 \overset{}{\underset{m}{\longrightarrow}} \overset{O}{\overset{\|}{C}} \overset{}{\underset{n-2}{\longrightarrow}} NH \overset{}{\longleftarrow} CH_2 \overset{}{\underset{m}{\longrightarrow}} \overset{O}{\overset{\|}{C}} \overset{}{\longrightarrow} OH + (n-1)H_2O$$

聚酰胺

（3）与茚三酮反应。α-氨基酸在碱性溶液中与茚三酮水溶液一起加热，生成蓝紫色的有色物质。这个反应十分灵敏，是鉴定氨基酸的特征反应。这种颜色反应可用于鉴别 α-氨基酸（N-取代 α-氨基酸及 β-或 γ-氨基酸都不发生这种颜色反应），也常用作 α-氨基酸的比色测定和色层分析的显色。

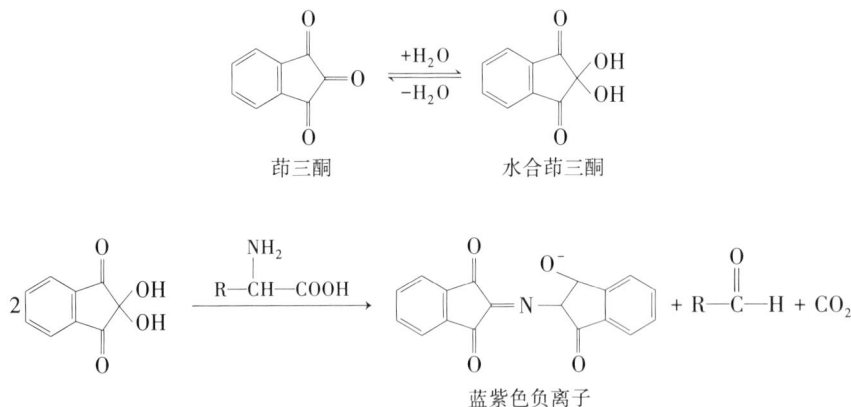

茚三酮   水合茚三酮

蓝紫色负离子

（4）与亚硝酸作用。氨基酸中的氨基可与亚硝酸作用放出氮气。该反应是定量完成的，测定放出氮气的量，便可计算出分子中氨基的含量。

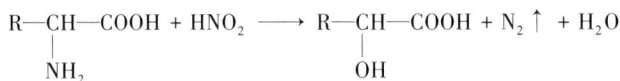

$$\underset{\underset{NH_2}{|}}{R-CH-COOH} + HNO_2 \longrightarrow \underset{\underset{OH}{|}}{R-CH-COOH} + N_2\uparrow + H_2O$$

（5）与甲醛的反应。氨基酸中的氨基可与甲醛作用，使氨基的碱性消失。这样就可用碱来滴定羧基的含量。

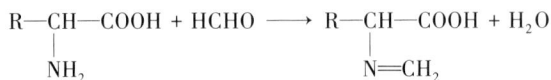

$$\underset{\underset{NH_2}{|}}{R-CH-COOH} + HCHO \longrightarrow \underset{\underset{N=CH_2}{|}}{R-CH-COOH} + H_2O$$

（6）成肽反应。α-氨基酸分子间由氨基和羧基脱去一分子水生成的以酰胺键相连接的缩合产物称为肽。

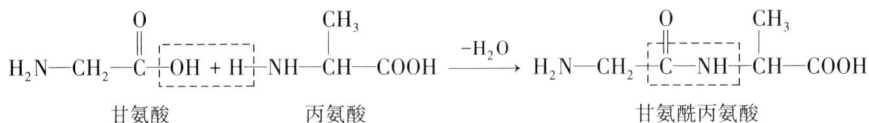

甘氨酸   丙氨酸   甘氨酰丙氨酸

二、多肽

氨基酸分子间的氨基和羧基脱水缩合而形成的产物称为肽。由两分子氨基酸缩合而成的肽，叫作二肽；由三分子氨基酸缩合而成的肽，叫作三肽；由许多分子氨基酸缩合而成的肽，叫作多肽。氨基酸分子间缩水后相互连接的酰胺键（—CO—NH—）称为肽键，由肽键连接而成的长链分子，称为肽链。

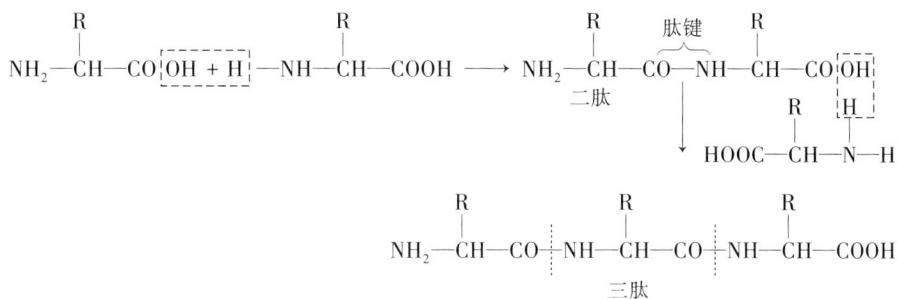

$$NH_2-CH-CO\boxed{OH + H} - NH-CH-COOH \longrightarrow NH_2-CH-CO-NH-CH-CO\boxed{OH}$$

二肽　肽键

$$HOOC-CH-N-H$$

$$NH_2-CH-CO-NH-CH-CO-NH-CH-COOH$$

三肽

多肽的结构通式如下：

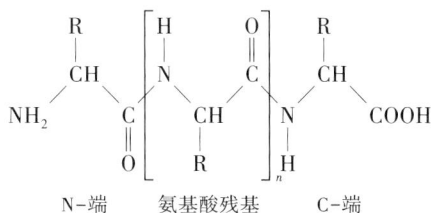

N-端　氨基酸残基　C-端

最简单的肽是二肽。例如，由甘氨酸与丙氨酸形成的二肽，由于它们缩水的氨基和羧基不同，从而有下面两种不同的结构：

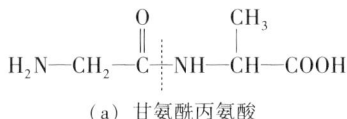

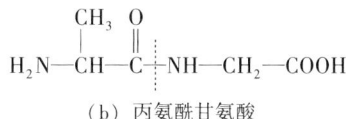

$$H_2N-CH_2-C-NH-CH-COOH \qquad H_2N-CH-C-NH-CH_2-COOH$$

（a）甘氨酰丙氨酸　　　　　　　（b）丙氨酰甘氨酸

上面两种结构的区别在于，（a）中的肽键，是由甘氨酸的羧基与丙氨酸的氨基缩水形成的；而（b）中的肽键，是由丙氨酸中的羧基与甘氨酸的氨基缩水形成的。在（a）中，甘氨酸部分保留有氨基，这一端叫作"N-端"；丙氨酸部分保留有羧基，这一端叫作"C-端"。在（b）中，丙氨酸有N-端，而甘氨酸有C-端。虽然（a）与（b）都是由两种相同的氨基酸组成，但是结构是不同的。

多肽的书写和命名是以含C-端的氨基酸为母体，把肽链中其他氨基酸名称中的"酸"字改为"酰"字，再按它们在链中的排列顺序，逐一写在母体名称之前。肽链的排列顺序是把含N-端的氨基酸写在左边，含C-端的写在右边。例如：

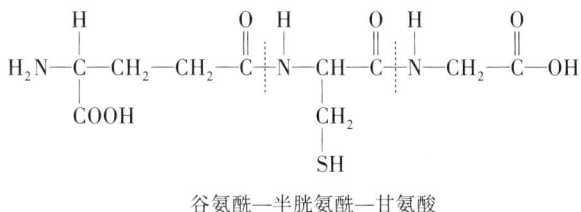

$$H_2N-C-CH_2-CH_2-C-N-CH-C-N-CH_2-C-OH$$

COOH

CH₂

SH

谷氨酰—半胱氨酰—甘氨酸

为书写简便起见，可写作谷·半胱·甘肽或谷·半胱·甘（γ—Glu—Cys—Gly）。

二肽有两种不同的排列结构，三肽就可能有六种，四肽就可能有二十四种……组成肽的氨基酸数目越多，则排列次序的连接方式也越多。例如，上述三肽的六种不同排列结构方式和名称如下：

谷·半胱·甘　　半胱·甘·谷　　甘·谷·半胱

谷·甘·半胱　　半胱·谷·甘　　甘·半胱·谷

多肽与蛋白质都是由 α-氨基酸组成，它们之间没有严格的区别。一般将分子量在一万以下的，称为多肽，其性质比蛋白质稳定，不易变性，在生物体内起着各种不同的生理功能。例如，胰脏中分泌的胰岛素是由 51 个氨基酸组成的多肽，它是由 21 个氨基酸组成的 A 链与 30 个氨基酸组成的 B 链，通过两个—S—S—键连接起来形成的。

三、蛋白质

蛋白质是生物体内一切组织的主要成分，是生命的物质基础，是人类食物中最主要的三种营养物质之一。蛋白质是自然界中结构最复杂的高分子有机化合物。

（一）蛋白质的组成和分类

1. 组成

蛋白质是由很多个 α-氨基酸单位通过肽键连接起来的链状高分子化合物，和多肽比较，蛋白质不仅具有更长的肽链，结构也复杂得多。其组成成分因来源不同而异，种类很多。但组成各种蛋白质的元素并不多，含量变化范围也不大：C 为 50%~55%，H 为 6.5%~7.3%，O 为 19%~24%，N 为 15%~19%，S 为 0.23%~2.4%。某些蛋白质还含有磷、铁或碘等元素。

2. 分类

蛋白质的结构，除极少数外，还未完全明了，所以现在还不能按照它们的结构来分类。

（1）按蛋白质的形状分类。

①纤维蛋白质，如丝蛋白、羊毛角蛋白。

②球蛋白质，如丝胶蛋白、蛋清蛋白、酪蛋白等。

（2）按蛋白质水解产物的不同分类。

①单纯蛋白质。单纯蛋白质在水解后只生成 α-氨基酸，如白蛋白（如卵白蛋白）、球蛋白（如血清球蛋白）、组蛋白（如细胞核蛋白的单纯蛋白质部分）和硬蛋白（如角蛋白、丝蛋白）等。

②结合蛋白质。在结合蛋白质的水解产物中，除了 α-氨基酸外，还有非蛋白质物质（如糖、色素、含磷或含铁化合物等）。因此，可以认为在这类蛋白质中，蛋白质和非蛋白质是以结合形式存在的。如核蛋白（细胞中的核蛋白）、色蛋白（血液中的血红蛋白）、脂蛋白（肌肉中的脂蛋白）等。这类蛋白质中的非蛋白质部分称为辅基，辅基可影响结合蛋白质的性质。

（3）按蛋白质的功能分类。

①活性蛋白质。包括在生命运动过程中一切有活性的蛋白质。按生理作用不同又可分为：起催化作用的蛋白质，如酶；起调节作用的蛋白质，如激素；起免疫作用的蛋白质，如抗体；在生物体内起输送作用的蛋白质，如输运蛋白，等等。

②非活性蛋白质。主要包括担任生物保护和支持作用的蛋白质。例如：起贮存作用的贮存蛋白，如清蛋白、酪蛋白等；起构造作用的结构蛋白，如角蛋白、丝蛋白、胶原蛋白等。

（二）蛋白质的结构

蛋白质的结构可分为一级结构、二级结构、三级结构和四级结构。一级结构也叫初级结构，其他可统称为高级结构或空间结构。

1. 蛋白质的一级结构

蛋白质是由各种 α-氨基酸按照一定顺序通过肽键连接起来的多肽链。氨基酸的连接顺序是蛋白质最基本的结构，即一级结构。也可以认为蛋白质的一级结构是由各种 α-氨基酸按照一定排列顺序通过肽键连接而成的骨架。

2. 蛋白质的空间结构

多肽链具有一定的构象，即肽键与邻近基团在空间的实际排列关系。通常把肽链按 α-螺旋形或 β-折叠形方式卷曲或折叠而成的空间结构叫作二级结构，如图 1-25、图 1-26 所示。图 1-25 中，a 为中间很小的空腔可让溶剂分子进入；b 为螺距 $=540\mathrm{pm}$，每圈 3.6 个氨基酸单元（酰胺键中氨基的氢与另一酰胺键中羰基的氧形成氢键缔合）。

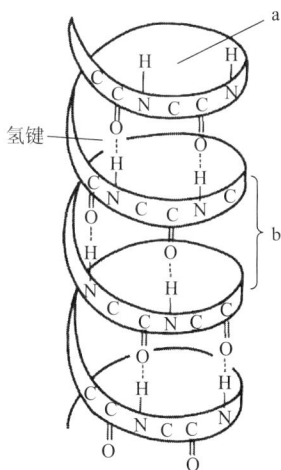

图 1-25　α-螺旋形结构示意图

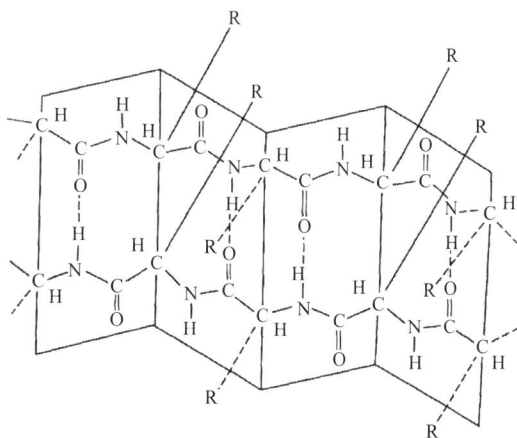

图 1-26　β-折叠形结构示意图

（链间的氢键将肽链连结成片状折叠）

蛋白质在二级结构的基础上，再卷曲、折叠、盘曲形成三级结构。三级结构是指一根多肽链的总的折叠而成的形态。三级结构与—S—S—键、氢键等都联系着，是一种看来很不规则的空间结构，如图 1-27、图 1-28 所示。

比三级结构更复杂的还有四级结构，它是由几个各具有特定的一、二、三级结构的多肽链，或有时连同辅基一起，再以一定的关系相联结而形成的特定的空间结构，从而在生物体内有其特定的功能，赋予特殊的生理作用。

3. 蛋白质结构中相互作用的次级键

蛋白质结构中相互作用的次级键是指分子中原子团间非键合的相互作用，比共价键弱。

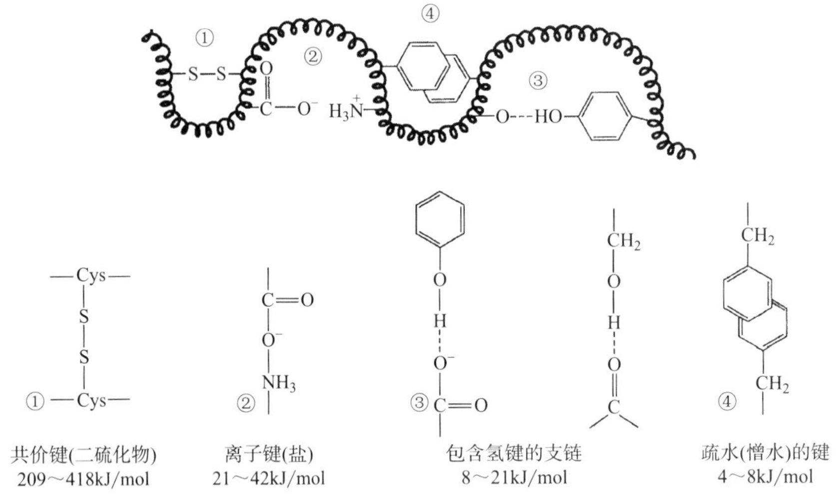

图 1-27 蛋白质三级结构示意图

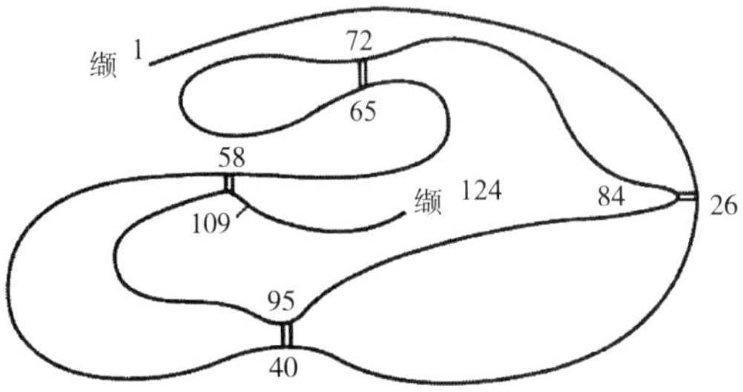

图 1-28 核糖核酸酶的三级结构

主要有以下几种：

（1）氢键。氢键主要存在于肽键中的羰基和亚氨基之间，是由 $>N—H$ 的氢与 $>C\!=\!O$ 的氧以静电引力而形成的作用力。无论是肽链之间或同一条肽链中各链段间均可形成氢键。在蛋白质分子中，氢键是最主要的作用力，几乎存在于一切蛋白质分子中，而且数量众多。因氢键的键能比一般化学键小得多，故氢键不太牢固，以虚线表示。

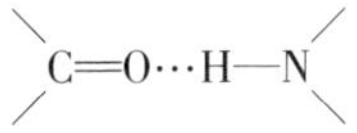

（2）二硫键。两个半胱氨酸的残基还可以通过巯基在空气中氧化脱氢而互相结合，形成二硫键—S—S—。二硫键可存在于肽链之间或同一肽链中，它属于共价键。

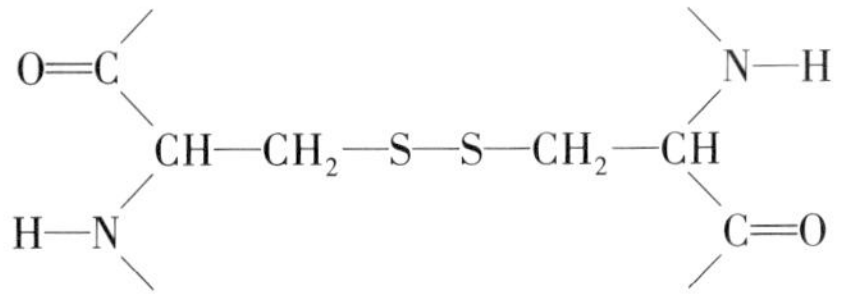

（3）盐式键（离子键）。一条肽链上氨基酸残基中的自由羧基和另一肽链上氨基酸残基

中的自由氨基互相结合，形成类似盐类中正、负离子间的结合力，称为盐式键。盐式键存在于蛋白质大分子侧基的酸性基团和碱性基团之间。

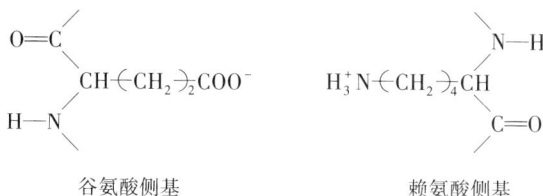

$$O=C$$
$$CH \overbrace{CH_2}_2 COO^-$$
$$H-N$$
谷氨酸侧基

$$N-H$$
$$H_3^+N \overbrace{CH_2}_4 CH$$
$$C=O$$
赖氨酸侧基

（4）酯键。在肽链中含有酸性氨基酸残基的侧基 R 上有自由羧基，可与另一肽链中氨基酸残基的侧基 R 上的自由羟基发生酯化反应，所形成的键称为酯键。

（5）疏水作用。当两个肽链中氨基酸残基的侧基 R 上含有非极性基团相遇时，有一种互相黏附的自然趋势（相似相溶），这种结合力称为疏水作用。疏水作用对蛋白质分子结构的稳定性和功能起着重要作用。

此外，在肽链的侧链之间还存在着分子间引力（范德瓦尔斯力）。

（三）蛋白质的性质

所有的天然蛋白质都具有旋光性（大多为左旋，但亦有右旋）。蛋白质是分子量巨大的高分子化合物，具有高分子的特性。在水中蛋白质成为胶体溶液，具有胶体性质。

1. 两性和等电点

蛋白质和氨基酸一样，也是两性物质，与酸或碱都可以形成盐，在酸性介质中以正离子状态存在，在碱性介质中以负离子状态存在。

不同的蛋白质也各有不同的等电点，如白明胶的等电点为 4.8，酪蛋白为 4.6，胰岛素为 5.3，血红蛋白为 6.8。在等电点时，蛋白质的溶解度最小，利用这个性质，可以调节蛋白质溶液的等电点，而使蛋白质自溶液中析出。

2. 蛋白质的胶体溶液性质

（1）渗析。蛋白质的水溶液具有胶体溶液的性质，如能电泳、不能透过半透膜等。在水溶液中，大多数蛋白质因为分子量过大，不能透过一般的半透膜，而低分子的有机化合物和无机盐则能透过半透膜，借此可使蛋白质与低分子化合物或无机物分离。利用半透膜分离、提纯蛋白质的方法称为渗析法。

（2）盐析。在蛋白质溶液中加入浓的无机盐溶液，如（NH_4）$_2SO_4$、Na_2SO_4、MgO、$NaCl$ 等，可使蛋白质的溶解度降低而从溶液中析出，这种作用称为盐析。盐析出来的沉淀仍可重新溶解于水而性质不变。因此，盐析是个可逆的过程，即可逆的凝结作用。但析出的沉淀在盐溶液中过久，就会变性，不能再溶解。

不同的蛋白质对同一种盐的作用不同，同一种蛋白质对不同盐类的作用也不相同，利用这个性质，可使蛋白质的混合物经过多次不同的盐析而达到互相分离的目的。

3. 变性作用

蛋白质受热或与某些化学试剂（硝酸、单宁酸、苦味酸、磷钨酸及重金属盐等）作用，蛋白质的结构和性质发生变化，溶解度降低而凝结。这种凝结是不可逆的，不能回复为原来的蛋白质，这种变化叫作蛋白质的变性。变性的蛋白质，往往失去它的生理活性。

4. 颜色反应

蛋白质可与许多化学试剂作用发生特殊的颜色反应，用于鉴别蛋白质。

（1）缩二脲反应。在蛋白质溶液中加入浓碱和少量硫酸铜稀溶液就变成紫色，借此可用来检验蛋白质的存在。这是由于蛋白质分子中含有两个以上的酰胺键（—NHCO—NHCO—…），因此会发生缩二脲反应。

（2）米隆反应。蛋白质溶液与含有亚硝酸的硝酸汞溶液作用，可产生红色沉淀。这是用来鉴别酪氨酸的特殊反应，因为只有具有酚基的蛋白质才有这一反应。鉴于多数蛋白质都含有酪氨酸，所以也是一个用来鉴别蛋白质的反应。

（3）黄色反应。分子中含有苯环的蛋白质与浓硝酸作用时就变成黄色，如果再用氨处理，就变为橙色。

（4）水合茚三酮反应。水合茚三酮稀溶液与蛋白质溶液作用，就呈现蓝色。铵盐、稀氨溶液、某些胺也有这一颜色反应。

（5）醋酸铅反应。当蛋白质中氨基酸残基的侧基 R 中含有硫时，能与醋酸铅反应生成黑色的硫化铅。此反应可用来检验蛋白质中半胱氨酸残基和胱氨酸残基的存在。

5. 水解

蛋白质可被酸、碱、酶等催化剂完全水解，最后生成 α-氨基酸的混合物。但用各种酶（如胃蛋白酶、胰蛋白酶、肠蛋白酶等）进行水解时，因作用缓和，可使水解产物停留在一定的阶段。例如：

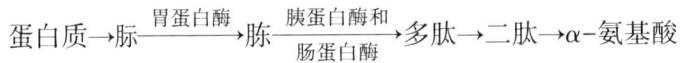

$$蛋白质 \rightarrow 胨 \xrightarrow{\text{胃蛋白酶}} 腖 \xrightarrow[\text{肠蛋白酶}]{\text{胰蛋白酶和}} 多肽 \rightarrow 二肽 \rightarrow \alpha\text{-氨基酸}$$

蛋白质：有些蛋白质不溶于水，有些虽可溶于水，但能盐析及变性（加热凝固）。

胨：能溶于水，也能被盐析（能与硫酸铵发生盐析作用），但不能加热凝固。

腖：能溶于水，不能为热所凝固，也不能被盐析。

肽：除具有与腖相同的性质外，它能通过一般的半透膜，而蛋白质、胨、腖则不能。

氨基酸：不发生缩二脲反应，而蛋白质、胨、腖和肽都能发生缩二脲反应。

蛋白质在动物体内经各种酶水解变为各种 α-氨基酸后，输送到各部分组织中，再在各种不同酶的催化下，在不同的组织中重新合成各种不同的蛋白质。动物体内合成蛋白质所需的某些氨基酸，可在体内由另一种氨基酸转变而得，但也有某些氨基酸不能在动物体内由别种氨基酸转变而得，必须从食物中摄取。因此，食物中如果缺乏这些氨基酸，就会影响正常的生长和健康，这些氨基酸称为"必需氨基酸"。人类的必需氨基酸有下列八种：赖氨酸、苯丙氨酸、缬氨酸、蛋氨酸、色氨酸、亮氨酸、异亮氨酸、苏氨酸。此外，人体合成胱氨酸、组氨酸、精氨酸、酪氨酸及甘氨酸等的能力较低，但当人体需要它们的量增多时，也必须从外界食物中摄入，这类氨基酸称为"半必需氨基酸"。

采用不同的催化剂时，水解情况不同：

（1）酸水解。通常用 6mol/L 的盐酸或 3mol/L 的硫酸进行水解。若用硫酸水解，水解后加氢氧化钡与硫酸作用生成硫酸钡沉淀，除去硫酸。若用盐酸水解，水解后先蒸发，再加氢氧化铵中和，除去盐酸。一般采用盐酸水解比采用硫酸水解效果好，其原因是操作步骤简单，而且误差小。

大多数氨基酸在水解沸酸液中是稳定的，受到的破坏极微，因此可以得到所需要的氨基酸。酸水解的缺点是色氨酸、丝氨酸、苏氨酸会被破坏。

（2）碱水解。用碱水解比用酸水解效能高得多，因此用较稀的碱液就能进行水解，通常采用 0.25mol/L 的氢氧化钠进行水解。

碱水解时并不破坏色氨酸。但其他氨基酸对碱液的抵抗极弱，水解时被严重破坏，因此，除检验蛋白质中的色氨酸采用此法外，一般蛋白质多不用碱水解。

（3）酶水解。酶本身是复杂的蛋白质，它能对许多生物化学反应起催化作用。能催化蛋白质水解反应的酶称为蛋白酶。蛋白酶水解蛋白质的优点是各种氨基酸都不会被破坏。缺点是水解速度极慢，而且具有专一性，不同的酶只能使蛋白质水解到一定阶段得到不同的中间产物。此外，酶是蛋白质，它自身水解后的产物也将混入其中。在丝、麻的加工中利用酶进行脱胶。

习题

1. 简述高分子化合物的含义及基本特征。

2. 高分子化合物有哪些类型？

3. 何谓柔顺性？影响柔顺性的因素有哪些？

4. 为什么高分子化合物会聚集？聚集态有几种形式？

5. 取向与结晶有什么不同？高分子化合物取向之后会发生什么变化？

6. 无定形线型高聚物在不同温度下呈现哪几种物理状态？归纳高分子化合物三种力学状态的特点。

7. 为什么高分子化合物先溶胀后溶解？影响溶解的原因是什么？

8. 写出 D-（+）-葡萄糖的氧环式结构，为什么开链式结构无法解释 D-（+）-葡萄糖的变旋光现象？

9. 淀粉与纤维素在结构与性质上有何不同？

10. 纤维素与浓碱作用时会发生什么变化？写出纤维素与浓碱作用时的反应式。

11. 从化学结构上看，纤维素分子可以发生哪两种类型的化学反应？纤维素的氧化主要发生在哪些基团上？

12. 蛋白质的组成单元是什么？简述蛋白质的主要类型。

13. 蛋白质结构中相互作用的次级键有哪些？

14. 什么是氨基酸的等电点？为什么蛋白质在等电点时溶解度最小？

第二章 棉纤维初步加工

棉花成熟后，经过采摘、晾晒、轧花去籽、纺纱、织造等多道工序才能制成棉布。棉纤维的初步加工是棉花生产过程中的重要环节，初步加工的质量对原棉品级好坏有很大影响。

第一节 轧棉原理与工艺过程

棉株成熟后，采摘下来的带籽棉花称为籽棉。从籽棉的棉籽上轧下棉纤维的过程称为轧棉，被轧下的棉纤维称为皮棉。皮棉被送进棉纺厂纺纱加工，是纺纱的原料，称为原棉。通常所说的棉花产量指的是皮棉产量，皮棉与籽棉的比例称为籽棉衣分率或皮棉制成率，正常衣分率为 36%~40%，即 50kg 籽棉能够加工出 18~20kg 皮棉。

由于棉纤维和棉籽间具有一定的联结力，轧棉时，棉籽和纤维之间产生相对运动，使纤维受到比联结力稍大的作用力，同时棉籽不断翻滚，使棉籽上长度在 16mm 以上的可纺纤维都被轧下。纤维和棉籽的联结力为单根纤维强力的 25%~50%。所以在正常情况下，轧棉不会轧断纤维。

轧棉的方法因棉花品种不同而不同，一般需拆包（籽棉）、烘干、清花、轧棉、剥绒和成包、检验，含糖多的还需经过脱糖等预处理。现代锯齿轧棉厂安装有成套的拆包、烘干、清花、轧棉、剥绒、成包和打包联合机组，实现了连续化、自动化生产。烘干的目的是防止籽棉含水过多而造成轧工不良。籽棉含水率超过 12% 时，就须采用干燥设备除去过量的水分。清花的目的是清除籽棉中的外附杂质（枝叶、铃壳、灰砂、绳索和布片等），避免粗硬杂质混入纤维或被轧碎，这对含杂率较高的机摘棉更为重要。剥绒的目的是将棉籽上残留的纤维剥下，由剥绒机剥下的短纤维称为棉绒，也称棉短绒。轧棉厂除生产皮棉外，还生产棉籽和棉绒。皮棉是主要产品，用作纺纱织布。棉籽在工业上用于榨油，在农业上用作棉种。种用棉籽须经处理，消除病毒。棉绒用作棉絮、棉毯、脱脂棉等，也是生产合成纤维、玻璃纸和胶片的重要原料。

第二节 轧棉机

古代轧棉依靠手工和轧辊。原始手工轧棉是将籽棉铺在托板上，用一轧辊搓滚，使纤维被压在轧辊和托板之间，并借摩擦力留在两者钳口线的前方。棉籽被挡在轧辊和托板的接触钳口线后方，并随轧辊的搓滚运动向后移动。

古代轧棉机是用一对轧辊代替手工托板和轧辊。上辊转速较慢，下辊转速较快。当两辊做反向回转时，使棉纤维靠轧辊的摩擦牵引而和棉籽分离。轧辊的转动可用手摇，也可用脚踏。中国古代称轧棉为赶棉。随着齿轮的应用，轧棉机的两个轧辊采用一对齿轮啮合传动。中国南方少数民族还利用斜齿轮，使轧辊回转均匀。这类轧棉机在中国和印度沿用了几个世纪，它的轧棉效率已比手工大大提高。后来，麦卡锡改用皮辊和刀片代替原来的两个轧辊进行轧棉，分离纤维的效果比轧辊轧棉机更好，并且适于加工纤维较长的籽棉。1793 年，惠特尼发明锯齿轧棉机后，产量比麦卡锡轧棉机高出十多倍。但是破籽容易混入纤维中，而且棉结较多。

目前大多采用锯齿和皮辊两种轧棉机，前者居多。它们的作用分别与惠特尼轧棉机和麦卡锡轧棉机大体相同。由锯齿轧棉机生产的皮棉称为锯齿棉，由皮辊轧棉机生产的皮棉称为皮辊棉。目前细绒棉（长度 25～33mm，线密度 0.16～0.2tex）基本上都是锯齿棉，长绒棉（长度 33mm 以上，线密度 0.11～0.15tex）一般为皮辊棉。

一、锯齿轧棉机

锯齿轧棉机主要借助气流吸力，利用齿尖钩挂、毛刷打击、分离隔断等作用轧出皮棉。一般附有排杂、排僵设备，所得皮棉外观形态为松散状，含杂低、含僵片少，产量高，纤维主体长度短于皮辊棉，但短绒含量少。由于处理过程中作用剧烈，纤维容易造成损伤，且棉结、束丝多。由于该机产量高，纺纱用棉大多为锯齿棉。锯齿轧棉机主要适于加工细绒棉和粗绒棉。

锯齿轧棉机的工作原理如图 2-1 所示，籽棉由多滚筒清棉机初步开松除杂后喂入储棉箱，经喂棉罗拉、清棉滚筒沿趄棉板进入前箱。前箱中装有拨棉刺辊和阻壳肋条等机件，锯片滚筒的锯片伸出阻壳肋条的间隙并与前箱中的籽棉接触，籽棉依靠拨棉刺辊拨给锯片滚筒。当锯片滚筒回转时，锯片勾住纤维经阻壳肋条将籽棉带入中箱。由于籽棉不断被锯片带入中箱并随锯片滚筒回转，便在棉卷箱（由弧形抱合板和活络盖板组成）内形成棉卷运动。当籽棉被锯片滚筒的锯片带至轧棉肋条时，由于轧棉肋条的间隙比被轧光的棉籽小，棉籽不能通过。于是，纤维从棉籽上分离下来并被锯片带入后箱。随后，纤维由毛刷或气流剥下，经输棉管送到打包机压成一定规格的棉包。

籽棉上的可纺纤维不是一次轧下的，而是随着棉卷的运动不断翻滚，受锯片多次抓取才被轧下。被轧去可纺纤维的棉籽经轧棉肋条和锯片空隙落下，输到剥绒机进行剥绒。在锯齿轧棉机上，表面较光的籽棉（如僵瓣等）不易被锯片钩住，在前箱内就从拨棉刺辊和阻壳肋条的空隙落下排出机外，一般不进入中箱。因此，锯齿轧棉机的皮棉中很少含有棉籽和僵瓣等杂质。

锯齿对纤维的作用剧烈，容易轧断纤维和轧破棉籽，产生棉结的机会较多。当棉卷运动和锯片滚筒、轧棉肋条等机件调节不当时，便不易轧下棉籽上的残留纤维，以致毛头较多。工艺上把轧棉后残留在棉籽上的较长的纤维称为毛头。毛头量对棉籽量的百分比称为毛头率。

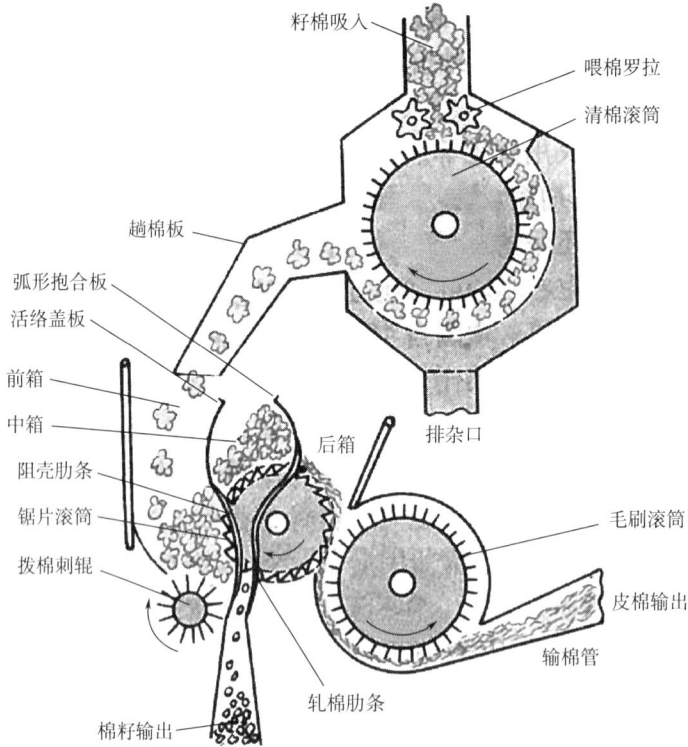

图 2-1　锯齿轧棉机工作原理示意图

毛头率高，衣分率就低，可纺纤维浪费多。毛头和棉结是锯齿轧棉在轧工方面的最大弊病。不过，锯齿轧棉时僵瓣和棉籽不易混入纤维，所以锯齿棉的含杂率（皮棉中的含杂量对皮棉量的百分比）总是低于皮辊棉。锯齿容易将籽棉上强度较差的纤维拉断，这些被拉断的短纤维能在纺纱过程中被梳棉机排除，所以锯齿棉的成纱强度高于皮辊棉。因为锯齿棉在纺纱性能上有上述优点，特别是锯齿轧棉机的劳动生产率高而且有利于实现连续化、自动化生产，各国在处理陆地棉时大多采用这种机器。

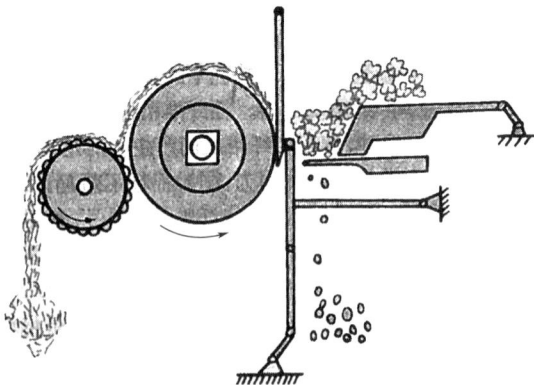

图 2-2　皮辊轧棉机工作原理示意图

二、皮辊轧棉机

皮辊轧棉机作用缓和，对纤维损伤小，但无排杂、排僵设备。皮辊棉外观形态为薄片状，主体长度长于锯齿棉，但短绒含量较多，含杂高，黄根较多。皮辊轧棉机主要适于加工长度在 34mm 以上的海岛棉（长绒棉）或成熟度差的籽棉和留种棉等。

皮辊轧棉机的工作原理如图 2-2 所示，松散的籽棉被放置在推棉板和棉籽栅上。推棉板做前后往复运动，推棉板前沿将籽棉送至定刀（上刀）和动力（下刀）之间的皮辊处，使籽棉上的纤维和皮辊表面接触。皮辊靠回转和对纤维的摩擦作用，牵引纤维在定刀刀口和皮辊表面之间通过。定刀刀面与皮辊表面靠得很紧，把棉籽挡在定刀的刀背。动刀作上下高速运动，连续对棉籽进行冲击，纤维便与棉籽分离。被轧下的纤维被皮辊带走，由剥棉辊剥下，送到打包机压成一定规格的棉包。棉籽经棉籽栅落下，被排出机外。

皮辊轧棉机对纤维的作用缓和，纤维损伤小，纤维细长。对于成熟度较差的籽棉，使用皮辊轧棉机较为有利。皮辊轧棉机的定刀刀面和皮辊表面靠得越紧，棉籽轧得越光。所以，皮辊棉的皮棉制成率（皮棉量对喂入籽棉量的百分比）和短绒率（皮棉中长度在16mm以下的短绒量对皮棉量的百分比）较高，纤维整齐度较差，棉籽上的残留纤维少，皮棉中的黄根含量多。在工艺上，把固生在棉籽上长度在6mm以下的黄褐色绒毛称为黄根。皮棉中的黄根含量多，对成纱质量不利，因为黄根在纺纱过程中不易除去。黄根和短绒是皮辊轧棉机在轧工方面的最大弊病。

第三节 皮棉的品质与质量要求

一、皮棉的分级

皮棉分级是皮棉定价和纺纱配棉的依据，通常由检验部门按品级条件和实物标准结合进行。品级条件包括棉纤维成熟度、色泽和轧工。检验轧工时对锯齿棉尤注意棉结，对皮辊棉尤注意黄根。棉结和黄根是反映轧工质量的重要内容，轧工质量又是评定皮棉品级的重要条件，轧工好坏直接影响原棉品级。一般来说，原棉品级差，纺纱性能和成纱质量也差。

GB 1103.1—2012中，根据皮棉外观形态粗糙程度、所含疵点种类及数量的多少，轧工质量分好、中、差三档，分别用P1、P2、P3表示。具体要求见表2-1。

表2-1 皮棉轧工质量

轧工质量分档	外观形态	疵点种类及程度
好	表面平滑，棉层蓬松、均匀，纤维纠结程度度低	带纤维籽屑少，棉结少，不孕籽、破籽很少，索丝、软籽表皮、僵片极少
中	表面平整，棉层较均匀，纤维纠结程度一般	带纤维籽屑多，棉结较少，不孕籽、破籽少，索丝、软籽表皮、僵片很少
差	表面不平整，棉层不均匀，纤维纠结程度较高	带纤维籽屑很多，棉结稍少，不孕籽、破籽较少，索丝、软籽表皮、僵片少

棉包上印有轧棉厂名、质量标识、批号和包重的标志（称为唛头）。按GB 1103.1—2012规定，锯齿加工细绒棉质量标识以原棉主体颜色级、长度级、马克隆值级顺序组成。按GB 1103.2—2012规定，皮辊加工棉花质量标识以棉花类型、主体品级、长度级、马克隆值

级顺序组成。

二、轧棉的品质要求

（1）保护纤维原有品质。棉纤维的自然特性如长度、强力、成熟度、色泽等，与成纱质量和可纺线密度关系密切。因此，不同品种、不同品级的籽棉要分别轧制。轧棉时，要尽量避免轧断纤维、轧碎棉籽，尽量去除棉短绒，特别要防止产生索丝和棉结等疵点。

（2）清除纤维中杂质。在加工早期清除棉籽中的杂质，要比在纺纱过程中清除容易得多，因此，要合理配车，严格管理，清除纤维中的杂质。

（3）按照不同品种、等级分别打包、编批，以便于储藏、运输和纺纱厂分级分批使用。

习题

1. 解释下列名词或术语：
（1）籽棉　（2）皮棉　（3）原棉　（4）衣分率　（5）轧棉　（6）毛头　（7）唛头　（8）黄根

2. 为什么要对棉纤维进行初步加工？棉纤维初步加工的主要工序有哪些？

3. 锯齿棉和皮辊棉的主要特点和区别是什么？

4. 简述锯齿轧棉机的工作原理。

5. 简述皮辊轧棉机的工作原理。

6. 简述轧棉的品质要求。

第三章 羊毛初步加工

第一节 概述

从绵羊身上剪下的羊毛（套毛或散毛），含有各种杂质，不能直接纺纱，称为原毛。

原毛中杂质的种类、含量和性质，随绵羊的品种、牧区气候及饲养条件的不同而有差异，一般分为三类：

（1）生理杂质。绵羊自身的分泌物和排泄物，包括羊毛脂、羊汗、蛋白质污染物、粪尿、皮肤碎屑等。

（2）生活环境杂质。羊毛生长过程中沾附的杂质，包括植物性杂质，如草刺、茎叶等；矿物性杂质，如砂土等；动物性杂质，如寄生虫、细菌等。

（3）人为附加杂质。包括区分羊群而做标记用颜料，如沥青、油漆、涂料等；还有残余药物，如消毒水、药膏等。

羊毛初步加工的任务是，根据原毛的品质进行分类，采用机械和化学结合的方法除去纤维表面的各种杂质，使其成为符合毛纺生产要求的、比较洁净的洗净毛。

羊毛初步加工是毛纺生产的开始工序，加工质量的好坏，直接关系到后部各工序能否顺利进行和半成品、成品的质量。

羊毛初步加工的工艺流程是：

$$\boxed{原毛} \to 选毛 \to 开毛、洗毛、烘毛（开洗烘联合机）\to （炭化）\to \boxed{洗净毛}$$

选毛是根据产品质量的要求，对不同品质的原毛进行分选，以经济合理地使用原料。开毛是利用机械方法松解羊毛，除去其中大量的砂土杂质，给洗毛创造有利条件。洗毛是利用机械与化学相结合的方法，去除羊毛脂、羊汗及沾附的杂质。烘毛是用热空气烘燥羊毛，除去洗净毛中过多的水分，使其达到规定的回潮率要求。对于精梳毛纺来说，经过以上工序加工得到的洗净毛，可直接进入毛条制造工序。粗梳毛纺用的含草杂较多的原料以及精梳短毛等，尚需经过炭化工序。炭化是利用化学及机械的方法，除去洗净毛中包含的植物性杂质，使梳理和纺纱过程得以顺利进行，并确保产品质量。

羊毛初步加工中最重要的两道工序是洗毛和炭化，其原理、工艺设计的学习需具备表面化学与表面活性剂的相关基础知识。

第二节　表面化学

在多相体系中，各相之间总是存在着表面（界面）。表面是指物体与真空或本身蒸汽相接触的面，包括液—气、固—气；界面是物体的表面与非本物体的另一个相的表面接触时所形成的面，即两相的交界面，包括液—液、液—固、固—固。

在任何一相中，其表面层分子与内部分子所受的作用力是不相同的。内部分子受其邻近分子的作用力，来自各个方向的力是一样的，故分子受力是平衡的；表面层的分子则不同，一方面受到相内部分子的作用力，另一方面又受到性质不同的另一相分子的作用力，因此，表面层分子的处境与内部分子不一样，具有一定的特殊性，呈现出不同的表面现象。

表面现象是自然界中普遍存在的现象，如汞滴总是自动呈现球形、吹出的肥皂泡也是呈现球形、油灯的灯芯会自动吸油、油污的衣服加入洗衣粉后会清洗干净等。表面化学（界面化学）就是研究这些相界面上因存在与体相不同的作用力产生的各种现象，习惯上通称为表面化学。

一、表面张力及表面能

（一）表面张力

液体及其蒸汽所组成的体系如图 3-1 所示。

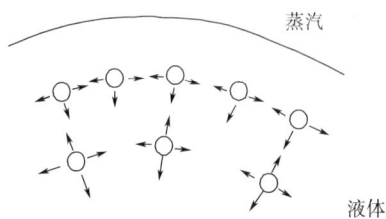

图 3-1　液—气相的表面现象

液体内部分子受其邻近各个方向液体分子的作用力，受力平衡。而处于表面层的分子，一方面受到液体内部分子的作用，另一方面受到液面外气体分子的作用。气体密度比液体密度小得多，一般可把气体分子的作用忽略不计。因此液体表面层的分子，都受到垂直于液面而且指向液体内部的拉力。

液体内部分子在液体内部移动时，不需要消耗功；如果要扩大液体表面，即把一个分子从液体内部移到表面上来，必须克服向内的拉力而做功，从而增加了这一分子的位能，故处于表面层的分子比液体内部分子的位能大。

在恒温恒压下，体系处于平衡状态时，总是力图降低其位能，因此，液体表面的分子具有尽量挤入液体内部的趋势，使其位能降低。液体表面就好像是拉紧了的弹性膜，沿着表面的方向存在收缩的作用，导致液体表面积缩小。在没有其他作用力存在时，所有的液体都有缩小其表面积呈球形的趋势。因为在各种形状的物体中，以球形的表面积与体积之比为最小，这就是水滴、汞滴呈球形的原因。这种使液体表面积收缩到最小的力，称为表面张力。

可通过如下实验形象地说明表面张力。如图 3-2 所示，*ABCD* 是一个金属框，其上有一根可以自由滑动的金属丝 *MN*。将金属框浸入肥皂水后取出，*MN* 的两侧将形成皂膜。如将 *MN* 右边的皂膜刺破，就能看到左边的皂膜自动收缩，金属丝向左移动到 *M′N′* 位置。金属丝向左滑动的现象，证明了表面张力的存在。

如要维持金属丝不动，必须沿着皂膜的表面对金属丝施以向右的拉力 *F*，来抵抗液体收缩的力。*F* 的大小与皂膜的周长成正比。

设 *MN* 长为 $\frac{1}{2}L$，由于皂膜有两个面，皂膜的周长为 *L*，则：

$$F \propto L$$

$$F = \sigma L$$

$$\sigma = \frac{F}{L} \tag{3-1}$$

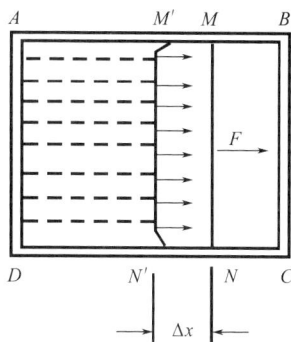

图 3-2 金属框上的肥皂膜

式（3-1）中，σ 的物理意义是：沿着液体表面任一分界面上，垂直作用在单位长度上的力。习惯以 σ 表示物质的表面张力，单位为牛顿/米（N/m）。

表面张力的方向与液面相切，并和两部分的分界线垂直。

（二）表面能

物质表面层分子所具有的位能称为表面能。显然，一定量物质的表面积越大，表面能也越大。在恒温恒压下，增大单位表面积所做的功，称为比表面能。

图 3-2 中，当金属丝在外力 *F* 的作用下，右移至 *MN* 的位置时，皂膜增大了 ΔA 的面积。

$$\Delta A = L \cdot \Delta x$$

外界所做的功 *W* 为：

$$W = F \cdot \Delta x$$
$$= \sigma \cdot L \cdot \Delta x$$
$$= \sigma \cdot \Delta A \tag{3-2}$$

$$\sigma = \frac{W}{\Delta A} \tag{3-3}$$

式（3-3）中，σ 的物理意义是：增加单位表面积所做的功，即比表面能，单位为焦耳/米^2（J/m^2）。由此可见，表面张力可以用增加单位表面积所需要做的功，或增加单位表面积时表面能的增量来定义。表面张力及比表面能从不同的角度反映了物质表面层分子受力不均衡的特性，习惯上常以表面张力表示比表面能。

以上是以液—气相表面为例分析的，同理，在任何两相的界面上，分子受力都是不均衡的，因此普遍存在着界面张力。表 3-1 和表 3-2 为几种液体的表面张力及水与几种液体间的界面张力。

表 3-1　几种液体的表面张力

物质	$T/℃$	表面张力/（mN/m）
水	20	72.75
水	25	72.0
苯	20	28.9
甲苯	20	28.4
辛醇	20	24.5
三氯甲烷	20	27.1
乙醚	20	19.1

表 3-2　水与几种液体间的界面张力

物质	$T/℃$	表面张力/（mN/m）
乙烷	20	51.0
四氯化碳	20	45.1
苯	20	35.0
乙醚	20	10.7
辛醇	20	8.5

（三）表面张力的热力学概念

体系都有从高能到低能、从不稳定状态到稳定状态的自发倾向，这是自然界的规律之一。体系的焓值 H 减小、焓变为负值（$\Delta H<0$），或熵值 S 增加、熵变为正值（$\Delta S>0$），都是体系自发进行的过程。自发的物理和化学过程都具有对外做功的能力，这种对外做功的能力是自发过程的推动力。

自由焓 G 定义为：

$$G = H - TS \tag{3-4}$$

式中：T 为温度。

在等温等压条件下，有如下关系：

$$\Delta G = \Delta H - T\Delta S \tag{3-5}$$

自由焓是焓和熵的能量组合形式，是体系内经过熵校正后的焓。从做功角度来看，自由焓就是在自发过程中提供对外做功的能量形式，也是自发过程推动力的来源。自由焓变 ΔG 是自发过程中体系自由焓的变化值，是用来对外做功的那部分能量。自由焓变能综合地反映出焓变和熵变起作用的最终结果。

自发过程总是向着体系自由焓减少的方向进行，直到自由焓变等于零为止，这就是最小自由焓原理，又叫自由能降低原理。即体系自动进行的过程，是自由焓下降的过程。

当温度、压力和组成恒定时：

$$dG = \sigma dA \tag{3-6}$$

$$\sigma = \frac{dG}{dA} \tag{3-7}$$

式中：σ 代表在指定温度、压力和组成时，每单位表面积所具有自由焓的数值，也称为表面自由焓。

根据式（3-6），在 σ 不变的自发过程中，唯有 $dA<0$ 时，才能使 $dG<0$。所以，物质缩小表面积为自发过程，而物质表面积增大的过程是不会自发进行的。热力学的原理进一步说明了露珠和汞珠呈球状，乳浊液、悬浊液中小颗粒合并成大颗粒等现象，都是表面积自发缩小的现象。

在表面积 A 不变的自发过程中，唯有表面自由焓 σ 变小时，自由焓 G 才能变小。可见能使 σ 下降的过程也能自发进行。固体与液体物质表面所产生的吸附现象，就是这种客观规律的反映。

在表面自由焓 σ 及表面积 A 皆变的自发过程中，总的效果如引起自由焓减小，都是能自发进行的。例如，水滴在干净的玻璃上铺展润湿的现象，整个体系的 σ 及 A 都发生了变化。

（四）附加压力

在不同的条件下，液体可以有三种表面状态存在，如图 3-3 所示。无论液体表面是水平的还是弯曲的，当它处于静止状态时，液面的任何一部分都在三个力的作用下而保持平衡，一是四周液面对它的表面张力，二是液面外部气体对它的静压力，三是液面内部液体对它的静压力。

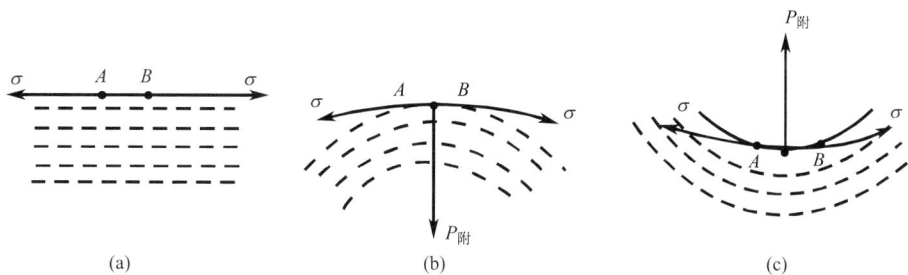

图 3-3　液面的表面张力

图 3-3（a）中，静止液体的表面一般是一个平面。对某一小面积 AB，AB 以外的表面对 AB 面具有表面张力作用，此时表面张力也是水平的，且相互平衡，合力为零。液面外部空气和液面内部液体对液面的压力也是互相平衡的，因此液面内外两侧压强相等。

如果液面是弯曲的，如图 3-3（b）及（c），AB 所受到的表面张力与液面相切，并与其周界线垂直，但是不在同一平面内。表面张力的水平分量互相抵消，竖直分量的合力指向液体的内部或外部，视曲面的凹凸而定。如果表面张力的合力指向液体内部，凸液面对下层的液体产生一向下的压力，曲面内部的压力大于曲面外部的压力，曲面内外的压力差值称为附加压力，用符号 $P_{附}$ 表示，此时 $P_{附}$ 为正值。如果表面张力的合力指向液体的外部，则凹液面对下层的液体产生一个向上的拉力，即曲面内部的压力小于外部的压力，此时 $P_{附}$ 为负值。附

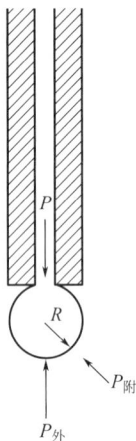

图3-4 附加压力与
曲率半径的关系

加压力因液体的不同而不同。

附加压力的大小与弯曲液面的曲率半径有关。以凸形液面为例，如图3-4所示。有一充满液体的毛细管，管端有半径为 R 的球形液滴与之平衡。因为液滴表面层分子受到向内的附加压力 $P_{附}$，同时受到外压 $P_{外}$，则液滴内部压力是 $P_{附}+P_{外}$。在液滴处于平衡时，它向外的压力 $P = P_{附}+P_{外}$。

若对活塞稍加以压力，管端液滴体积增加 dV，其表面积相应地增加 dA。此时，环境为克服附加压力而对液滴所做的功为 $(P-P_{外})dV$。在可逆进行的条件下，这些功转化为表面自由焓 σdA，故：

$$(P - P_{外})dV = \sigma dA$$

液滴表面积 $A = 4\pi R^2$，体积 $V = 4/3\pi R^3$，所以：

$$(P - P_{外})(4\pi R^2 dR) = \sigma(8\pi R \cdot dR)$$

则有：

$$P_{附} = P - P_{外} = \frac{2\sigma}{R} \tag{3-8}$$

式（3-8）称为拉普拉斯（Laplace）方程。

（五）影响表面张力的因素

表面张力是物质的特性，并与所处的温度、压力、组成以及共存的另一相的性质有关。

（1）物质结构。对于纯液体或纯固体，表面张力与分子间作用力有关。具有金属键的物质表面张力最大，离子键的物质次之，共价键结构的物质表面张力最小。在共价键物质中，又以非极性共价键物质的表面张力较小。

固体物质的表面张力比液体物质的表面张力大很多，较难直接测定，但可以间接推算。一般氧化物的表面张力在 0.1~1N/m，金属的表面张力在 1~2N/m。

两种液体间界面张力，介于两种液体表面张力之间。

（2）组成。当液体中溶有杂质后，质点之间作用力发生了变化，表面张力也要变化。杂质对液体表面张力的影响分为两种情况：杂质分子与液体分子间的作用力小于液体分子间的作用力，杂质将被排挤到液体表面层中去，这时杂质在表面层的浓度大于在液体内部的浓度，从而使液体表面张力下降；反之，杂质在表面层的浓度小于在液体内部的浓度，使液体表面张力上升。

（3）温度。表面张力一般都是随着温度的升高而降低的。温度升高时，分子之间的距离增加，致使相内的分子对表面层分子的引力减弱，所以表面张力下降。

（六）巨大表面体系的表面能

当物质被粉碎成微粒后，其总表面积相应增大。如将边长为 1cm 的立方体物质分割成边长为 10^{-7}cm（1nm）的小立方体时，表面积增加了 1000 万倍（6000m²）。

通常用比表面 A_0 表示物质的分散程度，定义为：

$$A_0 = \frac{A}{V} \tag{3-9}$$

式中：A 代表体积为 V 的物质所具有的总表面积；A_0 为单位体积的物质所具有的表面积，其数值随着分散粒子变小而迅速增加。

对于立方体：

$$A_0 = \frac{6l^2}{l^3} = \frac{6}{l}$$

式中：l 为边长。

此式表示分散程度 A_0 与 l 成反比，l 越小，分散程度越大。

对于球形粒子：

$$A_0 = \frac{A}{V} = \frac{4\pi r^2}{4/3\pi r^3} = \frac{6}{d}$$

式中：r 为粒子半径；d 为粒子直径。

物质的分散程度越大，表面积越大，相应的自由焓增加也越多。例如，在一杯水中任意取 1g 水形成球形时，其球形面积（$4\pi r^2$）为 $4.85cm^2$，相应的自由焓增加了 $3.344×10^{-5}J$，这是一个很小的数值。当这 1g 水分散成半径为 $10^{-7}cm$ 的微小液滴时，总面积达 $3×10^9cm^2$，其自由焓约增加 209.34J，几乎比 1g 球形水滴的自由焓增大了 600 余万倍。具有这样大自由焓的分散系统，显然是热力学不稳定的，它必然引起体系的物理性质和化学性质的变化，成为新材料和多相催化方面的研究热点。

二、气体在固体表面上的吸附

固体表面层分子与液体表面层分子一样，也具有过剩自由焓。因固体不具有流动性，所以不能像液体那样用减小表面积的方法来降低体系的自由焓。但是，固体表面层分子的剩余力场能对碰到固体表面上的气体分子产生引力，使气体分子在固体表面发生相对的聚集，其结果能减小剩余力场，降低固体的自由焓。这种气体分子在固体表面上相对聚集的现象，称为气体在固体表面上的吸附，即气—固吸附。吸附气体的固体叫吸附剂，被吸附的气体叫吸附质。

气相中的分子可以被吸附到固体表面上，已被吸附的分子也可解吸而逸回气相。当吸附速度与解吸速度相等时，达到吸附平衡状态。

吸附作用分为物理吸附与化学吸附。物理吸附指在临界温度以下，任何气体会在其和固体表面之间的范德瓦尔斯力作用下，被固体吸附，两者之间没有电子转移。化学吸附指气体和固体之间发生了电子转移，二者产生了化学键力，其作用力和化合物中原子之间形成化学键的力相似，较范德瓦尔斯力大得多。两类吸附之间不能作严格的划分，大致有以下区别。

（1）吸附作用力。化学吸附由化学键力引起，物理吸附由范德瓦尔斯力引起。

（2）吸附层。化学吸附是单分子层；物理吸附可以是单分子层，也可以是多分子层，但一般为多分子层。

（3）吸附的选择性。由于化学吸附是由化学键力所引起的化学反应，所以吸附剂只能吸附容易和它产生化学作用的气体，因而是有选择性的；物理吸附是分子间引力引起的物理现象，所以物理吸附没有选择性。

（4）吸附速度。化学吸附是一种化学反应，所以具有吸附活化能；物理吸附类似于气体的凝聚过程，虽然也需要活化能，但比化学吸附活化能小。由于活化能的差别，化学吸附的速度要小于物理吸附的速度。低温时，化学吸附速度缓慢、不易达到平衡。随着温度的升高，化学吸附速度加快。物理吸附速度较快，容易达到平衡，并且不受温度影响或受其影响很小。

（5）吸附热。所有吸附过程都是放热的，在吸附过程中所发生的热效应称为吸附热。化学吸附热比物理吸附热要大得多，化学吸附热与化学反应热为同一数量级，物理吸附热与凝聚热为同一数量级。

物理吸附和化学吸附不能截然分开，往往相伴发生。一般在低温时，由于化学吸附速度缓慢，所以物理吸附占优势。在高温下，由于化学吸附速度随温度上升而迅速增加，所以化学吸附占优势。

三、固体在溶液中的吸附

在纺织生产过程中，纤维吸附染料或表面活性剂等现象均属固体在溶液中的吸附。固体在溶液中的吸附现象比固—气界面上的吸附要复杂得多，这是由于溶液至少有两种组分，溶质和溶剂均能被固体表面吸附，而溶质和溶剂之间又存在着相互作用，这一切都使吸附变得复杂了。影响固体在溶液中吸附的因素很多，必须同时考虑溶剂、溶质和吸附剂（固体）三方面的效应，通常有下列规律：

（1）使界面自由焓降低最多的溶质被吸附得最多；

（2）极性的吸附剂易于吸附极性的溶质，非极性的吸附剂易于吸附非极性的溶质；

（3）在溶剂中溶解度越小的溶质，越易被吸附剂吸附；

（4）由于溶液中的吸附为放热过程，因此，温度越高，吸附量越低。

在溶液中吸附时，吸附剂除了吸附中性分子以外，还可以吸附离子。例如，带正电的碱性染料容易被带负电的吸附剂吸附，带负电的酸性染料则容易被带正电的吸附剂吸附，这种吸附称为极性吸附。再如，亚甲基蓝是碱性染料，极容易被带负电的硅凝胶吸附，但是，只有带正电的有色离子进入硅凝胶，其负离子则仍留在溶液中，同时由于钠离子从硅凝胶中被置换出来而进入溶液，使溶液达到电性中和，这种吸附作用伴随有离子交换现象，故又称离子交换吸附作用。在某些情况下，离子交换吸附作用不仅涉及吸附剂表面层的离子，还涉及吸附剂内层的离子，故严格地说，已经不是单纯的吸附作用。

四、溶液表面的吸附

任何相界面都有吸附现象发生。溶液的表面也是一种相界面，也会发生吸附现象。由实验得知，当某种液体里溶有其他物质时，它的表面张力会发生变化。例如，在水中溶入醇、醛、酮、酸、酯等可溶性有机物，可使水的表面张力降低；加入无机盐类，却使水的表面张力稍微升高。进一步研究这种现象发现，溶质在液体中的分散是不均匀的，即溶质在液体表面层中的浓度和在内部是不同的，说明在溶液表面发生了吸附作用。

溶液表面产生吸附的现象可用自由焓自动减小的趋势来解释。纯液体在一定温度下具有恒定的表面张力，只能用缩小表面积的方式来降低自由焓；对于溶液，其表面积恒定，若要降低自由焓，只能通过减小表面张力的方式来实现。溶液的表面张力与溶质的表面张力（σ_B）及溶剂的表面张力（σ_A）有关。

若 $\sigma_A < \sigma_B$，则溶质的加入，会使溶液的表面张力增加，这类物质称为表面惰性物质。对于水来说，NaCl、Na_2SO_4、KNO_3、NH_4Cl 等物质以及不挥发性无机酸、碱，如 H_2SO_4、NaOH 及许多羟基有机物等，都属于表面惰性物质。根据体系的自由焓将趋于最小的原理，这类物质有离开溶液表面的倾向，但是扩散作用却阻止溶质离开表面，最后两者达到一定的平衡，其结果是使溶质在溶液表面的浓度小于在溶液内部的浓度，产生负吸附作用。

若 $\sigma_A > \sigma_B$，则溶质加入后，能降低溶剂的表面张力，从而溶质就聚集在溶液表面而产生正吸附作用。因界面发生正吸附而使液体表面张力下降的性质称为表面活性。凡发生正吸附作用，并能降低溶剂表面张力的物质，称为表面活性物质。对水来说，肥皂、洗涤剂、脂肪酸等皆为表面活性物质。从广义上讲，若甲物质能降低乙物质的表面张力，则对乙物质来说，甲物质就是表面活性物质。

五、润湿现象

润湿是日常生活和生产中最常见的现象之一。润湿是一种流体从固体表面置换另一种流体的过程。润湿涉及三个相，其中至少两个相是流体。最常见的润湿现象是一种液体从固体表面置换空气。在一块玻璃片上放一滴水，水滴很快扩散并分布在整个玻璃片上，如图 3-5（a）所示。若在玻璃片上放一滴水银，则水滴成球状，如图 3-5（b）所示。前一种情况称水能润湿玻璃，后一种情况称水银不能润湿玻璃。

（a）　　　　　　　　　　　　（b）

图 3-5　润湿与不润湿

根据热力学条件，固体与液体接触后，体系的自由焓下降时就发生了润湿。

1930 年，Osterhof 和 Bartell 把润湿现象分成附着润湿、铺展润湿和浸渍润湿三种，如图 3-6 所示。附着润湿指液体和固体接触后，液—气界面和固—气界面被液—固界面取代。铺展润湿是液滴在固体表面上完全铺开成为薄液膜，以液—固界面和液—气大界面代替原来的固—气界面和原来小液滴的液—气界面。浸渍润湿是指固体浸入液体中的过程，是原来的固—气界面被液—固界面所代表，而液体表面则没变化。

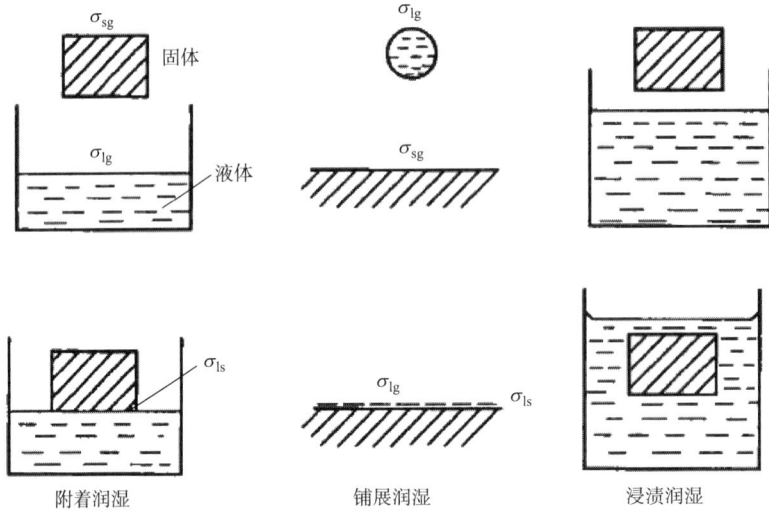

图 3-6　润湿的三种方式

附着润湿　　　　　铺展润湿　　　　　浸渍润湿

液体是否能在固体表面铺展润湿，取决于液体对固体的吸引力和液体本身的吸引力。如前者大于后者，将发生铺展润湿；否则，不发生铺展润湿。

液体对固体的吸引力可以用液体对固体的黏附功 W_a 来衡量。黏附功是指将截面积为 $1cm^2$ 的液—固连接处拉开所做的功，此过程必定要减少 $1cm^2$ 的液—固界面，增加 $1cm^2$ 的固—气表面和 $1cm^2$ 的液—气表面，如图 3-7（a）所示。即：

$$W_a = (\sigma_{sg} + \sigma_{lg}) - \sigma_{ls} \tag{3-10}$$

式中：σ_{sg} 为固—气表面张力（固体的表面张力）；σ_{lg} 为液—气表面张力（液体的表面张力）；σ_{ls} 为液—固界面张力。

液体本身的吸引力可以用液体的凝聚功 W_c 来衡量。凝聚功是将截面积为 $1cm^2$ 的纯液体柱拉开所做的功，此过程必定增加 2 个 $1cm^2$ 的液—气表面，如图 3-7（b）所示。即：

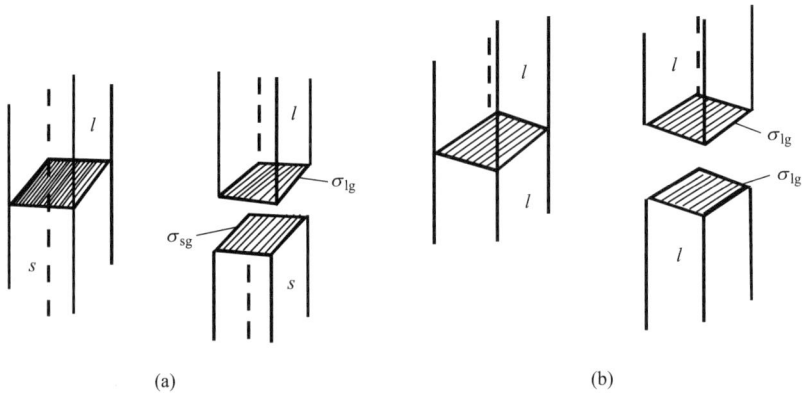

(a)　　　　　　　　　　　　　(b)

图 3-7　黏附功与凝聚功

$$W_c = 2\sigma_{lg} \tag{3-11}$$

只有液体对固体的黏附功 W_a 等于或大于液体本身的凝聚功 W_c 时，液体才能在固体上铺展润湿。定义液体在固体上的铺展系数 φ 为：

$$\begin{aligned}\varphi &= W_a - W_c \\ &= (\sigma_{sg} - \sigma_{ls}) - \sigma_{lg}\end{aligned} \tag{3-12}$$

φ 如为正值（$\varphi>0$），将产生铺展；如为负值（$\varphi<0$），液体则不能在固体上铺展。

铺展系数 φ 也可以衡量两种液体界面上的铺展现象，此时将式（3-12）改为：

$$\varphi = (\sigma_{l_ag} + \sigma_{l_bg}) - \sigma_{l_al_b}$$

由式（3-12）可知，铺展润湿的程度与表面张力有关。然而，固体的表面张力 σ_{sg} 与 σ_{ls} 是难以直接测定的。因此，液体在固体上的铺展润湿程度需借助于接触角 θ 的测量来衡量，如图3-8所示。

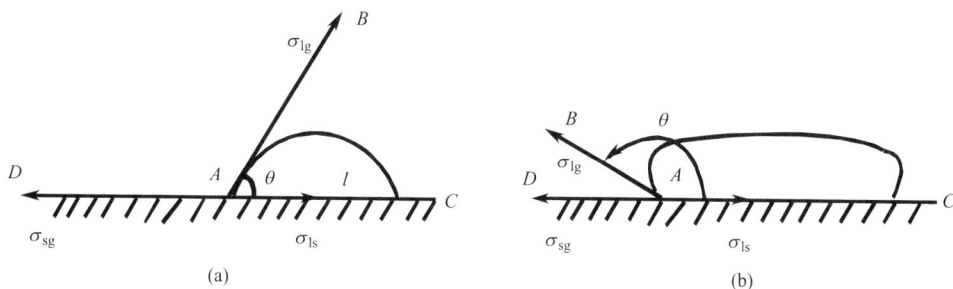

图3-8　液体在固体上的铺展润湿

在固体、液体和空气三相接触点 A 处，有 σ_{sg}、σ_{ls} 和 σ_{lg} 三个作用力。如果这三个力在 DAC 直线上的合力是指向 AD 方向的，则 A 点上的液体分子被拉向左方而铺展开；如果合力指向 AC 方向，则液滴收缩，以减小液—固接触面积；当三力之和为零，液滴保持一定形状。

接触角是指液—固界面 AC 与液体表面的切线 AB 之间的夹角，即 σ_{ls} 和 σ_{lg} 之间的夹角，以 θ 表示。

三个作用力达到平衡时建立的关系式，称为杨氏（Young）方程。因是描述润湿关系的，又称为润湿方程。

$$\sigma_{sg} = \sigma_{ls} + \sigma_{lg}\cos\theta \tag{3-13}$$

当 $\theta=0°$ 时，$\cos\theta=1$，$\sigma_{sg}-\sigma_{ls}=\sigma_{lg}$，称为完全润湿，液体在固体表面铺展；

当 $0°<\theta<90°$ 时，$0<\cos\theta<1$，$0<(\sigma_{sg}-\sigma_{ls})<\sigma_{lg}$，$\sigma_{sg}>\sigma_{ls}$，固体能为液体所润湿，如图3-5（a）所示；

当 $90°<\theta<180°$ 时，$-1<\cos\theta<0$，$-\sigma_{lg}<(\sigma_{sg}-\sigma_{ls})<0$，$\sigma_{sg}<\sigma_{ls}$，固体不为液体所湿润，如图3-5（b）所示；

当 $\theta=180°$ 时，$\cos\theta=-1$，$\sigma_{sg}-\sigma_{ls}=-\sigma_{lg}$，称为完全不润湿，如荷叶上滚动的水珠。

通常把 $\theta = 90°$ 作为分界线：$\theta < 90°$ 称为"润湿"，$\theta > 90°$ 称为"不润湿"。

铺展系数 φ 可以和接触角 θ 联系起来，将式（3-13）代入式（3-12），得：

$$\varphi = \sigma_{lg}(\cos\theta - 1) \tag{3-14}$$

由于式（3-14）中的 θ 和 σ_{lg} 都可由实验测定，因此，可算出 φ 值。

凡能被液体所润湿的固体，称为亲液体的固体；不能被液体所润湿者，称为憎液体的固体。固体表面润湿性能与其结构有关。常见的液体是水，所以极性的固体皆呈现亲水性，非极性固体大多呈憎水性。如毛纤维、丝纤维、棉纤维、麻纤维结构上含有亲水基团（氨基、羧基、羟基等），为亲水性纤维。合成纤维结构上没有或含有少量的亲水基团，为憎水性纤维。

研究润湿作用有重要的实际意义。从润湿方程（3-13）可以看出，当改变所研究体系中的表面张力 σ 时，就可以改变接触角 θ，即改变体系的润湿情况，也就是说，选用合适的表面活性物质，能改变润湿情况。

六、毛细管现象

将玻璃毛细管插入水中或汞中，管内液面将上升或下降。像毛细管这种，具有细微缝隙的固体与液体接触时，液体沿缝隙上升或下降的现象称为毛细管现象。

如图 3-9（a）所示，将内径很细的玻璃管，插入能润湿管壁的液体中，$\sigma_{sg} > \sigma_{ls}$，接触角 $\theta < 90°$。管中液体表面呈凹形曲面，而管外液体为平面。由于附加压力的存在，使管内凹面下液体所受到的压力小于管外平面上液体所受到的压力，因此管外液体将被压入管内，致使管内液柱上升到一定高度。

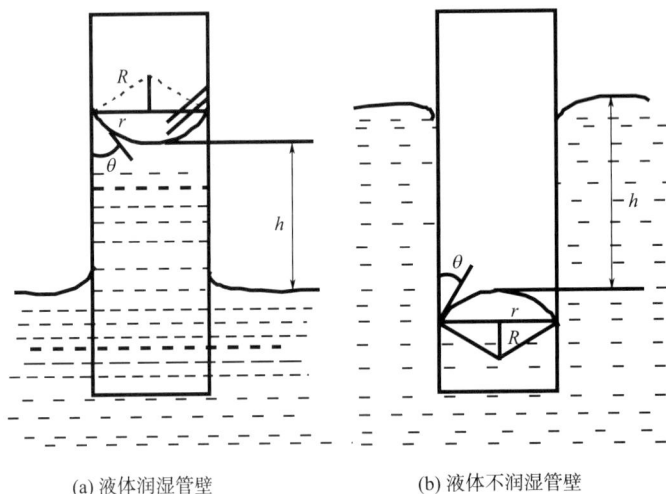

(a) 液体润湿管壁　　　　　(b) 液体不润湿管壁

图 3-9　毛细管现象

设液柱上升高度为 h，则凹液面的附加压力 $P_{附}$ 为：

$$P_{附} = \rho g h \tag{3-15}$$

式中：ρ 为液体的密度；g 为重力加速度。

由于毛细管半径 r 与管内凹形液面的曲率半径 R 的关系为：

$$r/R = \cos\theta$$

根据拉普拉斯方程式 $P_{附} = 2\sigma/R$ 可得：

$$2\sigma/R = 2\sigma\cos\theta/r = \rho g h \tag{3-16}$$

由式（3-16）可得液柱上升高度 h 为：

$$h = 2\sigma\frac{\cos\theta}{\rho g r} \tag{3-17}$$

式（3-17）说明，毛细管半径 r 越小，液面上升越高。

如图 3-9（b）所示，当把玻璃毛细管插入不能润湿管壁的液体（如汞）中，接触角 $\theta>90°$，管内汞液面呈凸形曲面。由于附加压力的作用，汞液面将下降，下降的深度仍可用式（3-17）计算，此时 h 为负值，表示管内液面的下降深度。

通过上述讨论可以看出，毛细管现象产生的根源是表面张力，表面张力使弯曲液面产生附加压力，附加压力引起毛细管现象。毛细管中弯曲液面的凹与凸，决定于液体对毛细管壁的润湿与否。

不仅在具有圆形截面的细管中才产生毛细管现象，在任何一个狭窄的管子、裂口、缝隙和细孔中，如纤维及纤维织物的孔隙中，都能产生毛细管现象。

第三节　表面活性剂

一、表面活性剂的结构特征

在很低的浓度下，能显著降低液体表面张力或两相间界面张力的物质称为表面活性剂。从热力学角度讲，体系总是试图降低表面自由焓，以达到稳定状态。在表面积未能改变的情况下，只有降低表面张力这一过程是自发进行的。表面活性剂的作用正是降低溶剂的表面张力，因此它能自动地在界面聚集发生正吸附，降低表面张力，使体系自由焓达到最小。

表面活性剂是两亲化合物，分子结构由两部分组成：对溶剂吸引力强的亲液基团和对溶剂几乎不具吸引力的疏液基团。一般所用的溶剂为水，易溶于水、具有亲水性质的极性基团称为亲水基；不溶于水而易溶于油，具有亲油性质的非极性基团称为疏水基或亲油基。疏水基通常是由长链烃基构成的非极性基团，如直链或带支链的脂肪烃基（烷基、烯基）、芳香烃基（ ⬡ ， ⬡⬡ ），脂肪烃—芳香烃基（ ⬡—C_nH_{2n-1} ），卤代或氯化烃基等。而亲水基的种类繁多，差别较大，常见的有—COONa、—SO$_3$Na、—OSO$_3$Na、—OPO（ONa）$_2$、—OH、—NH$_2$、—CN、—SH、—NHCONH$_2$、—CH$_2$OCH$_2$—等。

二、表面活性剂的分类

表面活性剂的分类方法很多，最常用、最简便的分类方法是按其在水溶液中的离子特性分类。当表面活性剂溶于水时，能够电离成离子的称为离子表面活性剂；不能电离成离子，只能以分子状态存在的称为非离子表面活性剂。离子表面活性剂还可按所生成的具有表面活性作用的离子种类，分为阴离子表面活性剂、阳离子表面活性剂和两性离子表面活性剂三种。

1. 阴离子表面活性剂

阴离子表面活性剂是应用历史最早、使用最久、种类最多、用途最广，至今仍然是产量最高的一类表面活性剂。

阴离子表面活性剂的结构特点是，当它溶解于水中时发生电离，与疏水基相连的起表面活性作用的亲水基团是阴离子。例如，日常生活中常用的表面活性剂——肥皂，是高级脂肪酸的钠盐，分子式为 $CH_3—(CH_2)_n—COONa$，分子中 $CH_3—(CH_2)_n—$ 为长链烃基的疏水基（用长方框表示），$—COONa$ 为亲水基（用圆圈表示）。当其溶于水中时发生电离，亲水端的 $—COO$ 带负电荷。

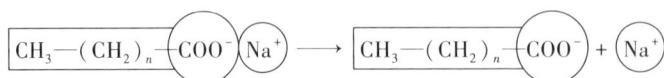

$$\boxed{CH_3—(CH_2)_n}—\!\bigcirc\!\!\!{COO^-}\ \bigcirc\!\!\!{Na^+}\ \longrightarrow\ \boxed{CH_3—(CH_2)_n}—\!\bigcirc\!\!\!{COO^-}\ +\ \bigcirc\!\!\!{Na^+}$$

阴离子表面活性剂有以下几种：羧酸盐（$RCOO^- Na^+$），如肥皂等；硫酸酯盐（$ROSO_3^- Na^+$），如酰胺类和酯类的硫酸盐、烷基硫酸盐（脂肪醇硫酸酯）等；磺酸盐（$RSO_3^- Na^+$），如烷基磺酸盐、烷基芳基磺酸盐、琥珀酸酯磺基衍生物等；磷酸酯盐（$ROPO_3^{2-} \cdot 2Na^+$）等。常见的商品有肥皂、太古油（土耳其红油）、拉开粉、渗透剂 M、渗透剂 OT、扩散剂 NNO、胰加漂 T、209 洗涤剂、雷米邦 A、净洗剂 LS、601 洗涤剂、合成洗涤剂、烷基苯磺酸钠、脂肪醇硫酸钠等。

阴离子表面活性剂多起乳化、润湿、渗透、去污及净洗作用。因此，阴离子表面活性剂在麻的脱胶、绢纺原料的精练、羊毛的洗涤、炭化工序以及经纱上浆中应用广泛。

阴离子表面活性剂在使用中应注意以下几点：

（1）对碱性染料有中和、沉淀作用，因为碱性染料具有阳电荷性，所以不能和碱性染料共用；

（2）对阳离子表面活性剂有中和、沉淀作用，因此也不能和阳离子表面活性剂共用；

（3）对纤维素纤维的亲和力较小，在酸性介质中和蛋白质纤维有较强的亲和力。

2. 阳离子表面活性剂

阳离子表面活性剂的应用历史、应用范围及种类都不及阴离子表面活性剂，但它所具有的特殊功能是其他表面活性剂所不及的，因而近年来发展较快。

阳离子表面活性剂的结构特点是，当其溶解于水中时发生电离，与疏水基相连的起表面活性作用的亲水基团是阳离子。例如，烷基三甲基溴化铵在水溶液中电离时，亲水端 $—N^+(CH_3)_3$ 带正电荷。

$$CH_3-(CH_2)_n-\overset{\overset{\displaystyle CH_3}{|}}{\underset{\underset{\displaystyle CH_3}{|}}{N^+}}-CH_3 \quad Br^- \longrightarrow CH_3-(CH_2)_n-\overset{\overset{\displaystyle CH_3}{|}}{\underset{\underset{\displaystyle CH_3}{|}}{N^+}}-CH_3 + Br^-$$

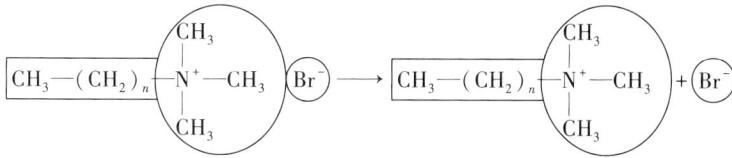

阳离子表面活性剂主要有高级烷基胺盐型和季铵盐型，其中季铵盐型应用较广。常见的商品有 1631 表面活性剂、1227 表面活性剂、索罗明 A、萨帕明 A、抗静电剂 SN、抗静电剂 TM 等。

阳离子表面活性剂具有乳化、柔软、抗静电、杀菌作用，可用于织物的特种整理，用作防霉、防蛀、防缩、防皱、抗菌卫生和抗静电整理剂等。例如，对锦纶、涤纶、腈纶等合成纤维有良好静电消除作用的抗静电剂 SN（十八烷基二甲基羟乙基铵硝酸盐），属于季铵盐型阳离子表面活性剂。

阳离子表面活性剂在使用中应注意以下几点：

（1）对直接染料、酸性染料有沉淀作用，因为这两种染料均带有负电荷，所以不能与这两类染料共用。但可作为固色剂，提高这两类染料的湿处理牢度；

（2）不能与阴离子表面活性剂共用，否则有沉淀作用，降低两者的表面活性；

（3）对纤维素纤维有较强的亲和力，在中性和碱性介质中与蛋白质纤维亦有较强的亲和力。

3. 两性离子表面活性剂

两性离子表面活性剂是指在一个分子结构中同时具有两种离子性质的表面活性剂。通常使用的两性离子表面活性剂，亲水基团是由阴离子和阳离子结合在一起的。阳离子部分是胺盐、季铵盐，阴离子部分是羧酸盐、磺酸盐、硫酸盐，以羧酸盐阴离子和季铵盐阳离子应用较广。例如，二甲基十二烷基甜菜碱可用作洗涤剂、缩绒剂、染色助剂、柔软剂和抗静电剂等。

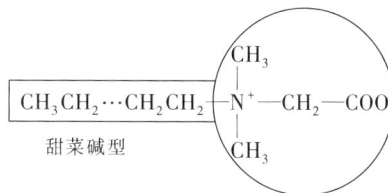

$$CH_3CH_2\cdots CH_2CH_2-\overset{\overset{\displaystyle CH_3}{|}}{\underset{\underset{\displaystyle CH_3}{|}}{N^+}}-CH_2-COO$$

甜菜碱型

两性离子表面活性剂与其他类型表面活性剂的不同之处在于，两性离子表面活性剂在不同的介质条件下可以表现出不同的特性：当溶液处于酸性介质条件下，两性离子表面活性剂中阴离子的数量多，表现出阴离子表面活性剂的特性；当溶液处于碱性介质条件下，两性离子表面活性剂表现出阳离子表面活性剂的特性。由于两性离子表面活性剂的分子中含有两种电性相反的离子性基团，因此，与蛋白质一样，也具有等电点。当溶液处于等电点的介质条件下，两性离子表面活性剂表现出非离子表面活性剂的特性。不同结构类型的两性离子表面活性剂的等电点见表 3-3。利用两性离子表面活性剂具有等电点的特性，可对羊毛实施等电洗涤、对绢纺原料进行等电精练。

表 3-3 两性离子表面活性剂的等电点

类型	分子结构	烷基（R）含碳数	等电点
氨基酸型	$\begin{array}{c} H \\ \| \\ R{-}N^+{-}COO^- \\ \| \\ CH_3 \end{array}$	C_{12}	6.6~7.2
		C_{18}	8.6~7.5
甜菜碱型（Ⅰ）	$\begin{array}{c} CH_3 \\ \| \\ R{-}N^+{-}CH_2COO^- \\ \| \\ CH_3 \end{array}$	C_{12}	5.1~6.1
		C_{18}	4.8~6.8
甜菜碱型（Ⅱ）	$\begin{array}{c} CH_2CH_2OH \\ \| \\ R{-}N^+{-}CH_2COO^- \\ \| \\ CH_2CH_2OH \end{array}$	C_{12}	4.7~7.5
		C_{18}	4.6~7.6

两性离子表面活性剂在应用时有以下特性：

（1）能和任何类型的表面活性剂混合使用；

（2）在酸性、碱性溶液中均可分散溶解，并呈现良好的表面活性；

（3）除具有一般表面活性剂的润湿、乳化、洗涤等作用外，还有良好的杀菌作用，且毒性极小，对皮肤的刺激性轻微，故可用于食具杀菌、洗涤；

（4）耐硬水，即使在多价金属离子存在的情况下，仍具有良好的洗涤性能。

4. 非离子表面活性剂

非离子表面活性剂的使用范围仅次于阴离子表面活性剂。非离子表面活性剂的分子结构与离子表面活性剂一样，也由亲水基、疏水基两部分组成，但其亲水基是由在水中不电离的羟基或醚键组成的。

非离子表面活性剂通常具有乳化、渗透及洗涤作用。

非离子表面活性剂主要有聚氧乙烯醚型和脂肪酸多元醇型两类，见表 3-4。常见的商品有平平加 O、乳化剂 OP、乳化剂 EL、Tx-10、柔软剂 SC、柔软剂 1014、渗透剂 JFC、尼凡丁 AN、净洗剂 JU、净洗剂 105，净洗剂 6501、斯盘-吐温（Span-Tween）等。

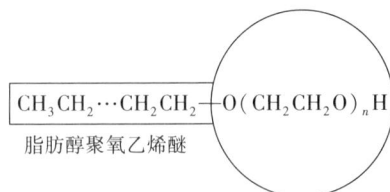

$$CH_3CH_2\cdots CH_2CH_2{-}O(CH_2CH_2O)_nH$$

脂肪醇聚氧乙烯醚

非离子表面活性剂在应用时有以下特性：

（1）在水溶液中不电离，因此对各种纤维均无亲和力，用后容易漂洗；

（2）可与阴离子或阳离子表面活性剂混用，而不影响其表面活性；

（3）在水中的表面活性较高，且随温度升高而增高；

（4）不仅能溶于水，还能溶于有机溶剂，甚至烃类；

表 3-4 非离子表面活性剂的种类及结构

多元醇型		聚氧乙烯醚型	
种类	结构式	种类	结构式
脂肪酸乙二醇酯	$RCOOCH_2CH_2OH$	脂肪醇聚氧乙烯醚	$RO(CH_2CH_2O)_nH$
脂肪酸甘油酯	$RCOOCH_2CH(OH)CH_2OH$	烷基酚聚氧乙烯醚	$\langle\!\!\!\bigcirc\!\!\!\rangle\!-\!O(CH_2CH_2O)_nH$
脂肪酸季戊四醇酯	$RCOOC_5H_8(OH)_4$	脂肪酸聚氧乙烯醚酯	$RCOO(CH_2CH_2O)_nH$
脂肪酸失水山聚醇酯	$RCOOC_6H_8O(OH)_3$	脂肪胺聚氧乙烯醚	$RNH(CH_3CH_2O)_nH$
脂肪酸蔗糖酯	$RCOOC_{12}O_3H_{14}(OH)_7$	N-聚氧乙烯醚脂肪酰胺	$RCONH(CH_2CH_2O)_nH$
烷基聚葡萄糖苷（APG）	$RO[C_6O_2H_7(OH)_3]_nH$	嵌段聚醚	$HO[CH_2CH(CH_3)O]_m(CH_2CH_2O)_nH$

（5）耐电解质、硬水以及金属离子的能力强。

三、表面活性剂的基本性质

表面活性剂是两亲分子，结构中同时包含亲水基团和疏水基团。当表面活性剂分子溶解于水中时，立即被水包围，疏水基团一端受到水分子的排斥作用，亲水基团一端被水分子所吸引。表面活性剂分子之所以能溶于水，是因为其亲水基团与水的吸引力大于疏水基团与水的排斥力。

在水中表面活性剂分子为了缓和其疏水基团与水的排斥作用，不停地转动，最终通过两个途径达到稳定状态，如图 3-10 所示。

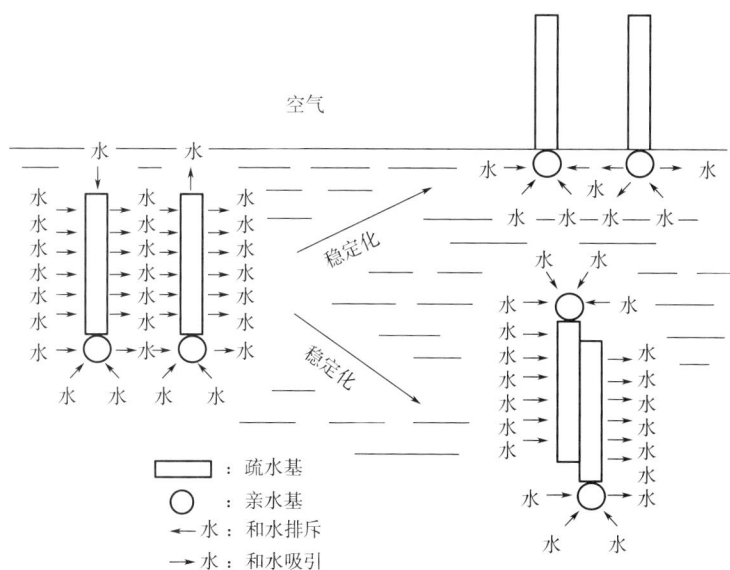

图 3-10 表面活性剂分子在水中的两个稳定途径

第一个途径是把亲水基留在水中、疏水基伸向空气，表面活性剂分子吸附于水面而形成定向排列的单分子层，即界面吸附（以降低界面张力）、定向排列（分子按一定方向排列）；

第二个途径是使分子间的疏水基相互靠在一起，尽可能减少疏水基和水的接触面积，即胶束生成。

从热力学角度讲，表面活性剂溶于水中，疏水基使水的结构发生扭曲，破坏了部分水分子间的氢键，从而有使体系能量增加的趋势。为使体系自由焓降至最低，一个途径是减小体系的表面张力，即表面活性剂在界面吸附、定向排列；另一个途径是减小表面活性剂与水的接触面积，即胶束生成。

在图3-10中只画出两个表面活性剂分子在水中形成小型胶束的情况。如果增加水中表面活性剂的浓度，胶束就渐渐增大到由几十个、几百个分子组成，最终形成正规胶束，疏水基完全被包在胶束内部，几乎和水脱离接触。由于只剩下亲水基朝外，因此，可以把正规胶束看成是由亲水基组成的高分子，与水没有任何排斥作用，能稳定地溶于水中。

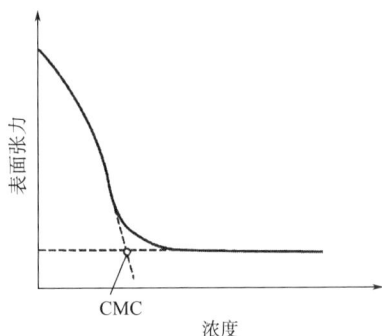

**图3-11　表面张力与表面活性剂
水溶液浓度的关系**

四、临界胶束浓度（CMC）

实验发现，表面活性剂水溶液的表面张力先随着表面活性剂浓度的逐渐增大而急剧下降，当超过某一定浓度后，表面张力保持恒定，不再下降，如图3-11所示。

图3-12表示逐渐增加表面活性剂的浓度时，水溶液中表面活性剂分子的活动情况。

图3-12（a）是极稀的表面活性剂水溶液，水和空气的表面上聚集了很少量的表面活性剂分子，空气和水几乎是直接接触着，水的表面张力下降不多，相当于纯水的表面张力。

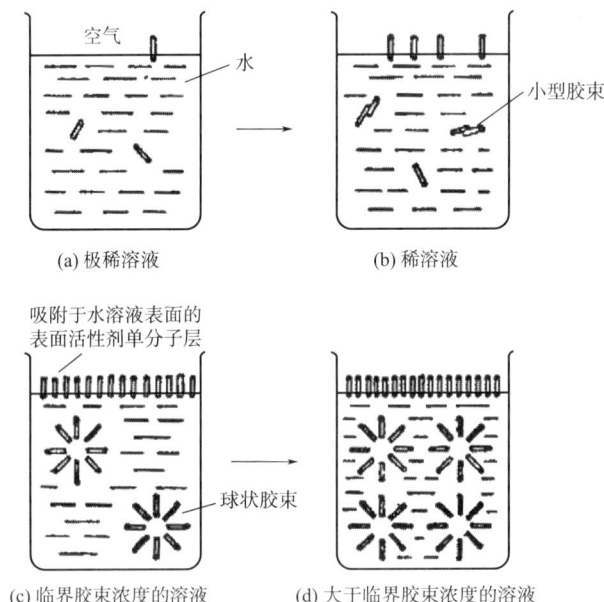

(a) 极稀溶液　　　　　　(b) 稀溶液

(c) 临界胶束浓度的溶液　　　　(d) 大于临界胶束浓度的溶液

图3-12　表面活性剂的浓度变化与其分子活动情况的关系

图 3-12（b）中表面活性剂的浓度稍有上升，增加的少量表面活性剂分子很快地聚集到水面，使空气和水的接触面积减少，从而使表面张力按比例地下降，相当于图 3-11 中表面张力急剧下降的部分。与此同时，水中的表面活性剂分子也三三两两地聚集到一起，互相把疏水基靠在一起，开始形成小型胶束。

图 3-12（c）中表面活性剂浓度继续升高，水面聚集了足够数量的表面活性剂分子，并毫无间隙地密布于水面上形成单分子层。此时空气与水完全处于隔绝状态，相当于图 3-11 中表面张力停止下降的状态。水溶液中的表面活性剂分子以几十、几百的数量聚集在一起，排列成疏水基向里、亲水基向外的胶束。

疏水基完全被包在内部的胶束称为正规胶束。表面活性剂形成正规胶束的最低浓度称为临界胶束浓度（CMC）。当表面活性剂浓度超过 CMC 不多时，大多呈球形胶束；在 10 倍于 CMC 或更高浓度时，胶束呈圆柱形；当浓度更大时，就形成巨大的层状胶束。胶束的形状如图 3-13 所示。

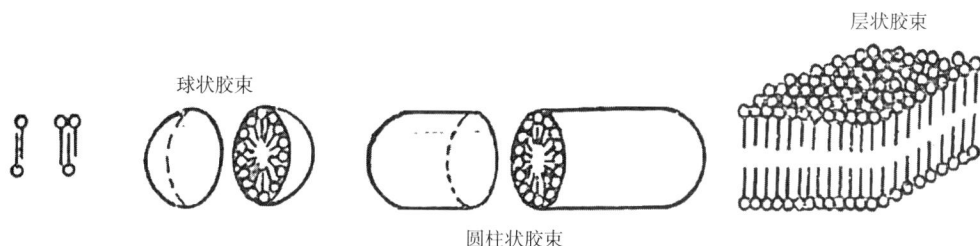

图 3-13 胶束形状

图 3-12（d）中表面活性剂浓度大于临界胶束浓度，由于水面已形成了单分子层，再增加的表面活性剂分子只能增加胶束的体积和数量。胶束和表面活性剂的单分子不同，并不具有表面活性，仅仅是与吸附层相平衡的、包含有表面活性剂的聚集体。因此表面张力不再下降，相当于图 3-11 中的水平部分。

临界胶束浓度是一个重要界限。高于或低于此临界浓度时，水溶液的表面张力（或界面张力）及其他许多物理性质都有很大的差异，即表面活性剂的浓度只有在稍高于临界胶束浓度时，才能充分发挥其作用，如图 3-14 所示。由于表面活性剂溶液的一些物理性质，如电导率、渗透压、冰点下降、蒸汽压、黏度、密度、增溶

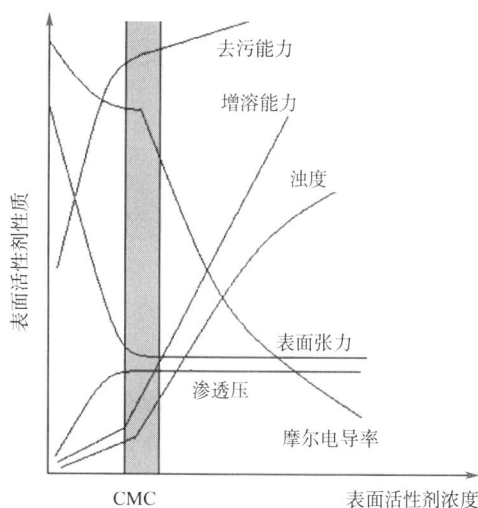

图 3-14 临界胶束浓度和表面活性剂性质的关系

性、洗涤性、光散射以及颜色变化等在临界胶束浓度时都有显著的变化，所以通过测定发生这些显著变化时的转变点，就可测得临界胶束浓度。用不同方法测的临界胶束浓度虽有一些

差异，但大体上还是比较一致的。临界胶束浓度是一个范围，一般为 0.001~0.02mol/L，即 0.02%~0.4%。

五、亲水亲油平衡值（HLB）

构成表面活性剂分子亲油端和亲水端的基团有很多，这些基团对表面活性剂整体的亲油性或亲水性的影响程度也各不相同。如亲油端的亲油强度大，相对地亲水端的亲水强度较小，则该表面活性剂表现出较强的亲油性。反之，则表现出较强的亲水性。

常见亲水基的亲水性强弱顺序：

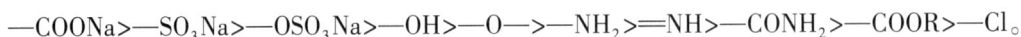

—COONa>—SO₃Na>—OSO₃Na>—OH>—O—>—NH₂>=NH>—CONH₂>—COOR>—Cl。

常见疏水基的亲油性强弱顺序：

脂肪烃（石蜡烃）>脂肪烃（烯烃）>带脂肪族链的芳香族>芳香族>带弱亲水基的烃。

为了定量地反映表面活性剂中两端不同基团对表面活性剂亲油性或亲水性的综合影响程度，美国的格里芬（W. D. Griffin）提出了亲水亲油平衡值的概念，用 HLB 值（hydrophile-lipophile balance）表示。HLB 值是一个相对值，一般在 0~40 范围内。HLB 值越大，其水溶性越好，油溶性越差。反之，HLB 值越小，其油溶性越好，水溶性越差。石蜡完全没有亲水基，HLB=0；月桂醇硫酸钠内含大量亲水基，能完全溶解于水中，HLB=40。

表面活性剂 HLB 值的大小不仅影响其性能，也影响其用途，如图 3-15 所示。实际使用的表面活性剂 HLB 值一般在 20 以下，HLB 值高的，性能偏向增溶作用；HLB 值低的，偏向消泡作用。纺织工业中常用的乳化剂，HLB 值在 8~18 之间。

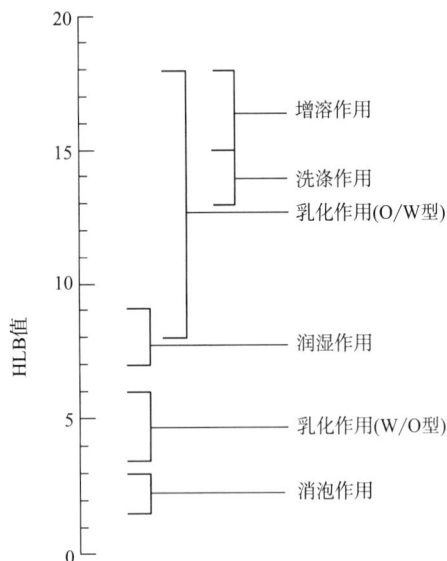

图 3-15　表面活性剂性能与 HLB 值的关系

六、表面活性剂在纺织上的应用

表面活性剂的基本性质，决定了它具有润湿、渗透、乳化、分散、增溶、起泡、消泡、柔软、抗静电等性能，在羊毛初步加工、麻初步加工中有较广泛的应用。

（一）润湿作用和渗透作用

接触角 $\theta=0°$ 时，液体在固体表面铺展润湿；接触角 $0°<\theta<90°$ 时，固体能被液体润湿，液滴呈扁平状；$90°<\theta<180°$ 时，固体不能被液体润湿，液滴成平底球状；$\theta=180°$，为完全不润湿，液滴倾向于形成完整的球体。根据润湿方程，可得接触角与表面张力的关系式如下：

$$cos\theta = \frac{\sigma_{sg} - \sigma_{ls}}{\sigma_{lg}} \tag{3-18}$$

式中：σ_{sg} 为固体表面张力，与固体种类有关；σ_{lg} 和 σ_{ls} 分别为液体表面张力和液—固界面张力。

加入表面活性剂后，σ_{lg} 和 σ_{ls} 的数值变小，式（3-18）等号右边的数值变大。为了保持等式两边相等，接触角 θ 减小。这就是表面活性剂能降低表面张力、减小接触角，从而增加润湿作用的原理。

渗透作用是指液体能均匀而迅速地扩散到某种固体物质内部。渗透作用和润湿作用比较相似，往往也是同时发生的，它们的区别在于润湿作用发生在固体表面，渗透作用深入固体内部。在纤维初加工及经纱上浆过程中，经常用到表面活性剂的润湿作用与渗透作用，如羊毛初步加工中的洗毛工序，洗液对羊毛的润湿作用，是去污的第一步骤。

润湿和渗透用的表面活性剂称为润湿剂和渗透剂，二者在结构、种类与作用上大体相同，HLB 值为 7~9。一般而言，在中性及碱性介质中以使用阴离子型为宜，在中性及酸性介质中以使用非离子型为宜。阴离子型的有渗透剂 T、渗透剂 5881 等，非离子型的有渗透剂 JFC 等。

（二）乳化作用、分散作用和增溶作用

1. 乳化作用

两种互不相溶的液体经过剧烈的搅拌后，一种液体在另一种液体中分散成细小液滴，这样的操作称为乳化，所产生的分散体系称为乳浊液（或乳化液）。但是乳浊液非常不稳定，不久就会分成两层，因为当其中一种液体分散成细小液滴后，两相间界面面积很大，根据公式 $dG = \sigma dA$，自由焓很大，体系处于不稳定状态。液滴相互碰撞，自动聚集，通过减小界面面积来降低自由焓，使体系处于稳定状态。因此，乳浊液分层是一个自动进行的过程。要使乳浊液稳定，必须降低两相之间的界面张力，加入表面活性剂（乳化剂）能使乳浊液稳定。所以乳浊液一般是由两种互不相溶的液体和乳化剂三者构成的体系。

两种互不相溶的液体通常是指油与水。这里的油是一种广义的概念，凡不与水相溶的有机物质如油、脂肪、蜡、苯等物质皆称为油。

乳浊液中，乳化剂分子吸附在两相界面上形成吸附层，且有一定的取向，亲水基（极性基团）朝水，亲油基（非极性基团）朝油，降低了油—水界面张力。乳化剂分子还在分散液滴周围形成坚固的保护膜，这种保护膜具有一定的机械强度。当分散液滴相碰撞时，保护膜能够阻止液滴的聚集，使乳浊液变得稳定。由此可知，降低界面张力和形成保护膜是使乳浊液稳定的两个主要因素，其中以后者更为重要。

一般意义上的乳浊液仅仅是一种动力学上相对稳定的多相分散系统，因为尽管界面张力下降了，但是 ΔG 仍然大于 0。所以乳浊液的"稳定性"只是在一个有限的时间内，比如数分钟，也可能是数年。

按不同的分散状态，乳浊液分为两类：一类为油分散在水中，简称油在水中型（水包油型）乳浊液，以 O/W 型表示；另一类为水分散在油中，简称水在油中型（油包水型）乳浊液，以 W/O 型表示，如图 3-16 所示。配制 O/W 型乳浊液需要亲水性强的乳化剂，HLB 值为 8~18，如一价碱金属皂；配制 W/O 型乳浊液需要亲油性强的乳化剂，HLB 值为 3~6，如二价金属皂。

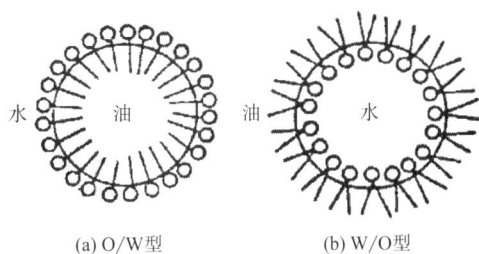

(a) O/W型   (b) W/O型

图3-16 乳浊液示意图

纺织工业中，羊毛、麻及合成纤维的上油剂及织物整理剂、印花糊精等都需用 O/W 型乳浊液。上油剂乳浊液必须有尽可能大的分散性，油珠大小应尽可能一样，油珠的直径一般为 1~2nm，3nm 以上的油珠不超过 10%，这样才能达到上油均匀、用油量少（易于洗去）的目的。上油剂乳浊液的好坏，可通过其在玻璃杯上的成膜性来鉴别。稳定性好的乳浊液，在玻璃壁上能均匀地润湿，形成黄色的薄膜，没有黏壁的现象。最好用显微镜观察油珠的大小和均匀度，也可在室温下放置 24~48h 后，用肉眼观察乳浊液的分层现象。

2. 分散作用

在表面活性剂作用下，固体粒子在不相溶的液体中分散成细小颗粒的现象，称分散作用，所形成的体系称悬浊液。如羊毛初步加工的洗毛工序，砂土杂质在表面活性剂的作用下分散于洗液中。

分散作用和乳化作用比较相似，只是乳浊液中的分散相为液体粒子，而悬浊液中的分散相为固体粒子。由于所用表面活性剂几乎是相同的，因此，实际应用中常称为乳化分散剂。悬浊液和乳浊液都是不均一、不稳定的混合物，久置后悬浊液会沉淀、乳浊液会分层。

表面活性剂吸附于固体微粒表面，使其润湿和解聚集，并产生足够的能垒，保证微粒在介质中稳定地分散。尽管固体微粒被分散于液体的第一步是润湿，但是若表面活性剂仅使微粒润湿，而不能将能垒升至足够的高度以使微粒分散，则该表面活性剂只能作为一种润湿剂，而无分散作用；反之，表面活性剂若不能促进微粒表面的润湿，但却能产生足够高的能垒以分散微粒，此表面活性剂即具有分散作用，是一种分散剂。许多表面活性剂往往同时具有润湿及分散能力。

3. 增溶作用

在水中难溶或不溶的化合物，如碳氢化合物、高级醇、染料等，在表面活性剂作用下能很好地溶于水中，这种现象称为增溶作用。起增溶作用的表面活性剂称为增溶剂，HLB 值是 15~18，常用的有聚山梨酯类和聚氧乙烯脂肪酸酯类等。增溶的物质可以是固体、液体或者是气体。

增溶作用可使增溶物化学势显著降低、自由能降低，形成的体系更加稳定，即增溶作用是自发过程，形成的体系在热力学上是稳定的。

增溶作用有以下三种情况：

（1）非极性增溶。将碳氢化合物这类非极性物质溶解在表面活性剂胶束的中心，如图 3-17 所示。

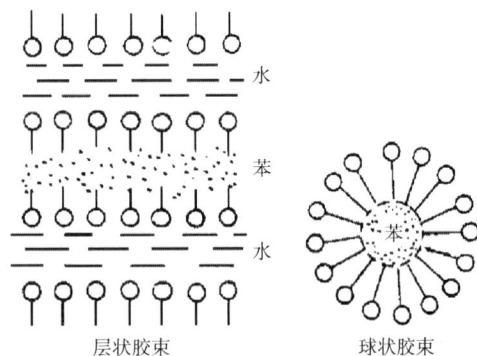

层状胶束   球状胶束

图3-17 非极性增溶

（2）极性增溶。又称胶束栅层渗透型增溶。醇类、胺类、脂肪酸类等极性化合物的增溶是嵌在表面活性剂的极性基团之间的，如图 3-18 所示。这种类型的增溶量最大。

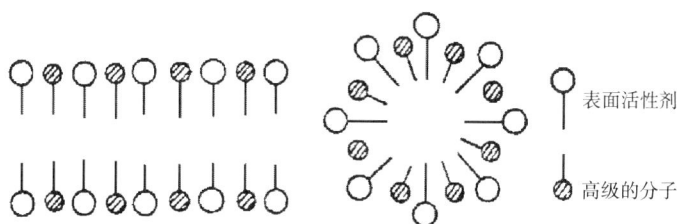

图 3-18　极性增溶

（3）吸附增溶。被增溶的分子吸附在表面活性剂的胶束表面，不渗透到胶束中去。这种类型的增溶量最小。

增溶作用对于去除污垢具有重要意义。许多不溶于水的物质，不论是液体或固体，都能程度不同地溶解在胶束中，形成热力学稳定的溶液。所以，其作用不可忽视。

增溶作用的"溶解"与普通的溶解概念是不同的。有机物溶解于混合溶剂或无机物溶解于相关的溶剂，化合物是以分子、离子的形式溶于溶剂的分子中。而增溶作用的"溶解"是难溶或不溶化合物被表面活性剂胶束"包围"后溶于溶剂中，例如，苯不是均匀分散在水中，而是分散在增溶剂分子形成的胶束中。X 射线衍射证实，增溶后的胶束有不同程度的增大。因此，只有增溶剂浓度在 CMC 以上时才有增溶作用。胶束越多，增溶能力越强，而且胶束越大，增溶能力也越强。

乳化作用、分散作用和增溶作用的共同点是，使非水溶性物质在水中均匀地乳化、分散或被溶解。但是乳浊液、悬浊液热力学不稳定，体系颜色是不透明的；而增溶作用得到的是热力学稳定体系，增溶剂和被增溶物不存在两相，溶液是透明的。乳浊液中分散的液滴尺寸大于 1nm，增溶体系中分散的化合物粒子尺寸小于 1nm，所以增溶也可看作是乳化分散的极限阶段。颗粒尺寸对乳浊液外观的影响见表 3-5。

表 3-5　颗粒尺寸对乳浊液外观的影响

颗粒尺寸	乳浊液外观
大颗粒	二相可区别
大于 1nm	乳白色
0.1~1nm	蓝白色
0.03~0.1nm	灰色，半透明
0.05nm 或更小	透明

（三）起泡作用和消泡作用

泡沫是气体分散在液体中的分散体系，其中分散相为气体，分散介质是液体。泡沫有两种聚集态：一种是稀泡沫，气体以微小的球型均匀分散在较黏稠的液体中，气泡间的相互作用力弱，因外观类似乳浊液，又被称为气体乳浊液；另一种是浓泡沫，泡沫密集，气泡间只被极薄的一层液膜隔开。浓泡沫才是真正的泡沫。

纯液体是很难形成泡沫的，因为泡沫间只有极薄的一层液膜相隔，这层液膜是很不稳定的，易被破坏。例如，纯净的水中产生的泡沫寿命非常短，一旦离开水面，在 0.5s 内马上就破碎，因此在液面上不易观察到泡沫。

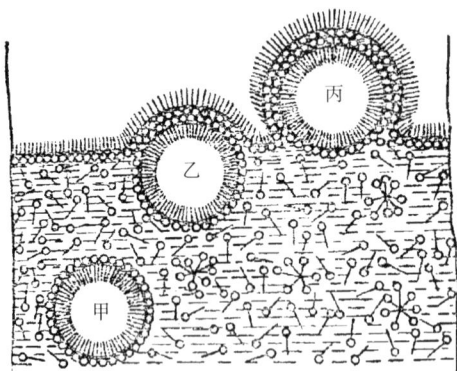

图 3-19 泡沫的生成

如果在纯水中加入少量表面活性剂，情况会发生显著的改变。在含有表面活性剂的水溶液中充入空气或施以较剧烈的搅拌，溶液内部就可形成被溶液所包围的气泡。表面活性剂吸附在水—气表面上，以疏水端指向空气，亲水端指向水，空气外面形成一层定向排列的单分子膜。由于气体与液体的密度相差很大，故在液体中的气泡会很快地上升至水面。当气泡露出水面与空气接触时，它的上面又覆盖一层表面活性剂的膜，其疏水端都指向空气，形成双分子膜，如图 3-19 所示。能够产生稳定泡沫的表面活性剂称为起泡剂。

泡沫是一个热力学不稳定的分散体系，因为系统的表面积及自由焓较大。要使泡沫稳定，应满足下面几个条件：

（1）降低表面张力并在气泡周围形成坚固的保护膜。降低表面张力，才能降低自由焓，使体系更加稳定。好的起泡剂分子是长链的，因为链越长，其分子间引力也越大，膜的机械强度就越高。

（2）液膜要有适当的表面黏度。气泡间的液膜受到两种作用力，即重力和曲面压力，它们都促使气泡间的液体流走，泡壁逐步变薄，最终导致气泡破裂。若液体有较大黏度，就不易流失，但黏度过大会使气体难以浮至表面。所以要求液体的黏度较小，而膜的黏度（表面黏度）较大。膜的表面黏度增加，表面层更加紧密，既减少了气体的渗透性，同时也增强了泡沫的稳定性。凡是能增加表面黏度的起泡剂均能生成稳定的泡沫，如带有 C_{10} 疏水基的烷基硫酸盐和烷基季铵盐型起泡剂都能形成寿命很长的泡沫。

（3）液膜表面带有电荷。用离子型起泡剂得到的泡沫，液膜的上下表面带有相同电荷。液膜受到外力挤压时，因表面同号电荷的排斥作用，可防止液膜变薄，增加了泡沫的稳定性。

泡沫的多少与去污力的大小是两回事，虽然小的污垢可以沾在泡沫上浮到洗涤剂溶液表面，但效果有限。过多的泡沫会产生很多问题，如工业洗涤时泡沫逸出洗槽、造成洗剂的浪费，上浆不均匀，印花花纹轮廓不清等。同时泡沫过多会在生产中影响工人运转操作，在废水处理中造成"泡沫公害"。因此，有些场合不希望产生泡沫。

针对泡沫稳定的原因，可采取下面的消泡方法。

（1）机械法。机械搅拌击破泡沫，或改变温度、压力，使泡沫受一定张力而破裂。

（2）消泡剂法。加入少量碳链不长（$C_5 \sim C_8$）的醇或醚，因其表面活性大，能顶走原来的起泡剂。又因其本身链短，不能形成坚固的膜，从而使泡沫易破裂。还有一种观点认为，消泡剂分子附着在泡膜的局部表面上，使泡膜局部的表面张力降低，泡膜因表面张力不均匀而破裂。常用的消泡剂 HLB 值为 1.5~3.0，有天然油脂类、聚醚类、磷酸酯类、醇类及硅树脂类等。

（四）洗涤作用

具有洗涤作用的表面活性剂称为洗涤剂。洗涤作用是通过洗涤剂溶液的作用，借助一定的机械力，把污垢从被洗涤物表面拉下来，并使污垢稳定地留在洗涤剂溶液中。洗涤作用与洗涤剂的结构性能、被洗涤物的表面性质以及污垢的性质等因素有关，是一个复杂的过程，其机理可以用下面的图解表示：

$$被洗涤物·污垢+洗涤剂溶液 \xrightarrow[\text{沉淀}]{\text{清洁}} 被洗涤物+洗涤剂溶液·污垢$$

洗涤过程经历以下步骤：

（1）洗涤剂分子或离子在污垢—水界面上发生定向吸附，降低了界面张力，使污垢润湿，如图 3-20（a）所示；

（2）在洗涤剂的润湿、渗透作用下，污垢逐渐卷缩成大小不同的半球形和球形聚集体，如图 3-20（b）所示；

（3）搅动洗涤剂溶液或用一定机械力搓洗时，污垢脱离被洗涤物表面，进入洗涤剂溶液中，如图 3-20（c）所示；

（4）在洗涤剂分子的乳化、分散、增溶作用下，污垢稳定地分散在溶液中，如图 3-20（d）所示。

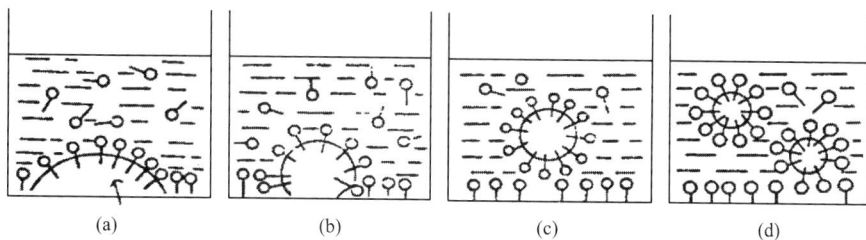

（a）　　　　　（b）　　　　　（c）　　　　　（d）

图 3-20　洗涤过程示意图

洗涤过程是一个可逆过程，污垢被分散在溶液中后，也可能会重新沉积到被洗涤物表面，发生再沾污现象。性能良好的洗涤剂，可使洗涤过程朝正向发生，需要润湿、渗透、乳化、分散、增溶作用和起泡作用的共同影响。可以说，洗涤作用是表面活性剂综合性能的表现。洗涤剂 HLB 值为 13~15，如肥皂、烷基磺酸钠、烷基苯磺酸钠等。

（五）柔软平滑作用

当金属与金属互相摩擦时，如在两者中间加些油，立刻就感到润滑，这是由于两种金属之间形成了油膜，避免了金属之间的直接接触。同样，如在纤维之间有一层薄"油膜"，纤维之间也会变得容易润滑。但是，纤维比金属柔软得多，表面粗糙，容易吸收水分，因此，一般的金属润滑剂在纤维上起不到同样的润滑效果。

能起到这种作用的表面活性剂，称为柔软剂。柔软剂在纤维表面形成定向吸附层，纤维之间不直接接触，柔软剂在中间起润滑作用，从而使纤维富有柔软性，如图 3-21 所示。

柔软剂的疏水部分为直链时，比支链的效果好。因带有支链的柔软剂在滑动时，阻力会增大，如图 3-22 所示。一般织物整理用柔软剂是阳离子或多元醇型非离子表面活性剂。合成纤维用阳离子表面活性剂更好，因为合成纤维表面一般带负电，和阳离子表面活性剂亲和性好。

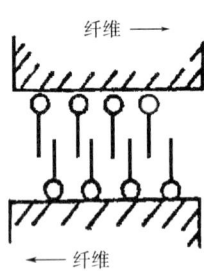

图 3-21　表面活性剂使纤维
具有润滑效果的示意图

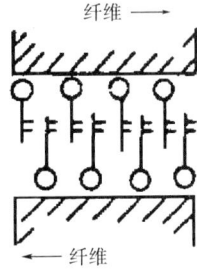

图 3-22　有支链的表面活性剂使
纤维具有润滑效果的示意图

（六）抗静电作用

物体摩擦时会产生静电。纤维与其他物质摩擦时也同样会产生静电，合成纤维比天然纤维的静电现象更突出。摩擦产生的静电给纺织加工带来困难，如纤维缠绕滚筒、难以集束，纱线毛羽增多等。制成的织物由于带电而易于吸附尘土和污垢，穿着也不舒服。

消除静电的方法有很多，其中以应用抗静电剂的方法最为简便。抗静电剂有很多种，主要以表面活性剂为主。表面活性剂的抗静电作用一般表现在以下两个方面。

（1）表面活性剂能降低纤维表面的摩擦因数，使纤维之间润滑，摩擦效应减弱，难以产生静电。

（2）表面活性剂在纤维表面形成易吸湿的薄膜，而且还有很多离子（它本身就是离子），因此，使纤维表面变成容易导电的导体，由摩擦产生的电荷，立刻逸散，不再聚集生电。

上面两种原因以哪个为主，要看纤维的处理条件，多数情况下第二种原因是主要的。用相同的抗静电剂处理时，若周围空气湿度大，抗静电效果就好；若空气十分干燥，则几乎没有效果。说明主要是第二种原因起主要作用。因此，选择抗静电剂，首先应选择其吸湿性和离子性，还要考虑其平滑性。如非离子型表面活性剂吸湿性强，多用于 20℃、相对湿度 40% 以下的环境中。甜菜碱型两性表面活性剂除具有良好的抗静电作用外，还有润滑、乳化、分散作用。

抗静电剂随着贮存时间的延长，效果逐渐衰退，衰退现象随温度升高而严重，原因还不十分清楚。永久性抗静电剂应采用热稳定性好的、不易挥发分解的表面活性剂，如嵌段聚合的非离子表面活性剂。

表面活性剂的作用还有很多，如做匀染剂、固色剂、防水剂、杀菌剂、研磨剂等。

第四节 选毛

一、选毛的目的

羊毛的品质随绵羊的品种、养羊地区气候条件以及饲养条件的不同而不同，即使在同一只羊身上，不同部位羊毛的品质也不相同。图 3-23 中各部位羊毛的品质情况见表 3-6。国产细羊毛、改良毛的套毛上各部位的质量优劣次序一般是：肩、背、体侧、腹、股。

为了合理使用原料，工厂根据工业用毛分级标准和产品的需要，将套毛的不同部位或不同品质的散毛，用人工的方法分选成不同的品级，这一工作叫选毛，也叫羊毛分级。选毛的目的是合理地调配使用羊毛，在保证并提高产品质量的同时，贯彻优毛优用的原则，尽可能降低原料成本。

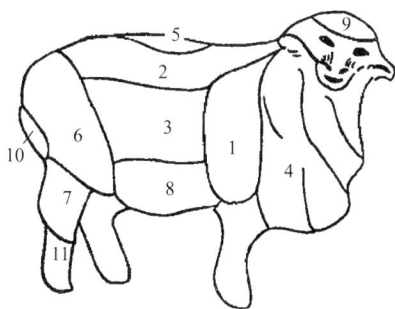

图 3-23 各部位羊毛品质分布图

表 3-6 各部位羊毛品质情况

羊身部位		羊毛品质情况
代号	名称	
1	肩部毛	全身最好的毛，细而长，生长密度大
2	背部毛	毛较粗，品质一般
3	体侧毛	毛的质量与肩部毛近似，油杂略多
4	颈部毛	油杂少，纤维长，结辫，有粗毛
5	脊毛	松散，有粗腔毛
6	胯部毛	较粗，有粗腔毛，有草刺，有缠结
7	上腿毛	毛短，草刺较多
8	腹部毛	细而短，柔软，毛丛不整齐，近前腿部的毛质量较好
9	顶盖毛	含油少，草杂多，毛短，质次
10	臀部毛	带尿渍粪块，脏毛，油杂重
11	胫部毛	全是发毛和死毛

二、绵羊毛的分类

同质羊毛按型号、规格分类，见表 3-7。

异质羊毛中的改良羊毛技术要求见表 3-8。

表 3-7 同质羊毛按型号、规格分类

型号	规格	考核指标						
		平均直径范围/μm	长度			粗腔毛或干死毛根数百分数/% ≤	疵点毛质量分数/% ≤	植物性杂质含量/% ≤
			毛丛平均长度/mm ≥	最短毛丛长度/mm ≥	最短毛丛个数百分数/% ≤			
YM/14.5	A	≤15.0	70	40	2.5	粗腔毛 0	0.5	1.0
	B		65					
	C		50					
YM/15.5	A	15.1~16.0	70					1.0
	B		65					1.5
	C		50					
YM/16.5	A	16.1~17.0	72					1.0
	B		65					1.5
	C		50					
YM/17.5	A	17.1~18.0	74					1.0
	B		68					1.5
	C		50					
YM/18.5	A	18.1~19.0	76					1.0
	B		68					1.5
	C		50					
YM/19.5	A	19.1~20.0	78					1.0
	B		70					1.5
	C		50					
YM/20.5	A	20.1~21.0	80					1.0
	B		75					1.5
	C		55					
YM/21.5	A	21.1~22.0	82	50	3.0			1.0
	B		74					1.5
	C		55					
YM/22.5	A	22.1~23.0	84					1.0
	B		76					1.5
	C		55					
YM/23.5	A	23.1~24.0	86					1.0
	B		78					1.5
	C		60					
YM/24.5	A	24.1~25.0	88					1.0
	B		80					1.5
	C		60					

续表

型号	规格	考核指标						
		平均直径范围/μm	长度			粗腔毛或干死毛根数百分数/% ≤	疵点毛质量分数/% ≤	植物性杂质含量/% ≤
			毛丛平均长度/mm ≥	最短毛丛长度/mm ≥	最短毛丛个数百分数/% ≤			
YM/26.0	A	25.1~27.0	90	60	4.5	干死毛 0.3	2.0	1.0
	B		82					1.5
	C		70					1.5
YM/28.0	A	27.1~29.0	92					1.0
	B		87					1.5
	C		70					1.5
YM/31.0	A	29.1~33.0	110	70				1.0
	B		90					1.5
YM/35.0	A	33.1~37.0	110					1.5
	B		90					1.0
YM/41.5	A	37.1~46.0	110					1.0
	B		90					1.5
YM/50.5	A	46.1~55.0	110					1.0
	B		90					1.5
YM/55.1	A	≥55.1	60	—	—	干死毛 1.5		—
	B		40	—	—	干死毛 5.0		—

表 3-8 改良羊毛技术要求

等别	毛丛平均长度/mm	粗腔毛或干死毛根数百分数/%
改良一等	≥60	≤1.5
改良二等	≥40	≤5.0

三、选毛的要求

选毛时人工对羊毛分品级：根据工业用毛分级标准和产品需要，将套毛分选成不同的品级；选毛工在分类时抖掉纤维中的尘土灰杂；同时挑选出黄残、毡片、霉变等疵点毛，以及羊毛中不允许的杂质，如沥青、麻丝、草梗等。

为了做好选毛工作，选毛工必须具备熟练的选毛技能：有敏锐的眼力，能正确和迅速地辨别羊毛品质（如细度、长度、卷曲、油汗、色泽等）的差异；有灵敏的触觉，能用手察觉羊毛的柔软度；熟悉套毛上各部位羊毛的品质情况；熟悉羊毛品质与产品的关系，能够按工厂生产要求和分级标准分选羊毛。

选毛工作台尺寸一般为 2.1m （长）×1.25m （宽）×0.8m （高）。台上装有铁丝网，网孔直径 6~8mm。选毛工抖动羊毛，砂土杂质从网孔中漏下，网下装有吸尘装置。

选毛场所要有良好的采光，这是分选工作做得正确的主要条件之一。采光应以天然光为主，日光不宜直射，通常采用侧面采光和上部采光。选毛车间一般取北光，以达到采光均匀的要求。若使用灯光照明，照度要求 500lx，荧光灯 40W 双支。

选毛车间的温度，冬季不低于 22℃，夏季在 32℃以下。

此外，为了提高选毛效率，同时确保工人身体健康，工作场所应有良好的通风。每个选毛工的供风量为 1000~1300m³/h，选毛台台面上的风速至少应达 20cm/s，空气含尘量不能超过 10mg/m³。

四、羊毛消毒

有些羊毛是从患有布鲁氏病或炭疽病的羊身上剪下的，这种羊毛带有布氏杆菌或炭疽杆菌。工人长时间与这种带菌的羊毛接触，细菌会通过皮肤伤口或消化道侵入人体，使人患上布鲁氏病或炭疽病。为了解决这个问题，做好劳动保护，一方面要给长期接触原毛的职工打预防针，另一方面则是采取一定的方法对羊毛进行消毒。

给羊毛消毒的方法主要有以下几种。

（1）高温消毒。这两种病菌不耐高温，可以采用 80℃以上的高温对羊毛进行消毒。

（2）化学药品消毒。化学药品消毒有两种方法：一种方法是将羊毛装入密闭箱中，放入环氧乙烷，使其渗透到羊毛中将菌杀死。这种方法消毒不彻底，也不安全。另一种方法是将洗净毛用 2.5%的甲醛溶液在 43℃下经两槽处理，每槽处理 10min，然后烘干，细菌即被杀死。这种方法适合于处理洗净毛，不适用于大量原毛的消毒。

（3）X 射线照射。X 射线照射的消毒效果较好，但大量的 X 光源不好解决。

（4）钴 60 辐射法。钴 60 辐射法是一种比较理想的消毒方法。它利用钴 60 放射出的 γ 射线杀菌。γ 射线能量大，穿透力强。经试验，当照射剂量达 11 万伦琴时，可使每毫升 10 亿~15 亿布氏杆菌全部杀死。这样的照射剂量对羊毛及其制品的机械及工艺性能无不良影响。但是，钴 60 射线对人体有损害，辐射室必须有严密的安全防护措施。且投资费用大，不适合中小厂使用。

（5）原毛储存。据试验，原毛储存 6 个月，能杀菌 90%；原毛储存 9 个月，能杀菌98%。合理储存原毛，是防止病菌感染的一种简便易行的方法。

第五节　开毛、洗毛、烘毛

一、原毛表面污染物

原毛表面有各种类型的污染物，它们是在羊毛生长过程中，日积月累地沉积下来的。它们在羊毛表面的附着状态非常复杂，相互混合在一起成为一体，近似"混凝土"结构。

1. 羊毛脂

羊毛脂是羊只脂肪腺的分泌物，它随着羊毛的生长沾附在羊毛纤维的表面。羊毛脂使羊毛沾结成毛束，减少羊毛对外界的暴露面积，防止尘砂进入，并且可以保护羊毛的物理化学性质。所以在羊种培育中要注意使羊毛具有一定的含脂量。含脂量过小，影响羊毛的物理化学性质；含脂量过高，则影响净毛率。一般细羊毛含脂量较高，粗羊毛含脂量较低，土种毛的含脂率更低。

羊毛脂的主要成分是高级脂肪酸和高级一元醇。酸和醇既有结合成酯的状态存在，也有以游离状态存在。所以羊毛脂是高级脂肪酸、酯和高级一元醇的复杂混合物，其中高级脂肪酸类约占 45%~55%，高级一元醇类约占 45%~55%。

羊毛脂的性质如下。

（1）羊毛脂的颜色为乳白色、浅红色、深褐色。颜色越深，含杂越高。

（2）羊毛脂的熔点为 37~45℃，所以在常温下羊毛脂为黏稠状物质。洗毛温度应高于羊毛脂的熔点。

（3）羊毛脂比水轻，密度为 $0.93~0.97 \text{g/cm}^3$。

（4）羊毛脂中的脂肪酸中有羧基，一元醇中有羧基，它们都是亲水的，所以有可溶性。但是这两种物质的疏水部分，即长的碳氢链或复杂的环状结构在分子结构中占优势，所以羊毛脂并不能溶于水，只能溶于疏水的非极性溶剂中，如苯、乙醚、己烷等。

（5）羊毛脂中的高级脂肪酸遇碱能起皂化作用，生成肥皂溶于水中。但是高级一元醇遇碱不能皂化，所以洗毛时单纯用碱不能将羊毛脂洗净，必须用洗剂、并采用乳化的办法才能去除羊毛脂。

$$RCOOH+NaOH \rightarrow RCOONa+H_2O$$
皂化作用

2. 羊汗

羊汗是羊只汗腺的分泌物。它的含量随羊的品种、年龄而不同。一般细羊毛羊汗含量低，粗羊毛羊汗含量高。

羊汗主要由无机酸钾盐组成，其中碳酸钾含量多达 85% 以上，其余是钠、铁、铝、钙和镁等的无机盐。

羊汗易溶于水，尤其易溶于温水，在洗毛时易于去除。羊汗中的碳酸钾遇水生成氢氧化钾，可以皂化羊毛脂中的游离脂肪酸，生成钾皂。洗毛时第一槽一般不加洗剂，也能去除部分羊毛脂，这主要是羊汗的作用，称为"羊汗洗毛法"。羊汗也被称作是"弱的洗涤剂"。

$$K_2CO_3+2H_2O \rightarrow 2KOH+H_2CO_3$$
$$KOH+RCOOH \rightarrow RCOOK（钾皂）+H_2O$$
羊汗洗毛法

3. 土杂

风吹到羊毛上或羊躺在地上时沾上的砂土杂质，主要与绵羊品种、产地的自然条件以及饲养管理水平有关。如我国新疆地区多碱性土壤，羊只受生活环境的影响，羊毛上的土杂碱性较大。

土杂的主要成分有 CaO、MgO、SiO_2、Fe_2O_3、Al_2O_3 等。

土杂大多以颗粒状出现，大颗粒易于在水中沉降去除，小颗粒土杂不易去除，对洗毛影响较大。

土杂在原毛表面的存在状态有以下四种。

（1）夹杂于纤维之间。这是一种宏观吸附的状态，与纤维之间联系力较弱。在开毛过程中，随着纤维的松解，这种土杂中的大部分可以被去除。

（2）黏附于油性污垢上的土杂。这部分土杂主要在洗毛过程中去除，少部分在开松打土过程中去除。

（3）被油性污垢包围的土杂。这部分土杂主要在洗毛过程中去除，随着油性污垢的熔融，与油性污垢一起脱离羊毛纤维表面。

（4）以静电吸附于纤维表面的细小尘土。这些土杂与纤维间有较强的联系力，一般较难去除。洗净毛表面剩余土杂大多为这种土杂。

4. 蛋白质污染物（PCL）

原毛中的蛋白质污染物来源于羊身上的皮脂腺、汗腺、内根鞘及表皮老化细胞等。主要组成成分是细胞碎片和软角蛋白等。

蛋白质污染物分为可溶性和不溶性两部分，其中45%是可溶的。可溶性蛋白质污染物的膨胀系数与羊汗的膨胀系数相近，不溶性蛋白质污染物的氨基酸组成类似于羊毛的表皮鳞片。

羊毛纤维表面的蛋白质污染物与羊毛脂混合在一起，且与羊毛脂中的高级一元醇、高级脂肪酸之间形成交联。这种交联物质在洗液中不易溶解。研究表明，洗净毛的白度与洗净毛表面蛋白质污染物的残留量大小密切相关。因此，洗毛时应特别注意蛋白质污染物的有效去除。

5. 植物性杂质

羊吃草或躺在草地上而沾到羊毛上的草叶、草秆、草籽、小树枝等物质。主要成分是纤维素及其伴生物。

利用羊毛与植物性杂质的质量、体积的不同，采用机械、气流的方法除去植物性杂质，若羊毛中含有的植物性杂质过多，则需在初步加工中的炭化工序中去除，利用的是纤维素与蛋白质化学性质上的差异。

6. 其他杂质

羊的粪便和尿液可以对羊毛造成不同程度的污染。羊粪尿的主要成分是尿素、尿酸等。羊毛长期接触后会形成尿黄毛，影响洗净毛的白度和质量。洗毛时一般无法去除羊粪尿杂质，只能在选毛时挑出。

原毛上的标记颜料和残余药物，在洗毛工序中也是无法去除的，最好是在选毛时拣出。

二、开松除杂作用

分选后的原毛多为块状，纤维间联系较紧，且其中夹有大量杂质。由开毛机对毛块进行开松和除杂，将较大毛块分解成较小的毛块或纤维束，并最大限度地去除砂土杂质，以减轻洗毛的负担，提高洗毛机生产效率。如将分选后的原毛直接进行洗涤，不但会消耗过多的洗剂，而且不易洗净，难以达到洗净毛松散、洁白的要求。尤其是含砂土杂质多的原毛，如果开毛打土效果不好，即使洗毛时多用洗剂、提高洗毛温度，也难以洗净。

而且，开松后的毛块小而松，易被轧干，可较均匀地进入烘干机，从而提高烘燥效率和质量，节约蒸汽。此外，小而松的洗净毛还有利于炭化、和毛等工序的顺利进行。

开松、除杂作用的实质，是利用一定机件的相互作用，对毛块进行撕扯、打击和撞击，破坏纤维之间及纤维与杂质之间的联系力，从而使大毛块逐步松解、分离成小毛块和毛束，同时排出羊毛中的砂土杂质。

开松是除杂的前提，只有充分开松，才能彻底除杂。

按工作机件对羊毛的作用性质，开松分为扯松和打松。扯松作用是以机件上的钉齿刺入毛块内部，使之分离成较小的毛块，可以由一个有角钉或针齿的机件对原料进行撕扯、松解，也可以由两个有角钉或针齿的机件在相对运动时对原料进行撕扯、松解。打松作用是用高速回转的打击机件（也称打手）上的刀片、翼片、角钉或针齿对原料进行打击，造成纤维振荡，破坏纤维之间和纤维与杂质之间的联系力，达到松解纤维块和除去杂质的目的。打松通常是在扯松的基础上进行的。

开毛机上的物理除杂，是利用机械、气流或机械—气流相结合的方式来除去植物性杂质、矿物性杂质的。机械除杂是与开松同时进行的，即一边开松、一边除杂。一般杂质是黏附、包裹在纤维中的，纤维块的开松减弱了杂质与纤维之间的联系，在打击力的作用下，杂质获得比纤维更大的动量，一些大的、黏附力弱的杂质，首先从纤维中分离出来。机械除杂的本质是利用纤维与杂质的质量（密度）不同，在加工过程中受到的打击力、加速度、动量不同，使得联系力较弱的杂质从纤维中分离出来，达到除杂的目的。

三、洗毛原理

洗毛，即利用机械与化学相结合的方法，去除羊毛脂、羊汗以及沾附的杂质。羊毛上沾附的各种污染物性质各异，要去除这些杂质，必须采用一系列物理、化学的方法，伴随机械的作用才能做到，所以洗毛是一个很复杂的过程。

通过高倍显微镜观察，羊毛去污的动态过程如图 3-24 所示。

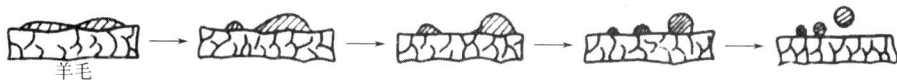

图 3-24　羊毛去污的动态过程

欲去除羊毛上的脂、汗和土杂等，首先要破坏油污与羊毛的结合力，降低或削弱它们之间的引力。因此，去污过程的第一阶段是润湿羊毛，使洗液渗透到油污与羊毛联系较弱的地方，降低它们之间的结合力，这个阶段称为引力松脱阶段。第二阶段为油污与羊毛表面脱离，并转移到洗液中去。这主要是由于洗剂和机械作用的存在，降低了油污与羊毛间的黏附力。第三阶段为转移到洗液中的油污，稳定地悬浮在洗液中而不再回落到羊毛上，防止羊毛再沾污，这主要是由于洗剂溶液具有乳化、分散、增溶、起泡等作用。

1. 羊毛的润湿

洗液润湿羊毛是洗毛的第一阶段。使洗液浸透毛块，用洗液—羊毛的界面代替空气—羊毛的界面。润湿是羊毛去污的先决条件。

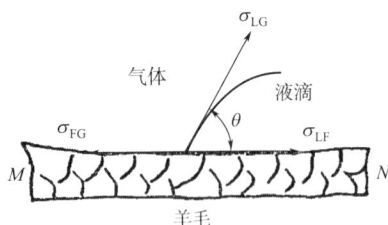

图 3-25 接触角与润湿的关系

如图 3-25 所示，一根羊毛的表面 MN 上有一液滴。当处于平衡状态时，羊毛、液滴、空气三相交界点处引切线，σ_{FG}、σ_{LF}、σ_{LG} 分别代表羊毛—空气、液体—羊毛、液体—空气之间的表面张力或界面张力，θ 为接触角。

根据杨氏方程，接触角与各表面张力之间的关系如下式：

$$\sigma_{FG} = \sigma_{LF} + \sigma_{LG}\cos\theta \tag{3-19}$$

或

$$\cos\theta = \frac{\sigma_{FG} - \sigma_{LF}}{\sigma_{LG}} \tag{3-20}$$

接触角 θ 可以衡量洗液对羊毛的润湿程度。影响 θ 值大小的三个表面张力中，σ_{FG} 由羊毛的种类决定，不易测量，通常为一常数。因此 θ 的大小受到 σ_{LF} 和 σ_{LG} 的影响。σ_{LF} 和 σ_{LG} 越小，则 $\cos\theta$ 越大，θ 越小，越有利于润湿。

在水中加入表面活性剂后，洗液的表面张力 σ_{LG} 显著下降。如加入 0.2% 左右的油酸皂，能将水的表面张力自 73mN/m 降至 29mN/m 左右。提高洗液的温度，能使位于液体表面的分子动能增加，有利于挣脱液体内部的吸引，也能降低表面张力。如 0℃时水的表面张力为 75.64mN/m，60℃时则降为 66.18mN/m。

根据式（3-12）得铺展系数 φ 为：

$$\varphi = W_a - W_c = (\sigma_{FG} - \sigma_{LF}) - \sigma_{LG}$$

当 $\varphi > 0$ 时，$\sigma_{FG} - \sigma_{LF} > \sigma_{LG}$，洗液在羊毛表面自动铺展。$\varphi$ 值越高，润湿性越好。

2. 羊毛的溶胀

在羊毛润湿的同时，发生一些化学变化，羊毛上能溶解于水的物质溶于水中。

由于润湿的结果，羊毛发生溶胀，横向大约膨胀 18%~20%，长度方向膨胀 1%~2%，于是羊毛表面发生龟裂现象，为油污的去除创造了条件。

洗液温度越高，羊毛越易溶胀。

3. 油污与羊毛的分离

羊毛纤维溶胀后，纤维表面原来平铺的油污层发生分裂，洗液优先润湿羊毛纤维表面，然后进入油污与羊毛连接的缝隙中，把油污顶替下来，使油污"卷缩"起来而去除，这就是洗毛的"卷离"理论。油污的卷离过程如图3-26所示。

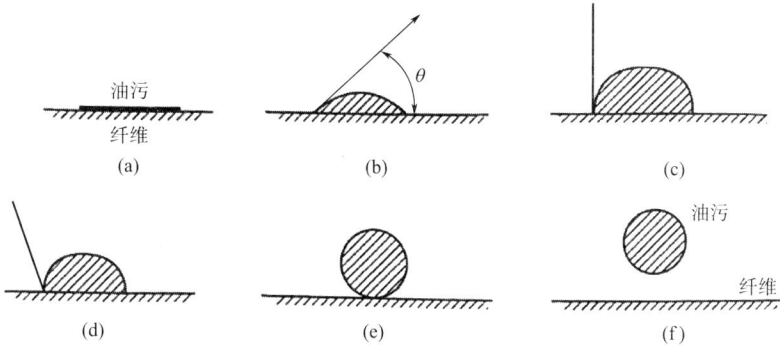

图3-26 油污的卷离过程

各相界面张力如图3-27所示。

各相界面张力之间的关系为：

$$\sigma_{LF} = \sigma_{OF} + \sigma_{OL}\cos\theta$$

$$\cos\theta = \frac{\sigma_{LF} - \sigma_{OF}}{\sigma_{OL}}$$

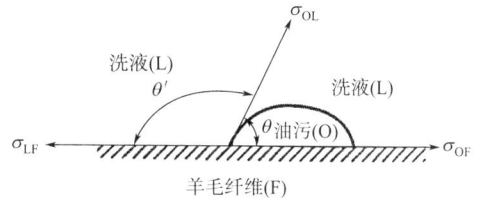

图3-27 洗液中的各相界面张力

式中：σ_{LF} 为洗液—纤维的界面张力；σ_{OF} 为油污—纤维的界面张力；σ_{OL} 为油污—洗液的界面张力；θ 为纤维与油污的接触角。

θ 反映了纤维与油污的接触程度。当 $\theta = 0°$ 时，$\cos\theta = 1$，油污在羊毛表面处于铺展状态；当 $\theta = 180°$ 时，$\cos\theta = -1$，油污卷离羊毛表面。

图3-27中的 θ' 是纤维与洗液的接触角，反映了纤维与洗液的接触程度。θ 越大，θ' 越小，纤维与洗液接触越完全，与油污越分离。

当油污在纤维表面逐渐卷缩，洗液—纤维界面逐步替代油污—纤维界面过程中，接触角 θ 逐渐变大，直至 $\theta = 180°$。此时洗液完全润湿纤维表面，油污变成油珠而自行从纤维表面脱离。油污与羊毛的分离过程在一定程度上能自发地完成。

油污自发脱离纤维表面的条件为 $\theta = 180°$，$\cos\theta = -1$，即 $\sigma_{LF} + \sigma_{OL} = \sigma_{OF}$。

当 $\theta < 180°$ 时，$\cos\theta > -1$，$\sigma_{LF} + \sigma_{OL} > \sigma_{OF}$，油污不能自发脱离表面。加入洗涤剂，降低洗液—纤维的界面张力 σ_{LF}，有利于油污的卷离。也可以在洗涤时施加适当的机械作用，如水流冲击、机械力等，也有利于此过程的自发进行。

在洗涤过程中，碱与羊毛脂所起的化学反应可深入油脂的内部，加上羊毛的溶胀，使羊毛表面出现很多缝隙，洗剂分子乘隙而入，再加上机械作用，有助于油污从羊毛上去除。

土杂的去除与油污相似，也是因为洗液表面张力的降低，大大降低了土杂与羊毛的黏附力，并在机械或水流冲力的作用下，比较容易地剥除下来。土杂是由许多小尘粒组成的，最

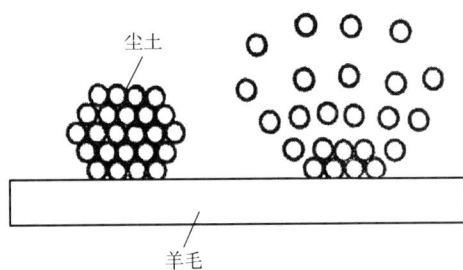

图3-28 固体微粒的去除

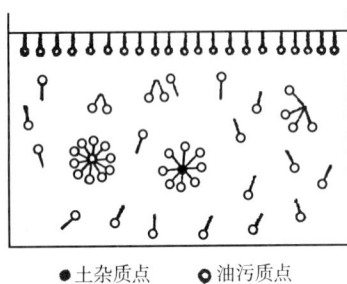

●土杂质点 ○油污质点

图3-29 油污的悬浮与稳定

下面一层黏附在羊毛上，其余则堆集在上面，如图3-28所示。洗剂分子的润湿性破坏了固体微粒之间的内聚力，因而洗剂分子渗入固体粒子的缝隙里，使聚集的粒子破裂成微小的质点并分散到洗液中。

4. 油污、土杂的悬浮与稳定

附着在羊毛表面的油污和土杂被洗剂溶液从羊毛上剥离，并在机械作用下，被分成很小的微粒。要使这些微粒不再聚合，防止再沾污羊毛，必须在微粒表面形成保护膜，形成稳定的乳浊液或悬浊液，如图3-29所示。

在洗液中，洗剂分子的疏水端吸附在油污/土杂质点的外面，形成一层洗剂分子的定向吸附层，从而降低了油污/土杂和洗液间的界面张力。在机械作用的辅助下，使油污/土杂形成更小的质点分散于洗液中。由于洗液有一定浓度，所以吸附层表面膜有一定的牢度，而且吸附层中亲水端具有电离效应和水合作用，所以质点不易并合，形成稳定的乳浊液和悬浊液，使油污和土杂质点稳定地悬浮在洗液中。

5. 增溶作用

油污和土杂是不溶于水的，但可以通过洗剂的增溶作用溶解于水中，成为热力学稳定体系，从而使油污、土杂不再沉积到纤维表面，提高了洗涤效果。

图3-14中，当洗剂浓度低于CMC时，去污力随洗剂浓度增加而增加；但当洗剂浓度大于CMC时，去污力增幅缓慢。这表明，增溶作用在洗涤去污过程中并不是主要的。然而，曾观察到非离子表面活性剂浓度在CMC以上时，油污的去除率明显地随浓度增加而增加，因此对非离子表面活性剂作为主表面活性剂的洗涤剂，增溶作用可能是去除油污的主要因素。

6. 泡沫作用

当洗液受到搅动或其他作用时，空气进入洗液，洗剂分子疏水端指向空气、亲水端指向水，在空气外面形成一层定向排列的吸附膜，从而形成泡沫。泡沫上浮到洗液表面时，外面有两层膜，疏水端都指向空气。

泡沫在洗涤中的作用是携污，油污质点沾在泡沫表面，并上浮到洗液表面，称为浮选。泡沫的存在能在一定上程度上提高去污能力，但泡沫过会多给生产带来不便。

7. 机械作用

机械作用是保证洗毛质量的重要条件。洗毛机上的机械作用主要表现在浸润器、洗毛耙对羊毛的浸渍和推动，轧水辊对羊毛的挤压和水流的冲击，进入洗毛槽处喷水管水流对羊毛的冲击等。机械作用有利于去除油污，但要防止引起羊毛毡缩。

总之，洗毛是一个非常复杂的物理、化学和机械作用的过程，是润湿、渗透、乳化、分散、增溶和浮选等作用的综合体现，是洗剂分子和胶束共同作用的结果，同时离不开机械作用。

四、烘干原理

从洗毛机最后一槽轧水辊输出的洗净毛，含水率在40%左右，不便于贮存和运输，也不能进行后道加工，必须进行烘干。烘干是在不损伤羊毛纤维品质的前提下，采用最快、最经济的干燥方法，使羊毛含水率降低到符合生产和贮存的水平。一般出机回潮率控制在（16±3）%。

羊毛的烘干实质上是一种放湿过程。毛层表面的水蒸气分压力大于空气中的水蒸气分压力，羊毛表面的水分借助于压力差汽化进入空气中，此压力差越大，烘干速度就越快，效率也越高。此时毛层内部与表面出现水分浓度梯度，羊毛内部的水分借扩散作用向表面传递，而后汽化。如此不断连续作用，水分就不断汽化，直至羊毛表面的水蒸气分压力等于空气中的水蒸气分压力时形成平衡状态，烘干终止。此时羊毛所含水分为平衡水分，其大小与空气的温度、湿度有关。

烘干过程中温度的变化可分为四个阶段，如图3-30所示。

$T_1 \sim T_2$ 为升温阶段，水分汽化作用甚微。到 t_2 点时，羊毛表面的水蒸气分压力大于空气中的水蒸气分压力，水分开始汽化。$V_1 \sim V_2$ 为升速阶段。

$T_2 \sim T_3$ 为恒温阶段，水分汽化，热空气给予毛块的热量等于毛块表面蒸发水分带走的热量。$V_2 \sim V_3$ 为恒速阶段，此时速率的大小取决于水蒸气分压力之差。

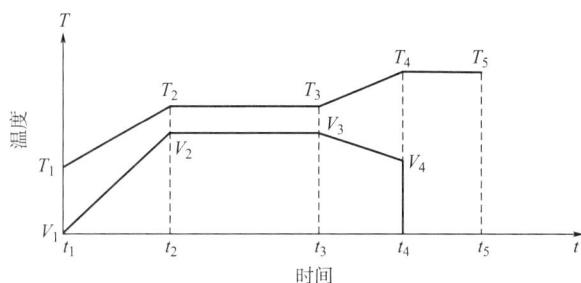

图3-30　羊毛烘干过程中温度的变化以及烘干速度变化

$T_3 \sim T_4$ 为再升温阶段，此时毛块表面水分已大部分蒸发，水分带走的热量低于热空气给予的热量。该阶段促使毛块内部水分向外扩散传递，再由表面汽化。$V_3 \sim V_4$ 为降速阶段，毛块内部水分向外扩散、传递的速率小于毛块表面水分汽化速率，水蒸气分压力减小。

$T_4 \sim T_5$ 为均匀烘干阶段，羊毛表面温度等于热空气温度。

羊毛烘干时间的长短，反映了烘干过程的效率。烘干时间主要与毛块含水量有关，其关系式如下：

$$T = e^{0.129w+b}$$

式中：w 为羊毛的含水率（%）；b 为烘干系数，与热空气性质有关，$b \approx 0.030 \sim 0.078$。

影响烘干效果的因素如下。

（1）进机羊毛回潮率。轧水辊去掉的水分越多，烘干所需去除的水分就越少，烘干效果越好。

（2）烘干机的喂入量。喂入量不稳定，造成出机回潮率不稳定。

（3）烘干机类型。烘干机有圆网式和单层帘子式（履带式）两种类型。圆网式烘干机为抽吸式烘干，蒸发量高 [20~30kg/（m²·h）]，功率大，耗电多；单层帘子式烘干机蒸发量低 [10~15kg/（m²·h）]，耗电少。

（4）烘干机运转条件。

①热空气温度。蒸汽压力 700kPa 即可。

②热空气湿度。适宜的绝对湿度为 0.16kg/kg。

③热空气流速。烘干机配有风扇，使机内产生气流，提高蒸发能力，但耗电大。

大多数烘干机在运转中把大约 10% 的空气通过排气筒排出，90% 在机内循环作用。

五、开洗烘联合机

目前国内洗毛机多为耙式联合洗毛机，由开毛、洗毛、烘毛三部分联合组成，称为开洗烘联合机。开毛部分为多辊开松机、双锡林开毛机或三锡林开毛机。洗毛部分多为五槽，第一槽浸润槽，第二、三槽洗涤槽，第四、五槽漂洗槽。烘毛部分为单层帘子式或圆网式烘干机。

LB023 型洗毛联合机是我国目前普遍使用的洗毛设备。全机由 B034-100 型喂毛机、B044-100 型三锡林开毛机、B052-100 型五槽洗毛机和 R456 型圆网烘干机组成。羊毛喂入及各部分的连接都采用喂毛机。图 3-31 所示为 LB023 型洗毛联合机示意图。

1. B034-100 型喂毛机

B034-100 型喂毛机如图 3-31 所示，喂毛机由水平帘、角钉斜帘、角钉均毛帘 2、剥毛辊组成，其中水平帘、角钉斜帘和机侧的墙板组成毛箱。

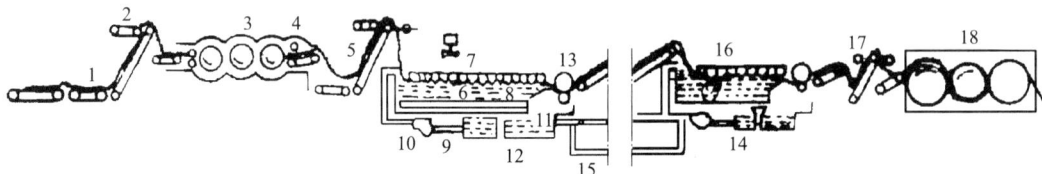

图 3-31　LB023 型洗毛联合机示意图

1，5—B034-100 型喂毛机　2—均毛帘　3—B044-100 型开毛机　4—尘笼
6—B052-100 型洗毛槽（5个）　7—曲轴式耙架　8—自动翻泥机　9—气动排泥阀
10—循环泵　11—辅助槽　12—溢水管　13—轧辊　14—手动排泥阀　15—回水系统
16—自动温控系统　17—喂毛机　18—R465 型圆网烘干机

B034-100 型喂毛机容量较大，可装 400kg 羊毛。为了保证喂毛均匀，水平帘分两段：第一段作间歇运动，由人工通过电磁开关控制，使其定时、间歇喂毛，以防止过多的羊毛压向角钉斜帘；第二段水平帘作连续运动，以保证喂毛均匀、适量。毛箱内羊毛由水平帘送向角钉斜帘，被角钉斜帘上的角钉抓取后，随斜帘缓慢上升。均毛帘 2 上植有一定密度、与帘子

棒垂直的角钉，它的作用是将角钉斜帘上过多的羊毛剥下，打回毛箱，以保证角钉斜帘挂毛厚薄均匀。未被均毛帘打下的毛块受到斜帘角钉和均毛帘角钉的相互作用而被撕成小块，然后由剥毛辊剥下后落到 B044-100 型开毛机的水平帘上，由水平帘输送给开毛机的喂毛罗拉。

2. B044-100 型开毛机

B044-100 型三锡林开毛机如图 3-32 所示。喂毛机送出的羊毛喂给开毛机的喂毛罗拉 1，为防止下罗拉绕毛，其下方装一铲刀 6，随时将绕在罗拉上的羊毛铲去。羊毛在喂毛罗拉的握持下，接受第一锡林 2 上角钉强烈的打击开松。毛块一方面随锡林回转产生的气流向前，接受第二锡林的开松，另一方面在锡林回转离心力的作用下甩向尘格 7，受到撞击而抖落一部分杂质。在相邻两个锡林之间，毛块在自由状态下接受打击开松。细小的杂质通过尘笼 3 表面网孔经尘笼内两侧由风扇吸走，松散的毛块由输毛帘 4 输出，通过 B034-100 型喂毛机进入 B052-100 型洗毛机。开毛机开松过程中落下的土杂由输土帘 5 输出，或用地坑式吸风排杂装置，使尘杂由管道从地下送往尘室。前者适用于潮湿地区，后者适用于干燥地区。

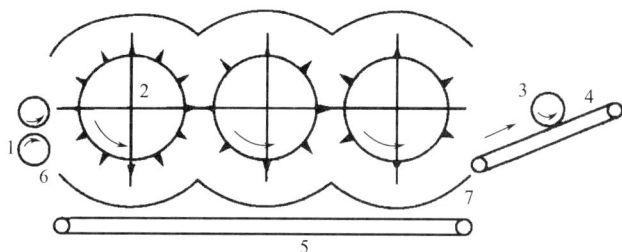

图 3-32　B044-100 型三锡林开毛机示意图
1—喂毛罗拉　2—开毛锡林　3—尘笼　4—输毛帘　5—输土帘　6—铲刀　7—尘格

B044-100 型三锡林开毛机开松作用缓和，对纤维损伤小，有较高的除杂效率（可达 18%）。喂毛罗拉使用弹簧加压，并用变速电动机单独传动。该机结构简单，调速容易，操作方便。采用抽斗式尘格，有利于清洁工作，圆形尘棒，尘棒之间隔距有 8mm、12mm 两种，以适应加工不同长度的原毛，漏底隔距合适，使落杂中的含毛率减少到约 0.08%。

3. B052-100 型耙式洗毛机

洗毛机共有五槽，每槽结构和工作情况基本相同，如图 3-33 所示。只是第 3~5 槽没有自动除泥机构。

羊毛由喂毛机的喂毛帘 1 送入洗毛槽 2，先经浸润器 3 压入洗液中浸润，然后被洗毛耙 4 推着缓慢向前边洗边浸，最后被出毛耙 5 耙出洗毛槽，送入一对轧水辊 6，轧出毛中所含的大部分水分，然后被送入下一槽再洗。污水经带孔的假槽底 7 流入槽底，其中泥沙杂质沉淀而落入下面的自动排泥管 8 中，由泄泥阀 9 排出机外。经沉淀的洗液和由轧水辊 6 轧出的洗

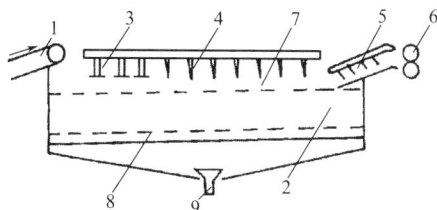

图 3-33　B052-100 型耙式洗毛机结构示意图
1—喂毛帘　2—洗毛槽　3—浸润器　4—洗毛耙
5—出毛耙　6—轧水辊　7—假槽底
8—自动排泥管　9—泄泥阀

液经边槽由水泵打入洗毛槽内回用。

4. R456 型圆网烘干机

R456 型圆网烘干机采用吸入式圆网滚筒、热空气烘干纤维，结构如图 3-34 所示。

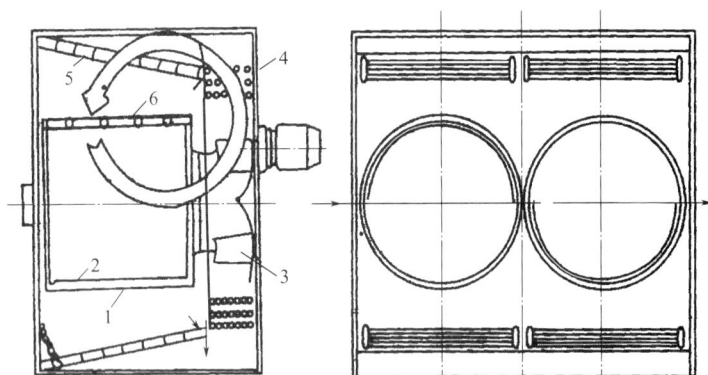

图 3-34　R456 型圆网烘干机

1—圆网滚筒　2—密封板　3—风机　4—加热器　5—导流板　6—羊毛层

　　烘房横向分主室和侧室两部分，用隔板隔开。主室中有圆网滚筒 1，圆网半内壁有密封板 2、导流板 5；侧室内装有离心风机 3、加热器 4。每个圆网配备一台风机；共有三个圆网，每只直径为 1400mm，表面密布 44 万个孔径为 3mm 的小孔，在风机压力的作用下，将圆网内的潮湿空气抽出，而圆网外较干燥的热空气克服羊毛的阻力，通过圆网上的小孔进入圆网内。被抽出的空气经加热器 4 加热后，借导流板 5 再次吹向羊毛层 6，进入圆网内。这样反复循环的结果，羊毛中的水分就被汽化了。一小部分热空气由于排气风机的作用，向下一个圆网前进，湿度逐渐加大，最后排出机外。圆网表面有一半是非工作面，靠内壁的密封板 2，使热空气不能进入圆网内。相邻两只圆网的密封板上下交错配置，当羊毛随同圆网回转到密封板的部位时，将因失去吸引力而脱落，立即被反方向回转的另一个圆网吸附过去，从而完成毛层换向的烘干过程。导流板 5 的作用是引导热风吹向圆网表面，并使热风沿毛层宽度方向均匀分布。

　　圆网烘干机的工作特点如下。

　　(1) 热空气垂直穿过毛层，加大了相互间的热交换面积，易于打破羊毛表面的湿空气膜，可提高烘干效率。

　　(2) 毛层从一个圆网转移到另一个圆网上时是换向的，即热空气从正反面交替通过毛层，有利于均匀干燥，烘干效率高。

　　(3) 有较高的热交换效率，烘干时间短，纤维受损小、毡并少，热能消耗少。

　　(4) 电量消耗较大，且圆网易被油污堵塞而产生气流短路，以至于羊毛不能很好地贴伏在圆网上造成落毛现象，甚至发生机械故障。

六、洗毛工艺

　　洗净毛质量的好坏，直接影响到后道工序加工的顺利与否以及产品质量的优劣。应根据原毛所含油汗、土杂的含量和性质，结合实际经验，制定出合理的洗毛工艺。在洗毛过程中，既要节约洗剂和水，又要减少纤维的机械及化学损伤，使洗后羊毛保持固有的弹性、强度、色泽和吸色力等特征，外观洁白，松散，不毡并，手感不粗糙等。

（一）羊毛脂、土杂对洗毛工艺的影响

制订洗毛工艺前需了解原毛中羊毛脂、土杂的情况，几种常用原毛的相关指标见表3-9。

表3-9 几种常用原毛的羊毛脂、砂土情况

原毛名称	含油脂率/%	羊毛脂性能						砂土含量/%	
		熔点/℃	乳化力/%	酸值/（mg/g）	碘值/%	皂化值/（mg/g）	不皂化物/%	CaO	MgO
新疆改良细羊毛（塔城）	7.5~12.5	41	41.6	13.92	24.42	110.7	30.77	0.34	0.0694
内蒙古改良毛（哈达）	8~10	43	41.2	16.29	21.84	103.7	30.76	0.0791	0.0309
澳毛	12~15	43.5	35.8	19.24	16.13	102.7	34.01	0.15	0.0724

实践证明：

（1）含油脂量的多少对洗涤难易程度的影响不大，而洗液中油脂积累的速度对槽水可用时间、洗助剂追加量有影响，积累速度快，则槽水的可利用时间短，洗助剂追加量应多。

（2）油脂熔点高时，洗液温度也应提高。

（3）乳化力是指促使乳浊液形成的效能。乳化力越大的油脂越易除去，但因羊毛储存时间过长而使油脂氧化分解的，则很难洗除。

（4）酸值是指中和1g油脂内游离脂肪酸所需KOH的质量（毫克）。酸值越大，说明所含游离脂肪酸越多，越易用碱洗除。

（5）碘值是指100g油脂吸收碘的克数。碘值越大，油脂中不饱和成分越多，越易氧化。易氧化的油脂难去除，所以碘值越大的油脂越难洗除，需用更高温度、更多洗涤剂、更多洗涤时间。

（6）皂化值是指皂化1g油脂所需KOH的质量（毫克），衡量油脂中脂肪酸的总含量。不皂化物指油脂中不起皂化作用的物质（醇类、蜡、糖类化合物、色素等）含量。皂化值高、不皂化物少的油脂，容易洗干净。

（7）土杂中钙、镁元素溶于水后生成钙、镁离子，使水质变硬，影响洗涤效果。

（二）洗毛工艺

1. 洗毛机槽数

洗毛机的槽数随所洗羊毛的品质、含脂汗和土杂的量及性质而定，一般由3~5槽组成。对含脂多的细毛多用4~5槽。国产改良细羊毛含脂及土杂较多，应采用5槽。对含脂汗及土杂较少的羊毛可采用3~4槽。

在五槽洗毛机上，一般第一槽不加洗剂，称为浸渍槽，该槽主要除去大量的砂土、羊汗以及能与羊汗化合成钾皂的部分油脂。第一槽如温度合适，水流量大，可以除去25%以上的油脂和70%的砂土。第一槽作用发挥得好，可减轻第二、第三槽的负担，也可节约洗剂，提

高洗毛质量，因此，可以说是洗毛过程中关键的一槽。第二、第三槽为洗涤槽，其中第二槽可多加碱少加皂称为重洗槽，主要是除去羊毛脂中容易皂化的物质。经过第二槽的洗涤，油脂能除去三分之二左右。第三槽主要除去不易皂化的油脂，所以少加碱多加皂，该槽的洗涤作用主要靠物理作用，而化学变化仅是少量的。通过第三槽的洗涤，羊毛油脂的含量已达到要求。第四、第五槽为漂洗槽，将吸附在羊毛上的洗剂、助剂及沾附的土杂洗除，因此这两槽（尤其第五槽）应用活水，以提高漂洗效果。

在四槽洗毛机中，第一槽为浸渍槽，第二、第三槽为洗涤槽，第四槽为漂洗槽。在三槽洗毛机中，第一、第二槽为洗涤槽，第三槽为漂洗槽。

2. 洗剂的种类及用量

洗剂的品种选择与羊毛的化学性质及洗液的酸碱性有关。羊毛属于两性化合物，在水和碱性溶液中带负电荷，在酸性溶液中带正电荷。阴离子洗剂在水溶液中电离后带负电荷，带负电荷的羊毛对带负电荷的阴离子洗剂有排斥作用，洗剂就能充分发挥洗涤效能，因此阴离子洗剂适合在中性和碱性溶液中使用；而阳离子洗剂在水中电离后带正电荷，所以只能在酸性溶液中使用，否则洗剂将大量地被羊毛所吸附，影响洗涤效能；非离子洗剂在水中不电离，适合在中性、碱性和酸性溶液中使用，并可与其他离子型洗剂混合使用，获得更好的洗涤效果。如721洗剂就是非离子和阴离子混合洗剂，其去污力、洗涤持续力、洗后羊毛的外观均较好。

此外，洗剂的价格、货源、质量等因素也应考虑。从经济角度对比，阴离子洗剂价格更便宜。从洗净效果对比，非离子洗剂优于阴离子洗剂。

目前国内以阴离子洗剂为主，例如烷基磺酸钠（AS）、烷基苯磺酸钠（ABS）等。国外采用非离子洗剂较多。

洗剂在溶液中的浓度不同，所呈现的结构状态和性质也不同。以阴离子洗剂为例，当洗液浓度很低时，洗剂在溶液中多以离子状态存在；浓度增高以后，既有离子状态，又有分子状态及胶束状态存在；浓度增加至临界胶束浓度（CMC）时，溶液中有大批的胶束形成，洗液的各项性质发生突变，尤其是去污能力达到最大；浓度超过CMC后，去污能力提高不大。因此，制订洗毛工艺时，重要的参考依据是洗剂的临界胶束浓度。洗剂浓度务必略大于CMC值，否则，洗涤一段时间后，洗剂浓度就会低于CMC值，这将大大地影响洗涤效果。常用洗剂在洗毛温度为50℃时的临界胶束浓度值见表3-10。

表3-10　洗剂的临界胶束浓度值

洗剂名称	CMC值/%
烷基磺酸钠（601洗剂，洗剂AS）	0.3~0.4
烷基苯磺酸钠（洗剂ABS）	0.3
肥皂	0.2~0.4
脂肪酰胺苯磺酸钠（洗剂LS）	0.07~0.08
阴离子与非离子复合洗剂（洗剂721）	0.25左右
烷基酰胺磺酸钠（洗剂209）	0.2~0.3
非离子洗剂	0.03

非离子洗剂在水溶液中不电离，且不吸附在羊毛上，所以在较低浓度时就能获得很好的去污效果。

3. 助洗剂的种类及用量

为使洗剂具有较好的洗涤效果，需在洗液中添加一定量的助洗剂。助洗剂大多为电解质，就其本身而言并不具有洗涤作用，但溶于水后可以提高洗剂的洗涤作用，具体的作用如下：

（1）加速表面活性剂胶束的形成，降低 CMC 值，减少洗剂用量；

（2）提高胶束相对运动的稳定性；

（3）减少羊毛对洗剂分子的吸附；

（4）与溶液中的金属离子起络合反应，变成可溶性的复合离子，软化水质，提高洗净毛白度。

常用助剂有纯碱、元明粉、食盐、硫酸铵等。

纯碱呈白色粉末状。用肥皂作洗剂时，必须用纯碱作助剂，称皂碱洗毛。用合成洗剂洗毛时也常用纯碱作助剂，属于碱性洗毛。纯碱在洗毛中的主要作用是：中和及皂化羊毛脂中的脂肪酸，生成肥皂，再参与洗涤；软化硬水；降低水的表面张力，促进润湿、乳化、起泡；抑制肥皂水解。但碱会损伤羊毛，使纤维强力下降，使用时一定要严格控制纯碱的浓度和洗液温度。一般纯碱浓度在 0.3% 左右，洗液 pH<11，洗液温度在 50℃ 左右。

元明粉和食盐都是中性助剂，呈白色粉末状。用合成洗剂加中性助剂洗毛称中性洗毛。中性助剂有助于降低洗液表面张力，促使润湿、乳化、泡沫作用的发生；能促使洗液中油污质点的悬浮与稳定，抑制污垢对羊毛的再污染；能显著降低洗液的临界胶束浓度，减少洗剂用量；可延长洗剂的洗涤效能；可以避免碱对羊毛的损伤。

在用合成洗涤剂洗毛时，加入硫酸铵作为助剂的，称为铵碱洗毛，也称酸性洗毛。铵碱洗毛是在两个洗涤槽的第二个槽中加入硫酸铵以代替纯碱，使其与羊毛上残留的碱起复分解反应。硫酸铵可以中和羊毛上的残碱，降低羊毛上的残碱含量，同时生成的 NH_4OH 可皂化羊毛脂，有利于洗涤及洗涤效果的持续性；生成的二氧化碳可防止纤维下沉，并使羊毛膨松；生成的中性盐 Na_2SO_4 同样起到增洗效应。缺点是此法易腐蚀设备。

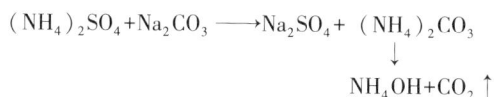

$$(NH_4)_2SO_4 + Na_2CO_3 \longrightarrow Na_2SO_4 + (NH_4)_2CO_3$$
$$\downarrow$$
$$NH_4OH + CO_2 \uparrow$$

助剂的加入量不同，洗液的去污力也不同，如图 3-35 所示。

当助剂浓度为 0.1%~0.3% 时，去油能力从高到低排列次序为：纯碱>食盐>元明粉；助剂浓度提高到 0.5% 时，元明粉的去油能力显著增加，并超过食盐，达到纯碱水平。助剂加入量一般为 0.1%~0.3%。

元明粉作助洗剂，洗后毛洁白，松散，手感柔软。用食盐作助洗剂，洗后毛的白度较差，手感松散度较好。用纯碱作助洗剂，洗后毛的白度尚好，手感松散度差，毡并严重。

4. 洗剂和助洗剂的追加

洗槽换水后开始加入的洗涤和助洗剂称为初加料。在洗涤过程中为了弥补损失而继续加入的洗剂和助洗剂则称为追加料。

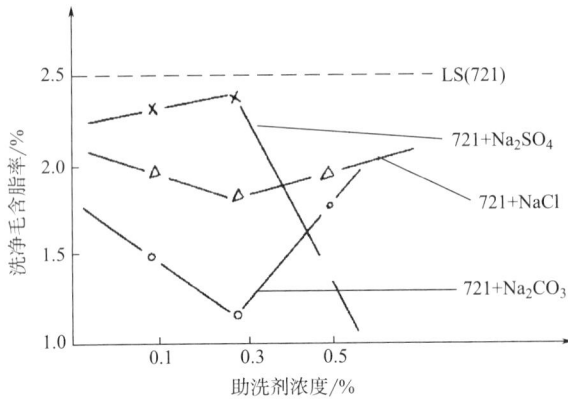

图 3-35　助洗剂作用的比较

追加的方法有间歇追加和连续追加两种。间歇追加法又称等分追加法，即按一定的时间（每 1h、0.5h 或 15min），或按一定的喂毛量（每 100kg 或 200kg），或按一定的产量等量追加洗剂和助洗剂。追加时可在第一洗涤槽中追加碱或盐，在第二洗涤槽中追加皂或洗剂，也可以在两个洗涤槽中同时追加洗剂和助洗剂，视洗涤质量好坏而定，一般说来后种追加方法好些。连续追加则是按洗毛工艺确定的追加料总量，事先溶解在置于辅槽上方的加料箱内，按实际需要加完总量，在洗毛开始一定时间后（通常在投毛洗涤 1h 后）打开加料箱的阀门，控制好流量，在规定时间内（通常至换水前 1h）将溶有洗剂和助洗剂的溶液加完。一般用连续追加的方法效果较好，洗净毛的含脂率比较稳定。两种不同追加方法的效果如图 3-36 所示。

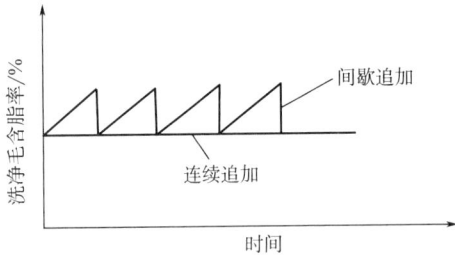

图 3-36　不同追加方法效果的比较

5. 洗液温度

洗毛槽洗液温度是洗毛工艺的重要参数之一。温度不仅影响杂质的去除和洗净毛的质量，而且影响纤维的损伤程度和能源的消耗。温度在洗毛中的作用主要表现为以下几方面。

（1）提高温度可以加速羊毛脂的熔融，减弱羊毛脂与毛纤维之间的联系力，使其易于剥除。

（2）提高温度可降低洗液表面张力，促进洗液向纤维内部和纤维之间渗透，使羊毛脂和土杂易于剥除。

（3）提高温度可加速洗剂溶解，有利于洗剂和助洗剂在水中扩散均匀。

（4）提高温度可以加快化学反应速度，使碱与羊毛脂中可皂化物质的皂化反应进行得更快，有利于乳化，并促进土杂的脱离和悬浮，可以在减少洗剂用量时，达到同样的洗涤效果。

（5）适宜的洗液温度有利于羊毛的漂洗。

洗液温度越高，去除油脂和土杂的效果越好。图 3-37 所示为第一槽不同温度下去油脂及去土杂效果的实验结果。

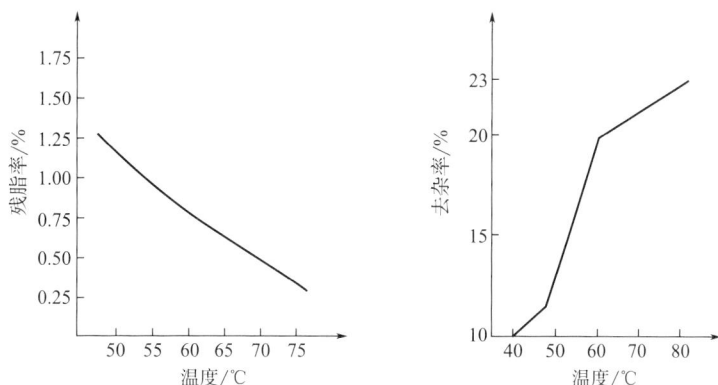

图 3-37　槽水温度与洗毛质量的关系

但洗液温度不能过高，尤其在碱性洗液中，温度过高，会使羊毛的二硫键断裂，纤维强力降低、鳞片受损，产生毡缩；油粒因撞击而聚集，难以除去。而且高温耗费热能大，能耗增大，对劳动保护和操作也不利。

国内洗液温度有三种：高温洗毛，洗液温度在 48~60℃ 之间；中温洗毛，洗液温度在 45~52℃ 之间；低温洗毛，洗液温度在 34~50℃ 之间。确定洗液温度的主要依据是羊毛脂的熔点，再参考原毛的品种和含脂含杂情况进行选择。

高温洗毛中洗液温度比羊毛脂熔点高得多，有利于油脂、土杂的去除。外毛含油率较高，且油脂的熔点较高、酸值较高，常采用高温洗毛。含土杂较多的国毛为了改善洗涤效果，也采用高温洗毛。但当温度达到 70℃ 时，羊毛会发生毡缩现象，纤维鳞片出现损伤。因此，高温洗毛方法是在不加洗剂的第一槽浸润槽采用较高温度，而且温度也不超过 60℃。各槽温度采用由高到低的方式，第二、第三槽温度与第一槽温度差异不宜过大，否则温度剧降引起纤维鳞片收缩，使剩余的土杂不易洗除。若第二、第三洗涤槽采用碱性洗毛法，温度过高会使羊毛受到化学损伤。因此，高温洗毛时第二、第三槽最好采用中性洗毛。

中温洗毛中各槽的温度配置采用"低—高—低"的方式，即前几槽水温渐升，后几槽水温渐降。第一槽主要去除羊汗以及与羊汗起皂化反应的部分油脂和土杂等，温度略高于羊毛脂熔点；第二、第三槽起主要洗涤作用，温度可适当提高，但对碱性洗毛温度控制在 50℃ 左右；第四槽漂洗槽，温度可比第二、第三槽低约 2℃；第五槽漂洗槽比第四槽温度更低一些。大多数国毛由于含油脂量较低，其熔点和酸值也较低，而砂土含量较高，常用中温洗毛。

低温洗毛中第一槽温度低于羊毛脂的熔点，以免羊毛脂熔融后又未能全部去除，造成在轧水辊处打滑，油脂被挤压进鳞片间隙，变得难以去除，反而对洗毛不利。该工艺适宜油脂含量较多、土杂含量较少的外毛。

6. 喂毛量

洗毛时，原毛喂入量直接关系到洗净毛的产量与质量。喂毛量应根据原毛所含油脂和土杂的性质、数量及难洗程度，所用洗剂、助剂的洗涤效能来确定。含杂少、易于洗除的原毛，喂入量可大一些；含杂多、难以洗涤的羊毛，喂入量少一些。喂入少，产量低。在喂毛时还应注意控制喂毛的均匀程度，喂入不均匀，洗净毛质量不稳定。

把式洗毛机的洗槽容量为 6.5~7.5t 水，洗国毛时喂毛量一般控制在 450~500kg/h，洗外毛一般可达 700~900kg/h。

7. 轧水辊压力

轧水辊压力的大小影响羊毛的洁净程度、含碱率、洗剂消耗、烘干效果等，特别与羊毛的毡缩程度关系密切。为了减少毡缩，又使含碱率降低，一般经轧水辊挤轧后羊毛含水率掌握在 40% 左右。为了便于烘干，最后一槽轧水后羊毛含水率应在 40% 以下。

从第一槽到最后一槽，轧水辊压力逐渐增加。各槽轧水辊压力变化范围为：第一槽 3~4t，第二、第三槽 2.5~3t，第四、第五槽 4~7t。

8. 烘毛温度

提高烘毛温度可提升干燥效率，但同时也要考虑烘毛质量和经济等因素，应选择烘燥效果较好的最低温度，一般在 80℃ 左右较适宜。在烘房内，进机侧温度可略高一些，出机侧温度略低一些，一般在 80℃ 以下。洗净毛回潮率一般控制在 16%。

(三) 洗毛工艺举例

1. 皂碱洗毛

皂碱洗毛是传统的洗毛方法，采用工业丝光皂和纯碱作为洗剂和助剂，工艺举例见表 3-11。

2. 合成洗剂纯碱洗毛

目前企业大多采用工业合成洗剂和纯碱作为洗剂和助剂，工艺举例见表 3-12。

表 3-11 皂碱洗毛工艺举例

洗毛机机型			把式洗毛机	
原料名称			新疆改良支数毛	
原毛投入量/（kg/h）			500	
各槽水温/℃	第一槽		46~48	
	第二槽		49~50	
	第三槽		50~51	
	第四槽		51	
	第五槽		43~45	
加料量/kg	洗剂和助剂		肥皂	纯碱
	初加	第二槽	8	13
		第三槽	12	7
	追加	第二槽	—	1
		第三槽	3~4	—

注 追加间隔为每 15min 追加一次。

表 3-12　合成洗涤剂纯碱洗毛工艺举例

洗毛机机型		耙式洗毛机						
原料名称		64/66 支澳毛		内蒙古改良 64 支毛		新疆改良 1 级毛		新西兰 48 支羊毛
原毛投入量/（kg/h）		540		500		620~640		690
各槽水温/℃	第一槽	60		52		50		55
	第二槽	53		52		52		52
	第三槽	52		52		52		50
	第四槽	47		48		50		48
	第五槽	—		46		48		48
加料量/kg	洗剂和助剂	601 洗剂	纯碱	ABS 洗剂	纯碱	601 洗剂	纯碱	601 洗剂	纯碱
	初加　第二槽	30	8	20	15	20	18	35	5
	初加　第三槽	35	—	25		25	8	20	—
	追加　第二槽	5	0.8	2	2	2.5	2.5	3	0.5
	追加　第三槽	2	—	3	—	2	1	2	—

注　外毛每 30min 追加一次，国毛每班追加 10 次。

3. 中性洗毛

中性洗毛采用工业合成洗涤剂作为洗剂，中性盐元明粉或食盐作为助剂，其工艺举例见表 3-13。

表 3-13　中性洗毛工艺举例

洗毛机机型		耙式洗毛机						
原料名称		内蒙古改良 1/2 级毛		河南改良 1/2 级毛		西宁改良毛		新疆 64 支羊毛
原毛投入量/（kg/h）		480		600		450		600
各槽水温/℃	第一槽	53~54		54~55		52~53		50~60
	第二槽	52~53		53~54		51~52		55~62
	第三槽	51~52		52~53		50~51		55~62
	第四槽	50~51		51~52		49~50		52~60
	第五槽	49~50		50~51		48~49		48~52
加料量/kg	洗剂和助剂	工业粉	食盐	工业粉	食盐	工业粉	食盐	601 洗剂	食盐
	初加　第二槽	14	14	16	16	12	12	40	30
	初加　第三槽	7	7	8	8	6	6	50	30
	追加　第二槽	3	3	3.5	3.5	3	3	4	5
	追加　第三槽	2	2	8	8	1.5~2	1.5~2	8	8

注　工业粉系烷基苯磺酸钠，每 30min 追加 1 次。

4. 铵碱洗毛

铵碱洗毛采用工业合成洗涤剂或工业皂粉作为洗剂，纯碱及硫酸铵作为助剂，工艺举例见表 3-14。

表 3-14　铵碱洗毛工艺举例

洗毛机机型		把式洗毛机								
原料名称		60 支以上细毛			新疆改良 2 级毛			酒泉改良 3 级毛		
原毛投入量/（kg/h）		400			450			450		
各槽水温/℃	第一槽	34			34			55		
	第二槽	50±2			50±2			50		
	第三槽	42±2			42±2			52		
	第四槽	40±2			40±2			46		
	第五槽	—			—			42		
加料量/kg	洗剂和助剂	AS 洗剂	纯碱	硫酸铵	AS 洗剂	纯碱	硫酸铵	721 洗剂	纯碱	硫酸铵
	初加 第二槽	40	35	—	30	25	1	20	15	—
	初加 第三槽	30	—	15	20	—	10	10	—	6
	追加 第二槽	4.5	—	—	3.5	—	—	3.5	1.5	1.2
	追加 第三槽	3	—	—	1.5	—	—	—	—	0.6
追加间隔		每 30min 追加一次			每班追加 10 次					

七、洗净毛质量要求及控制

国产细羊毛及其改良毛洗净毛的质量标准见表 3-15，洗净毛的洁白度由供需双方自定标样考核。

表 3-15　洗净毛质量技术要求

类别	等级	含土杂率/%≤	毡并率/%≤	烷基酚聚氧乙烯醚含量/（mg/kg）≤	油漆点沥青点	含油脂率/%		回潮率/%	含残碱率/%≤
						精纺	粗纺		
同质毛	一	3	2	100	不允许	0.4~0.8	0.5~1.0	10~18	0.6
	二	4	3	—			0.5~1.5		
异质毛	一	3	3	100	不允许	0.4~0.8	0.5~1.0	10~18	0.6
	二	4	5	—			0.5~1.5		

影响洗净毛质量的因素如下。

（1）含杂过多、毛色不洁白。产生原因主要有原毛含杂过多、开松不良、喂入量过多、洗剂用量不足、温度过低以及洗槽水过脏等。

（2）洗净毛含脂率过高。产生原因主要有洗剂助剂初加量不足、追加量不够或不及时、轧水辊轧水效果不良，水温过低等。

（3）洗净毛色泽发黄、手感粗糙、毡并。产生原因主要有碱性洗毛中用碱过多、洗液温度过高、烘毛温度过高、洗毛机把齿工作不良、在喂毛机和烘干机中翻滚过度、洗涤时间过长、轧水辊压力过大等。

（4）烘后毛回潮率过大。产生原因主要有羊毛不够松散、烘毛前羊毛含水过高、烘毛帘上毛层过厚、羊毛干湿不匀、烘干机内空气湿度太大、风力不足、烘干机温度低等。

第六节 炭化

一、炭化的目的与方法

羊只在放牧中常黏附各种草籽、草叶等植物性杂质，其数量和性质随产地而异。有些草杂与羊毛联系得不够紧密，在选毛时用手就可以抖掉。但有些草杂经开毛、洗毛，甚至梳毛、精梳等工序，也不易除去。这些与羊毛紧密黏结的草杂，大部分是带钩刺的草叶、草籽及麻丝，如图 3-38 所示。

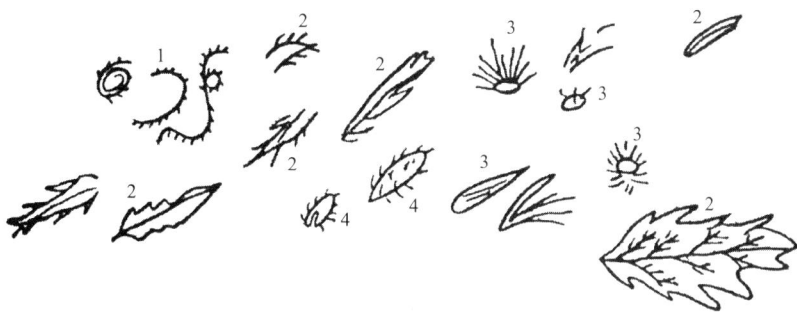

图 3-38　羊毛中的草杂

1—螺丝草　2—草叶　3—草籽　4—苍籽

羊毛中的草杂去除不净，会给后部工序带来麻烦，也会给产品质量带来很多问题，包括加重梳理工序负担，且容易堵塞针布，降低梳理效果，对金属针布危害更为严重；使粗、细纱条干不匀，增加细纱断头率；草杂受各工序的打击揉搓，由大变小，最后分布在织物表面，染色时不吸色，影响成品外观质量，必须用大量的人力手工摘除，既影响成品质量，又浪费劳动力。因此，必须在梳毛工序以前尽可能地去除草杂。

除草的方法有两种：机械除草和化学除草。机械除草是在梳毛前采用单独的除草机，其原理是根据羊毛较柔软、草杂较硬的特性，通过机械将羊毛梳松，羊毛被针齿握持，草杂浮于表面，用除草辊将其去除。另外，在机械加工中靠离心力的作用也能甩掉一部分。机械除草的问题是除草不彻底，对纤维的长度损伤较大，产量也低，在初步加工中很少采用。

初步加工中使用最多的是化学除草法，称为炭化。炭化的目的是用化学方法在梳毛工序以前尽可能去除植物性杂质。利用羊毛和植物性杂质对酸的稳定性不同——羊毛较耐酸、植物性杂质不耐酸的特点，用酸处理含草羊毛，在羊毛不受或少受损伤的前提下，除去草杂。炭化去草的优点是去草杂比较彻底，缺点是如工艺不当易造成羊毛纤维的损伤，要严格控制炭化工艺参数。

炭化的方式分为散毛炭化、毛条炭化、匹炭化以及碎呢炭化等。散毛炭化主要用于粗梳毛纺。毛条炭化用于精梳毛纺，安排在毛条制造工序中。匹炭化用于织物炭化，但它具有产品的局限性，不适宜与黏胶混纺的织物，也不适宜浅色产品，因为炭化后往往留有黑色斑点。碎呢炭化主要用于羊毛与纤维素纤维（棉、黏胶）混纺的废呢片，目的是经炭化后去掉纤维素纤维、得到纯净的再生毛。

二、炭化原理

炭化的原理是利用炭化剂与植物性杂质的主要成分——纤维素及其伴生物作用，使其水解或是脱水成炭，草杂变脆，可在机械力的作用下被粉碎而除去，利用风力与羊毛分离。

炭化药剂的种类很多，有硫酸（H_2SO_4）、盐酸（HCl）、三氯化铝（$AlCl_3$）、氯化镁（$MgCl_2$）、硫酸氢钠（$NaHSO_4$）等。这些炭化药剂各有其特点，就对草杂的脆化能力、工艺的简易性以及经济性来说，以硫酸较好，而且一般都用稀硫酸。

1. 酸对植物性杂质的作用

植物性杂质就其本质来说是纤维素物质，分子式为（$C_6H_{10}O_5$）$_n$。

炭化药剂如稀硫酸经高温烘焙后水分蒸发、酸液变浓，使植物性杂质大分子的苷键断裂，最终脱水成炭。例如，纤维素炭化为碳：

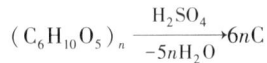

$$(C_6H_{10}O_5)_n \xrightarrow[-5nH_2O]{H_2SO_4} 6nC$$

实际上，炭化后草杂并非全都变成炭质，其中一部分草杂虽未完全炭化，但经烘焙后变成易碎的物质，易于在机械作用下除掉。还有一些草杂，如苍籽等，酸液很难渗透进其硬壳的内部，炭化过程只是去除它表面细小的钩刺，减轻了与羊毛纤维的纠结缠绕程度，在以后的加工中易与羊毛分离或便于人工摘除。

2. 酸对羊毛的作用

一般来说，酸对蛋白质纤维的破坏比碱弱。羊毛和蚕丝对于冷酸，特别是冷的稀酸颇为稳定，但只限于低温和短时间。弱酸或低浓度的强酸几乎对蛋白质纤维无严重影响，因而蛋白质纤维可在酸性条件下染色。

据测定，当pH<4时，羊毛纤维开始从溶液中吸收H^+，并和氨基结合，此时即使在低温条件下，也会引起羊毛纤维的破坏，pH值继续降低，破坏作用越加显著。当pH=1时，羊毛纤维结合的酸量达到饱和，此时羊毛纤维中含有的酸量称为饱和吸酸量。

每100g羊毛对硫酸的饱和吸酸量为4.41g。饱和吸酸量是一个重要指标：在饱和吸酸量以下，酸和羊毛的结合是可逆的，用水冲洗或用碱中和可以去掉这部分酸，对羊毛基本无影响；超过饱和吸酸量以后，羊毛继续与酸反应，就属不可逆反应了，用水洗、碱中和都无法去除，就会损伤羊毛。

羊毛含酸可分为机械结合酸和化学结合酸。机械结合酸是羊毛表层吸附的酸，用水冲洗即可去除。化学结合酸是羊毛大分子基团结合的酸，必须通过中和才能去除。

从保证草杂炭化和保护羊毛角度考虑，草杂吸酸量越多越好，羊毛吸酸量越少越好。

三、散毛炭化设备与工艺

散毛炭化工艺过程为：

浸润→浸酸→轧酸→烘干与烘焙→压炭与打炭→中和→烘干

设备如图 3-39 所示。

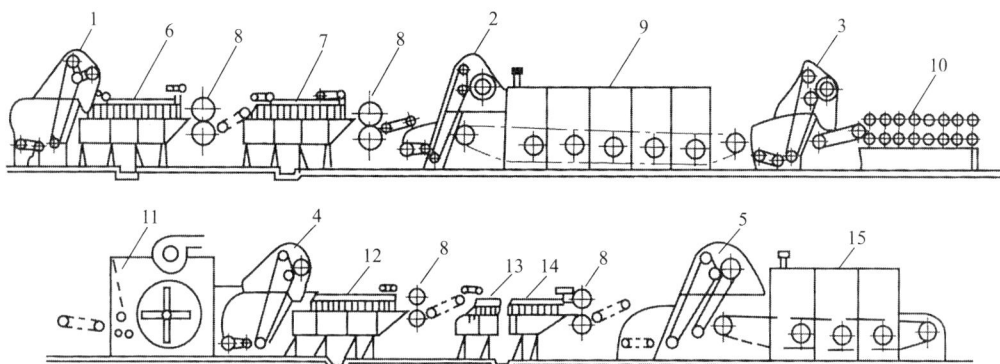

图 3-39 LBC061 型散毛炭化联合机示意图

1，2，3，4，5—喂毛机 6—浸润槽 7—浸酸槽 8—轧辊 9—烘干烘焙机

10—压炭机 11—打炭机 12，13，14—中和槽 15—烘干机

1. 浸酸

浸酸是炭化的关键工序，浸酸的好坏直接关系到炭化质量。浸酸在两个洗槽中完成。

第一槽是浸润槽，其作用是润湿羊毛，使浸酸时酸液能在羊毛表面分布均匀。

为减少羊毛损伤、提高炭化效果，浸润槽中加入炭化助剂。由于炭化时采用的是酸类，所以炭化助剂必须对酸有高度的稳定性，尤其是在高温烘焙阶段不会被酸类所分解。常用的炭化助剂是带磺酸基的阴离子表面活性剂、大多数非离子和阳离子表面活性剂等，如拉开粉、AS、ABS、平平加等。加入炭化助剂后，酸液容易在羊毛表面扩散而均匀分布，经烘焙后就可以减少出现因局部酸浓度过大而损伤纤维的情况；降低酸液的表面张力，提高轧辊挤轧酸水的效果，使羊毛含酸水率降低，从而提高烘干效率，减少烘干过程中酸对羊毛的损伤；提高酸液向毛块渗透的速度，使毛块内部的草杂也很快浸酸，既减少了浸酸时间，也能够使羊毛少受损伤。

第二槽是浸酸槽，其主要工艺参数包括浸酸时间、酸液温度和酸液浓度，设计原则是尽量使草杂快速、足量地吸收硫酸以利炭化，而羊毛尽量减少吸酸并均匀吸酸。羊毛和草杂在不同工艺条件下的吸酸率如图 3-40 所示。

由图 3-40 可知，随着浸酸时间的延长，

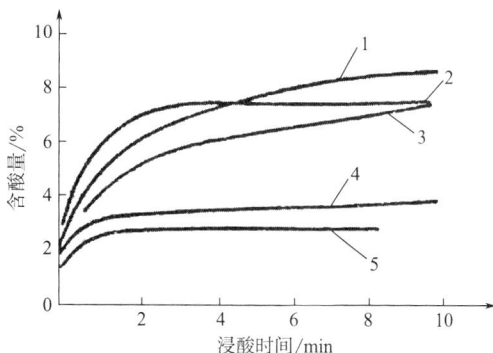

图 3-40 酸液温度、酸液浓度、浸酸时间对64/70 支羊毛和螺丝草吸酸率的影响

1—羊毛在温度 10℃、浓度 7.5% 的酸液中

2—羊毛在温度 32℃、浓度 5.5% 的酸液中

3—羊毛在温度 10℃、浓度 5.5% 的酸液中

4—草杂在温度 10℃、浓度 7.5% 的酸液中

5—草杂在温度 10℃、浓度 5.5% 的酸液中

羊毛吸酸量逐渐增加，而草杂在几分钟后吸酸量变化不大，但两者的吸酸量都随酸液浓度的加大而增加。

另外，通过试验证明：草杂吸酸量和酸液温度无关，羊毛吸酸量随温度升高而增加。

综合各种影响因素，浸酸时间以 3~5min 为宜；酸液温度保持室温；硫酸浓度在 32~54.9g/L 之间慎重选择，可根据羊毛纤维细度、草杂含量等情况综合考虑。破坏常见草杂所需最低含酸量见表 3-16。

表 3-16　破坏常见草杂所需最低含酸量

草杂类别	破坏草杂的最低含酸量/%	草杂类别	破坏草杂的最低含酸量/%
麻丝	2.1	草籽	2.7~3.0
草叶	2.2~2.5	麦壳草	3.5~4.0
螺丝草	2.5~3.0	绿色草籽	3.5~4.0

2. 轧酸

羊毛的含酸率与其含水率成正比。在进烘干机以前，羊毛含酸水率应尽可能低，以提高烘干效率，并防止损伤羊毛纤维。一般经轧酸后，羊毛含水率控制在 36% 以下，含酸率在 6% 以下，此时化学结合酸约在 4% 以下，不会过多影响羊毛纤维强力。

LBC061 型炭化联合机采用一对轧辊轧去多余的酸液。轧辊采用气动加压，有三档压力可供调节：轻压总压力为 4t，中压总压力为 8t，重压总压力为 12t。压力过大容易引起羊毛毡并。采用轧辊去酸液一定要注意毛层均匀，否则即使含酸水率合格，有的毛块因含酸液多，同样会造成局部损伤。

3. 烘干与烘焙

含酸液的羊毛不能立刻进行高温烘焙，否则毛团表面的水分蒸发，会使毛团表面的酸液浓度增大而损伤羊毛，表现为羊毛颜色泛紫，强力消失。为使羊毛在烘干中少受损伤，而草杂获得充分干燥，可将烘干过程分为两个阶段：低温烘干阶段（预烘）和高温烘焙阶段。

低温预烘阶段，应根据原料粗细，尽量采用较低的烘干温度。通常粗毛烘干温度掌握在 65℃ 左右，细毛掌握在 60℃ 左右，一般不超过 70℃。

预烘后羊毛回潮率低于 15% 时，再经高温烘焙，将不会过多影响羊毛纤维的强力。烘焙温度宜逐渐递增，粗毛可从 105℃ 到 110℃，细毛从 100℃ 到 105℃。炭化过程中使用的虽然是稀酸，但经高温烘焙、水分蒸发后，酸液浓缩。草杂在硫酸进一步浓缩时失去水分而焦化发脆，呈黑色或焦黄色易碎物质。烘焙后羊毛的含水率要求在 3% 以下。

在烘干与烘焙过程中，要注意毛层的厚薄及原料的状态。毛层不宜过厚，否则毛层内部的草杂不易烤焦。

4. 压炭与打炭

压炭部分由 12 对沟槽罗拉组成。轧辊自重 135kg，并用弹簧加压。为把草杂压碎，轧辊速度逐渐加快，使毛层逐渐减薄，便于压碎草杂；轧辊压力逐渐增大，以便将焦脆的草杂碾碎成粉末；上下轧辊有一定的速比，上辊快，下辊慢（速比 15:29），以便将毛层内的炭屑搓碎。

打炭在螺旋形除杂机上进行，用机械及风力将炭屑从羊毛中除去。通常角钉锡林转速为 312r/min，排尘风扇转速为 1000r/min。

5. 中和

羊毛在烘焙、去草后，还含有一定量的硫酸，如不设法及时除去，以后在氧或日光的催化下，纤维会逐渐分解，强力降低，色泽泛黄。且含酸的羊毛不利于后道纺织加工，会腐蚀设备。除去酸，羊毛强力还可得到部分恢复。中和工序的任务就是清洗并中和羊毛上的硫酸，包括洗酸、中和及洗碱三个阶段，分别在三个洗槽进行。

（1）洗酸。中和前先进行洗酸，只放清水，浸洗羊毛纤维表面的机械结合酸部分。中和反应要放出大量的热，易对含酸羊毛造成损伤，所以先用清水进行漂洗。洗后尚余下约原含酸量50%的酸。

（2）中和。中和槽中常用纯碱中和羊毛纤维的化学结合酸部分。纯碱和硫酸的作用分两步进行，即：

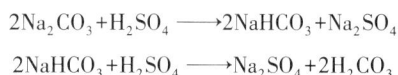

$$2Na_2CO_3 + H_2SO_4 \longrightarrow 2NaHCO_3 + Na_2SO_4$$
$$2NaHCO_3 + H_2SO_4 \longrightarrow Na_2SO_4 + 2H_2CO_3$$

含酸羊毛进入中和槽后，前一反应很快发生。随着工作液中 $NaHCO_3$ 的量逐步增多（pH值下降至8），后一反应也逐渐增加，H_2CO_3 的生成量也就逐渐增多。这时继续追加纯碱，则发生以下反应：

$$Na_2CO_3 + H_2CO_3 \longrightarrow 3NaHCO_3$$

纯碱用量随羊毛含酸量的大小而异，一般为0.1%（此时溶液的pH值约为11）。为了维持溶液的中和能力，需定时追加适量的纯碱。中和槽水温控制在 38~40℃，浸泡时间为 4~5min。

（3）洗碱。中和后的羊毛再经清水漂洗，进一步除去纤维上剩余的盐和残碱。纤维上含盐，影响手感；残碱会损伤纤维。清洗槽的pH值一般在6~7为宜。较细的羊毛吸酸较多，如果中和作用不够充分，可在第三槽内加氨水补充中和。氨水能较快渗入毛块内部，中和化学结合酸。氨水用量一般为羊毛重量的1%。

经以上处理的羊毛，还含有微量的酸（1%以下）。微量酸对纤维性质无不良影响。

6. 烘干

中和后的羊毛需再次烘干，烘去羊毛上过多的水分，达到规定的回潮率。烘干温度一般为 70~75℃，时间约4min。

散毛炭化工艺实例见表3-17。

表3-17　散毛炭化工艺举例

工序	项目	64支外净毛	1~2级国毛改	国毛精短毛	48~58支外毛
	含草率/%	1.5以下	2以下	2~4	
	喂毛量/（kg/h）	120~130	120~130	110~125	130~150

续表

工序	项目		64支外净毛	1~2级国毛改	国毛精短毛	48~58支外毛
浸酸	第一槽	温度/℃	34~37	34~37	34~37	34~37
		时间/min	3~4	3~4	3~4	3~4
		助剂耗量/%	0.2~0.3	0.2~0.3	0.3~0.5	0.2~0.3
	第二槽	温度/℃	25~27	25~27	25~27	25~27
		时间/min	3~4	3~4	3~4	3~4
		酸浓/Bé	3.5~4	4.0~4.5	4.8~5	4.6~4.8
轧酸	含水率/%	第一槽	35~40	35~40	35~40	35~40
		第二槽	30~35	30~35	30~35	30~35
烘焙	时间/min		15±2	15±2	18±2	15±2
	温度/℃	第一段	66~75	70~80	65~75	70~80
		第二段	102~106	102~106	102~108	102~106
		第三段	104~108	104~110	104~110	104~110
轧辊压力	螺杆高度	第1~4对	26	26	24	27
		第5~8对	25	25	23	26
		第9~12对	24	24	22	25
中和	温度/℃	第一槽	35~38	35~38	35~38	35~38
		第二槽	35~38	35~38	35~38	35~38
		第三槽	35~38	35~38	35~38	35~38
	pH值	第一槽	2~3	2~3	2~3	2~3
		第二槽	8左右	8左右	8左右	8左右
		第三槽	6~7.5	6~7.5	6~7.5	6~7.5
	水流状态	第一槽	流动	流动	流动	流动
		第二槽	静止	静止	静止	静止
		第三槽	流动	流动	流动	流动
	浸渍时间/min	第一槽	3	3	3	3
		第二槽	4	4	4	4
		第三槽	2.5	2.5	2.5	2.5
	压水后含湿/%	第一槽	30~35	30~35	30~35	30~35
		第二槽	30~35	30~35	30~35	30~35
		第三槽	30~35	30~35	30~35	30~35
	纯碱量/%	第二槽	3~4 (owf)[①]	3~4	3	3~4
	氨水量/%	第三槽	1 (owf)			
烘干	温度/℃		75以下	70以下	70以下	70以下
	时间/min		6~9	6~9	6~9	6~9

①印染工艺中的一个词汇,浓度单位,染料与织物重量的比值,on weight the fabric。

四、炭化净毛的质量要求及控制

经炭化后的净毛要求手感蓬松而有弹性，强力损失小，毛质清洁而有光泽，颜色白不泛黄。炭化净毛的质量要求见表 3-18。

表 3-18 炭化净毛质量要求

炭化毛类别	含草杂率/%	含酸率/%		回潮率/%		结块发并率/%	含油脂率/%
		等级	标准	标准	范围		
60 支以上细支外毛	0.05	1	0.3~0.6	16	8~16	3	—
58 支以下粗支外毛	0.04	1	0.3~0.6	16	9~16	3	—
1~2 级国毛（包括支数毛）	0.07	1	0.3~0.6	15	8~15	3	—
3~5 级国毛	0.05	1	0.3~0.6	15	8~15	3	—
60 支以上精梳短毛	0.15	1	0.3~0.6	16	9~16	—	0.4~1.2 以内
58 支以下精梳短毛	0.10	1	0.3~0.6	16	9~16	—	0.4~1.2 以内
1~2 级国毛短毛（包括支数毛）	0.20	1	0.3~0.6	15	8~15	—	0.4~1.2 以内
3~4 级国毛短毛	0.10	1	0.3~0.6	15	8~15	—	0.4~1.2 以内

影响炭化净毛质量的因素如下。

（1）草屑过多。主要原因有喂毛量过多，炭化前羊毛开松不良，酸液浓度不足，羊毛在酸液中浸酸不良，烘焙后草质未焦未脆，压碎效果不好，尘笼网眼堵塞，清洁工作不良等。

（2）含酸过高。主要原因有中和第一槽洗酸效果不良，中和第二槽纯碱的浓度不足，中和第三槽氨水浓度不足，羊毛在中和时浸渍时间过短等。

（3）结块发并过多。主要原因有炭化前开松不良，浸酸后羊毛在烘焙前的喂毛机里翻滚过多，除尘机尘笼中羊毛过多，除尘机尘笼角钉插入过深等。

（4）出机回潮率不合要求。主要原因是烘毛机的温度不合要求，轧辊效果不良等。

习题

1. 什么叫表面张力、表面能、比表面能？表面张力的热力学概念是什么？

2. 在瓶中装有两种互不相溶的液体（油和水），用力振荡后可使油和水混合均匀，但静止后仍会分层，为什么？用什么方法可使油和水混合均匀？

3. 写出杨氏（Young）方程，解释接触角 θ 与液—固界面润湿情况的关系。

4. 用液体的曲面附加压力的观点解释：液体在毛细管中形成凹液面时，液面会在毛细管中上升；而在毛细管中形成凸液面时，液面会下降。

5. 何谓表面活性剂？表面活性剂的化学结构有何特征？

6. 表面活性剂具有哪些性质，如何通过它的结构特征来说明这些性质？

7. 表面活性剂是采用怎样的形式存在于水中？

8. 什么是表面活性剂的临界胶束浓度？洗毛时洗剂浓度与临界胶束浓度之间有何关系，解释原因。

9. HLB 值表示什么？范围多大？说明表面活性剂的性能与 HLB 值的关系。纺织工业中常用的乳化剂的 HLB 值是多少？

10. 为什么加入表面活性剂后，可以增强润湿作用、渗透作用？

11. 表面活性剂的洗涤作用包括哪些？

12. 在洗毛过程中泡沫有什么积极的作用？泡沫过多会带来什么问题？如何消除洗毛液及浆料中的泡沫？

13. 羊毛初步加工的任务是什么？写出羊毛初步加工的工艺流程，并说明各工序作用。

14. 简要分析原毛表面污染物的特点，并说明在什么条件下易于去除。

15. 简述洗毛过程中的油污卷离理论。采取什么措施有利于油污从羊毛纤维表面脱离？

16. 简述洗毛用洗剂的种类与特点。

17. 在洗液中通常添加一定量的助洗剂，助洗剂通常是什么物质？常用的助洗剂有哪些？在洗毛中起什么作用？

18. 洗液温度在洗毛工艺中起什么作用？确定洗液温度的主要依据是什么？请介绍高温、中温和低温洗毛的温度范围及适用对象。

19. 洗毛方法有几种？各采用哪种洗剂和助剂？

20. 简述炭化的目的和炭化原理。

21. 写出散毛炭化的工艺过程，并分析各工序的工艺要点。

22. 在炭化过程中加入的表面活性剂起什么作用？

第四章 麻纤维的初步加工

第一节 麻纤维的化学组成与性质

一、麻纤维的化学组成

麻纤维属于天然植物纤维，主要成分是纤维素。不同来源的纤维素纤维所含纤维素的量是不同的。例如，棉纤维中纤维素含量为 92%~95%，麻类韧皮中纤维素的含量仅有 65%~75%。纤维素是构成植物细胞壁的基础物质，它和半纤维素、果胶物质、木质素等混合在一起构成植物纤维的主体。半纤维素、果胶物质、木质素等被称为纤维素的伴生物。麻纤维的化学组成见表 4-1。

表 4-1　麻纤维的化学组成

麻纤维种类	化学组成/%				
	纤维素	半纤维素	果胶物质	木质素	其他物质
苎麻	65~75	14~16	4~5	0.8~1.5	6.5~14
亚麻	70~80	12~15	1.4~5.7	2.5~5	5.5~9
黄麻	57~60	14~17	1.0~1.2	10~13	1.4~3.5
红麻	52~58	15~18	1.1~1.3	11~19	1.5~3
大麻	67~78	5.5~16.1	0.8~2.5	2.9~3.3	5.4
罗布麻	40~50	14.5~16.4	11.2~14.8	11~14	4.8~23.2

苎麻、亚麻和棉纤维的聚合度见表 4-2。

表 4-2　苎麻、亚麻和棉纤维的聚合度

纤维种类	端基测定法	超离心机法	黏度法	
			铜氨溶液	硝酸酯丙酮溶液
苎麻	4600	12400	2100	6500
亚麻	—	36000	3300	8000
棉	3250	10800	2520	7800

用 X 射线照射苎麻纤维试样时，会产生清晰的 X 射线衍射图形，如图 4-1 所示，说明纤维素具有结晶结构。至于结晶区和无定形区在纤维上的分布状态，各种说法不一。有人认为：纤维素的结构是由许多纤维素大分子形成的连续结构，在大分子分布最紧密的地方大分子平

行排列，取向度良好，构成了纤维的定向部分，大分子间的结合力随着分子间距离的缩小而增大，在这些距离最小的地方，大分子间的结合力最大，因而在定向区上可以显示出清晰的 X 射线图谱，表现出结晶构造的特征。当大分子的密度较小时，大分子之间的结合程度也减弱，有较多的空隙，大分子的分布不平行，较为混乱，这就形成了纤维素的非结晶部分或无定形部分。由于纤维素在长度方向具有连续的结构，因此一个单独大分子的一部分可能处于纤维素的结晶区域，另一部分则可能处于纤维素的无定形区域，或者穿过无定形区进入其他的结晶区域，如图 4-2 所示。

图 4-1　苎麻纤维 X 射线衍射图　　　　图 4-2　纤维素的结构模型

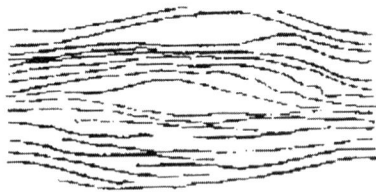

表示纤维素大分子结晶区含量大小的指标称为结晶度。测定纤维素结晶度的方法很多，包括 X 射线衍射法、密度法、酸水解法等。表 4-3 是采用不同方法测定的苎麻和丝光化苎麻纤维的结晶度。

表 4-3　苎麻和丝光化苎麻纤维的结晶度

纤维	X 射线衍射法	密度法	酸水解法
苎麻	70	60	95
丝光化苎麻	49	30	—

二、麻纤维的力学性质

除苎麻外，麻类纤维的单细胞粗细与棉相近，但长度明显偏短二分之一（如亚麻、大麻、罗布麻）或到一个数量级（如黄麻、红麻）。因此，纺纱用麻纤维基本为工艺纤维，即多个单细胞纤维由细胞间质黏合而成的纤维束。由此，麻类纤维比棉纤维粗硬，穿着中易引起刺痒。麻纤维的吸湿性好、强度高、变形能力小，纤维以挺爽为特征。常用麻类纤维的力学性能见表 4-4。

表 4-4　麻类纤维的力学性能

纤维种类	单纤维长度/mm	单纤维或工艺纤维线密度/tex	断裂强度/(cN/dtex)	伸长率/%	初始模量/(cN/dtex)	密度/(g/cm³)
苎麻	60.3	0.45~0.91	6.72	3.76	172.66	1.510

续表

纤维种类	单纤维长度/mm	单纤维或工艺纤维线密度/tex	断裂强度/(cN/dtex)	伸长率/%	初始模量/(cN/dtex)	密度/(g/cm³)
亚麻	10~26	1.25~2.5	5.50~7.90	2.50	94.99	1.500
大麻	15~25	3.33	4.34	2.39	171.52	1.480
黄麻	1.83~2.41	2.2~5	3.43	2~4	181.59	1.325
罗布麻	20~25	0.41	4.39	2.50	175.60	1.552
苎麻	34.3	0.66	5.12	4.44	147.18	
广西剑麻	1.5~4	34	4.82	1.89	255.18	

三、纤维素纤维的化学性质

(一) 酸的作用

在酸的水溶液或高温水的作用下，纤维素分子链水解断裂，生成水解纤维素，水解纤维素聚合度变化规律如图4-3所示。在多相介质中，纤维素的水解速度变化很快。在水解初期，水解速度较大；一段时间后，水解速度迅速下降，并在多数情况下维持恒定，直至反应终了。这是因为：一方面，纤维素大分子中存在弱连接的部分，苷键对酸作用的稳定性是不均一的；另一方面，纤维素中存在结晶区和非结晶区，在非结晶区纤维素易发生水解，而在结晶区则不易水解。在单相介质中，水解纤维素也有类似的规律。

随着纤维素水解程度的增大和聚合度的降低，纤维素制品的性质也发生了有规律的变化，如碱溶性增高、吸湿性改变以及纤维材料的综合力学物理性能显著降低等。

纤维素水解过程中呈现吸湿性先迅速降低再逐步回升的规律，如图4-4所示。这是因为在水解初期，纤维素大分子中的无定形区很快被破坏，而无定形区的吸湿性是最强的。在水解的中、后期，纤维素的水解产物中所含的羟基等亲水性基团大幅增加，使水解纤维素的吸水性得以回升。这两种因素同时存在且互相影响，只不过它们在不同的阶段所造成的影响不同。在水解初期以无定形区的破坏为主，在水解的中、后期以水解纤维素中羟基增多的影响为主。随着纤维素水解程度的增加即聚合度的降低，纤维素力学性质的指标均发生了规律性的变化，如强度及延伸性下降，纤维的耐疲劳性能恶化等。

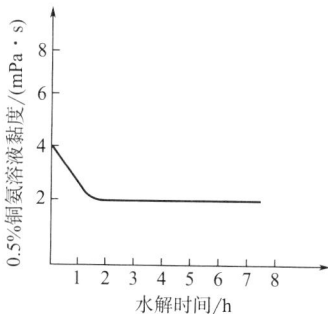

图4-3　水解纤维素聚合度变化规律

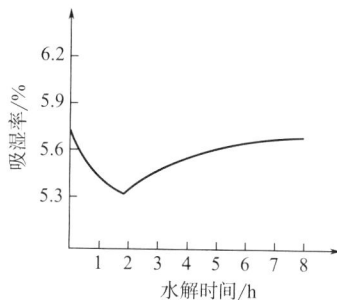

图4-4　水解纤维素吸湿性变化规律

（二）氧化剂的作用

在氧化剂的作用下，不同的醇羟基可产生不同的纤维素氧化产物。伯羟基可以被氧化成醛基（—CHO），也可以被氧化成羧基（—COOH）；仲羟基可以被氧化成酮基（C＝O），也可以被氧化为醛基并使基环开裂，或者在几种氧化剂的联合作用下，仲羟基被氧化所生成的醛基继续氧化为羧基。被氧化剂氧化的纤维素称为氧化纤维素。

在纺织生产的许多工序中，纤维素或多或少都会受到氧化剂的氧化作用。例如，苎麻在碱液中煮练脱胶时会受到空气中氧的氧化，织物漂白时又会受到漂白剂的氧化作用等。纤维素被氧化后强力将下降，严重时纤维会发脆甚至变成粉末。所以氧化纤维素是不利的，应该尽量防止或减少它的产生。如在苎麻化学脱胶工程中可以采取以下几项措施：

（1）碱液煮练时宜采取较大的浴比，使麻束浸没于碱液面之下，不与空气直接接触。

（2）使用压力锅煮练时，应先将压力锅中的空气排出后再行加压煮练，一方面可减少和防止氧气与麻的接触，另一方面可提高碱液温度，有利于提高煮练麻的质量。

（3）使用一定量的还原剂，用以保护纤维素不被氧化，通常在煮练碱液中加入 Na_2SO_3、$Na_2S_2O_4$ 等还原剂。

（4）应用漂白工艺时，应注意正确选择与掌握漂白的工艺参数。

（三）碱的作用

纤维素经浓碱溶液处理后，在一定条件下生成碱纤维素并发生溶胀作用。纤维素溶胀后，其内部大分子间的横向连接削弱，分子链的定向性受到破坏，最后使纤维素的结构变得比较疏松（经洗涤和干燥后），无定形区增大，结晶度下降。天然纤维素的结晶度约为 70%，但经浓碱溶液处理后，结晶度降为 40%~50%。由于碱纤维素结晶度下降，无定形区增大的结果，使纤维素的吸附性能和化学反应能力发生了如下变化，也使纤维素纤维的力学物理性能发生了如下变化：

（1）碱纤维素的吸水能力比天然纤维素大。

（2）碱纤维素对染料的吸附能力比天然纤维素增大，改善了纤维的染色性能。

（3）碱纤维素对各种化学试剂作用的稳定性降低，即提高了它的化学反应能力。

（4）碱纤维素的弹性增大，延伸性增加，而强力则可能降低。

四、纤维素伴生物

半纤维素、果胶物质、木质素等纤维素伴生物不利于麻纤维等天然纤维的纺织和印染加工，是纺织和印染湿加工中去除的主要物质之一。

（一）半纤维素

天然植物纤维中存在一些与纤维素结构相似的多糖类物质，但其分子量却比纤维素低得多。它们与纤维素最大的区别是，在一些试剂中的溶解度大，很容易溶解于热的或冷的稀碱溶液中，甚至在水中也能部分溶解。其次是水解成单糖的条件比水解纤维素的条件要简单得多。在工业上把这些结构与纤维素相似但能溶解于稀碱溶液中的物质称为半纤维素。在纺织加工中，将能溶于 2% 的热氢氧化钠溶液中的多糖类物质称为半纤维素。

半纤维素水解产物除葡萄糖外，还有阿拉伯糖、木糖、鼠李糖、半乳糖、甘露糖以及一类酸性糖，如半乳糖醛酸、葡萄糖醛酸、甘露糖醛酸等：

α-D-半乳糖醛酸　　　　α-D-葡萄糖醛酸　　　　α-D-甘露糖醛酸

不同来源的半纤维素以及在不同的条件下水解，水解的产物在成分和含量上有所不同，而且有的半纤维素极易水解，有的就较难，有的较易溶解于稀碱中，有的则较难，这都是由于半纤维素成分及其结构的多样性造成的。

半纤维素是天然纤维素纤维的主要成分之一，大量存在于麻类原料中，它是随着植物的生长而形成的，其含量和成分与麻的品种、生长地区和季节、初加工方法等因素有关。一般天然纤维素纤维中半纤维素的含量为 12%~17%。

（二）果胶物质

果胶物质在自然界分布很广，在各种植物的果实、汁液、根块以及棉、麻类植物的韧皮组织中都含有果胶物质。苎麻成熟后的原麻中果胶物质含量为 4%~5%。棉纤维内也含有一定量的果胶物质，但含量较少。

果胶物质是由含有糖醛酸基环的一种混杂链构成的高分子物质，是一种具有酸性的混杂糖，主要成分是果胶酸及其衍生物，还有与之共生的其他糖类物质。这些糖类物质与果胶物质之间形成一定的结合，既有化学的结合，也有机械物理的混合。

苎麻果胶物质以半乳糖醛酸（即果胶酸）和半乳糖醛酸甲酯为主，这两种成分的含量占苎麻果胶物质水解产物总量的 70% 以上。其次为鼠李糖、半乳糖和阿拉伯糖，以及少量的岩藻糖、甘露糖和木糖等。

半乳糖醛酸甲酯即果胶酸甲酯，是果胶酸中的羧基被甲基化而形成的，其酯化程度视麻的品种而不同，甲氧基的含量一般为 9%~12%。果胶酸甲酯的特点是对水具有良好的可溶性，甲氧基的含量越高，其水溶性越大，因此这种果胶又称为可溶性果胶。可溶性果胶的形成过程为：

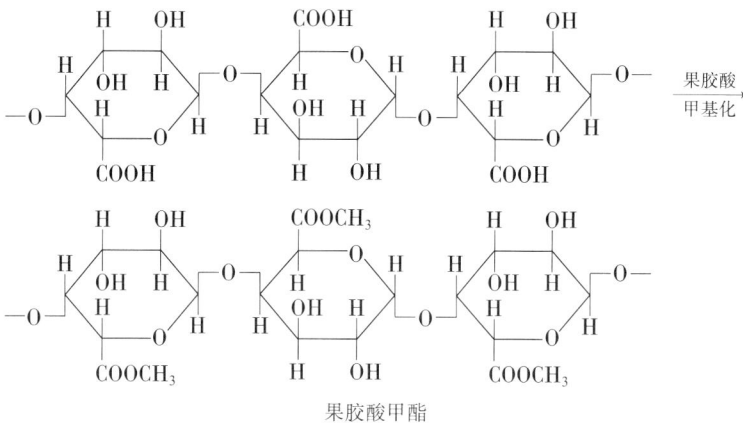

果胶酸甲酯

果胶酸中的羧基还可与钙离子、镁离子结合生成果胶酸的钙镁盐，其特点是不溶于水，故这种果胶又称为不溶性果胶，俗称生果胶。尽管生果胶不溶于水，但它对酸和碱的作用稳定性较低。经过稀酸溶液的处理可使其长链分子发生水解断裂，亦可溶于高温碱液中。

果胶物质不是均匀态的物质。以苎麻为例，在幼苗期，果胶物质绝大部分是可溶性果胶。随着植物的生长，果胶物质中的一部分转化为纤维素、半纤维素，使其在植物组织中含量不断下降，另一部分可能转化为不溶性果胶。随着植物的成熟，不溶性果胶的含量不断增加。当苎麻经收获、剥制、刮青并放置一定时间以后，果胶物质中的可溶性成分将绝大部分转化为不溶性果胶。原麻放置时间越长，不溶性果胶含量越多。

果胶物质的分子量比半纤维素的分子量要高得多，亚麻韧皮中的果胶物质的分子量为128900~221300。果胶物质的存在对纤维的毛细管性能和吸附性能有很大影响，果胶物质含量越少，纤维的毛细管性能和吸附性能就越好。

（三）木质素

木质素的结构尚无完全解析，普遍认为其属于苯丙烷的衍生物，结构上除含有相当量的甲氧基外，还有羧基、羟基、羰基及双键等。有下面三种结构类型：

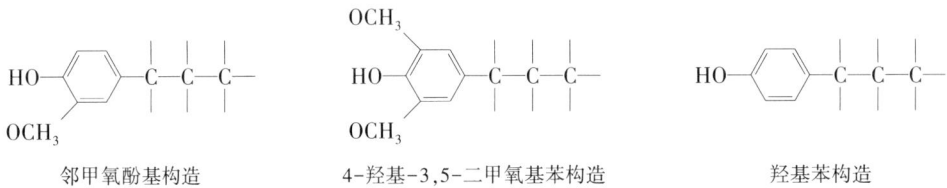

邻甲氧酚基构造　　　　4-羟基-3,5-二甲氧基苯构造　　　　羟基苯构造

植物中的木质素主要存在于细胞的胞间膜及细胞壁的内部，使植物具有承受机械压力的能力，起着支撑作用。在植物组织内部的个别部分上木质素单独存在，而在其他部分由于生化合成条件作用的结果，使木质素与纤维素及其他伴生物之间发生化学结合。木质素的含量在苎麻原麻中约占1%，在亚麻打成麻中占2.0%~2.5%，而在黄麻中的含量则高达12%。棉纤维中木质素的含量极少。

木质素是无定形的粉末状物质，其颜色随分离的方法不同而不同，有淡奶油色、灰黄色、褐色、深褐色等，其原因与无法分离出纯净的木质素有关。应用不同方法分离出来的木质素，其结构各不相同。为便于区别，一般用硫酸分离出的木质素称为硫酸木质素，用盐酸分离出来的称为盐酸木质素，用碱法分离出来的则称为碱法木质素。用各种方法分离出来的木质素，有些具有可溶性，如碱法、醇解法和醋酸木质素等；有些则不具有可溶性，如硫酸、盐酸木质素等。

木质素分子量并不大，仅为400~5000。木质素具有以下化学性质。

1. 氯化作用

木质素易与氯发生化学反应。无论是把氯气通入干燥的木质素，还是用氯水溶液直接作用，都会与木质素发生氯化反应，生成氯化木质素。氯化木质素呈红褐色，易溶于碱溶液中，其中以在氢氧化钠溶液中的溶解度最好。

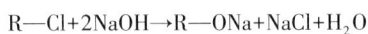

$$R—Cl+2NaOH→R—ONa+NaCl+H_2O$$

采用反复多次的氯化—碱煮法，才能将韧皮组织内的木质素除尽。这是因为氯化木质素时，首先是表层的木质素发生氯化，这层氯化木质素阻止了氯化过程向内层木质素进行。因此，必须用氢氧化钠溶液煮练，使表层氯化木质素溶解。如此反复地氯化、反复地用碱液煮练，才能将木质素除尽。

2. 氧化作用

木质素易受氧化剂的作用而裂解。在水或醋酸介质中，臭氧与木质素发生强烈的氧化作用而形成碳酸、甲酸、草酸和醋酸。臭氧对纤维素和其他多糖类物质的影响则较小。在碱性介质中，卤素能氧化木质素并形成含有羧基的物质。空气中的氧，在碱性介质条件下能强烈地氧化木质素，而形成碳酸、甲酸、醋酸、草酸等。若增加温度，则氧化作用将加速进行。此外，如过氧化氢、高锰酸钾等氧化剂都能氧化木质素。

3. 与碱液的作用

碱液煮练去除木质素的过程大致分为以下三个阶段：

（1）碱液与木质素表面接触时，由于木质素中酸性酚羟基对碱液的吸附作用，在相当长的时间内木质素表面与碱液处于饱和平衡状态。

（2）随着碱液的吸附，碱与木质素间发生化学反应，生成碱木质素。

（3）最后发生化学水解作用，使碱木质素自木质素表面脱落而溶于碱液中。

4. 与无机酸的作用

木质素对无机酸作用的稳定性是相当高的，不论在冷的还是在加热情况下，无机酸（包括强酸）都不能使木质素裂解为低分子物质，而且木质素在无机酸的作用下可能发生相反的化学变化过程，即木质素的缩聚化。

（四）其他成分

1. 蜡质

在天然植物纤维中可以被有机溶剂所提取的成分称为蜡质，又称脂蜡质。这类物质不溶于水，其组成很复杂，主要成分是高级饱和脂肪酸和高级一元醇所组成的酯。此外，还含有游离的高级羧酸以及烃类物质。

蜡质主要分布在纤维的外表，在植物生长过程中起到防止水分剧烈蒸发和浸入的作用，一般含量为 0.5%～2%。如棉纤维中含量约为 0.5%，苎麻原麻中的含量为 0.5%～1.0%，亚麻打成麻中的含量为 1.2%～1.8%。

在麻纤维脱胶过程中，蜡质不是脱除对象。因为它能赋予纤维以光泽、柔软、弹性及松散的特性。但麻纤维经酸、碱、氧化剂等化学药品处理后，蜡质被清除殆尽，使脱胶后的纤维变得粗糙、板结和硬脆。为了改善这种状态，在脱胶过程中均配有给油工序，而在进入梳纺前还有给湿、加油等过程，目的是使纤维柔软、松散，以降低梳纺工序中纤维的损伤程度。

2. 灰分

将纤维试样在空气中充分灼烧，则试样中的纤维素及其伴生物等物质氧化成二氧化碳和水分逸出，残留的白色或灰白色的粉末称为灰分。

天然植物纤维中含有的灰分大多为金属或非金属的氧化物及无机盐类等物质，如 SiO_2、

P_2O_3、Fe_2O_3、CaO、MgO、K_2O 以及钙盐、镁盐、钾盐等。在棉纤维中约含 1%，麻纤维中含 2.0% ~ 2.5%。

3. 微量成分

除蜡质和灰分外，植物纤维中含量极低的含氮物质、鞣质和色素等也属于纤维素伴生物。

五、苎麻与亚麻的初步加工特点

麻类韧皮中除含有纤维素外，还含有半纤维素、果胶物质和木质素等伴生物。它们包围在纤维的外表，将纤维胶结在一起，形成较硬的片状麻束，所以也将它们称为胶杂质。这样的麻束是不能直接用来纺纱的，必须进行脱胶处理，即去除麻纤维中的半纤维素、果胶物质和木质素等纤维素伴生物，精制纤维素的加工过程。

1. 苎麻

苎麻单纤维的线密度较低，纤维平均线密度为 6.25 ~ 6.7dtex（1500 ~ 1600 公支），且单纤维平均长度较长，约 60mm。因此，苎麻纤维更适合采用单纤维纺纱，它的初加工采用全脱胶工艺。

苎麻的麻茎构造复杂，有发达的木质部和韧皮组织，在韧皮组织外还有完整的保护组织。这层保护组织对化学药剂的作用表现出极大的稳定性，主要是保护韧皮组织不受生物、化学、物理等因素的破坏。因此苎麻纤维在脱胶前要进行剥制。

剥制是从麻株上分离韧皮组织的加工过程，包括剥皮和刮青两个过程。剥皮是将麻茎外部的麻皮与其内部的木质部分离的过程，有扯剥法和砍剥法。刮青（刮麻）是将鲜皮（韧皮）与其外部麻壳（青皮）分离的加工过程。刮青以后得到的是苎麻的韧皮组织，晒干以后即为苎麻纺织厂的原料，称为原麻。

目前苎麻脱胶方法仍以化学脱胶为主，也有采用苎麻微生物脱胶、生物酶脱胶（又称酵素脱胶）、生物—化学脱胶等方法。苎麻原麻经过脱胶处理，称为精干麻。精干麻的残胶率一般不超过 2% ~ 3%。

2. 亚麻

亚麻的麻茎较细，直径仅 1 ~ 3mm，单纤维很短，单细胞纤维直径 12 ~ 17μm，长度 17 ~ 25mm，而亚麻的木质部及保护组织不及苎麻的发达，故亚麻的初加工过程不同于苎麻。主要采用微生物脱胶，不彻底去除胶杂质，保留部分胶杂质，即半脱胶，利用束纤维（工艺纤维）纺纱。所谓工艺纤维是指由若干个原级纤维（单细胞纤维）依靠胶杂质粘连而成的束纤维。

第二节　麻纤维的化学脱胶

一、化学脱胶的基本原理

化学脱胶法是目前麻纤维脱胶的主要方法，利用原麻中的纤维素和胶杂质成分对碱、无机酸和氧化剂作用的稳定性不同，在不损伤或尽量少损伤纤维原有力学性能的原则下，去除其中的胶杂质成分，而保留或制取纤维素的化学加工过程。

半纤维素中的低分子部分和可溶性果胶能溶于水中；半纤维素中的高分子部分、不溶性果胶和纤维素等成分均可被酸水解，而木质素对酸的作用表现出极大的稳定性；半纤维素、果胶物质和木质素等成分易被高温碱液作用而溶解，而纤维素对碱液的作用表现出较高的稳定性；纤维素和胶杂质均易被氧化剂所氧化。因此，麻纤维的化学脱胶工艺过程不能采用以无机酸为主的工艺，也不能采用以氧化剂为主的工艺，只能采用以碱液煮练为中心的工艺过程。

在进行麻纤维化学脱胶时要注意两条原则：一是尽量去除包围在纤维素外表，将纤维素黏结在一起的胶杂质；二是使纤维素不受损伤或少受损伤。

为了弥补化学药剂作用的不足，在脱胶过程中还辅助以机械物理的、化学的和物理化学的作用。

麻纤维化学脱胶的优点是：工艺参数可以控制，脱胶质量有保证，生产不受季节限制，适用范围较广，不仅可用于全脱胶（如苎麻、大麻），也适用于半脱胶（如亚麻、大麻、黄麻等）。缺点是废水排放量大，易污染环境，设备投资费用较大等。

二、苎麻化学脱胶工艺

为了提高碱液的煮练效果，提高脱胶麻质量，在碱液煮练前、后分别加以预处理和后处理两大工艺过程。所以麻纤维的化学脱胶包括三个主要工艺过程：预处理工艺，碱液煮练工艺和后处理工艺。

以苎麻化学脱胶工程为例，过去常采用一煮法工艺，虽然工艺简单，化工原材料、能源消耗也较小，但是脱胶质量较差，只适用于纺纱线密度较大的麻纱和工业用麻纱。目前普遍采用二煮法工艺，脱胶质量较好，但是工艺较复杂，化工原料消耗稍多。

苎麻纤维二煮法脱胶工艺过程如下：

浸酸→一次碱煮、二次碱煮→打纤→$\begin{cases}①漂白→酸洗→给油→干燥\\②酸洗→精练→给油→干燥\end{cases}$

二煮法按后处理工艺的不同，又分为二煮一练法与二煮一漂法。国内常见的典型的二煮一漂法脱胶工艺过程如下：

原麻→拆包、拣麻、扎把→浸酸→水洗→装笼（或装笼→浸酸→水洗）→一煮→热、冷水洗→二煮→水洗→打纤（拷麻）→漂白→酸洗→水洗→脱水→抖松→给油→脱水→抖松→干燥→精干麻

二煮一练法无漂白工序，在酸洗工序后加入了水洗→脱水→精练工序。

（一）预处理工艺

预处理工艺的目的是提高原麻质量的均一程度；除去部分胶质，减轻煮练负担，提高煮练效率，缩短煮练时间；减少煮练液化工材料的消耗。

1. 拆包、拣麻、扎把

化学脱胶前，需先将苎麻原麻拆包、分拣、扎把，目的是剔除麻把中的混等麻及各种杂质，将品质、性能相近的麻束归拢到一起并扎成小把。其中，每一小把有一定的重量要求，原麻长度长，重量大一些，每小把重 500~600g。

2. 浸酸

从经济及来源的可靠性考虑，工厂一般采用硫酸进行浸酸预处理。酸的浓度和浸酸的温度都要格外慎重，以防损伤纤维素，恶化精干麻品质。浸酸工艺参数：$c[H_2SO_4] = 1.5~2.0g/L$，温度≤65℃，时间为 1~2h，浴比为 1:15 左右。

3. 水浸

用热水煮，去除溶于水的胶杂质，如可溶性果胶、部分低聚合度半纤维素、鞣质和色素等。使原麻在碱液煮练之前先行水解一部分水溶物，以减轻煮练负担。

4. 预氯处理

在碱液煮练之前，先让次氯酸钠溶液与原麻中的木质素发生氯化反应，生成的氯化木质素易溶于碱溶液中，便于将苎麻韧皮中的木质素除去。含有较多木质素时用预氯处理。

(二) 碱液煮练工艺

煮练工艺的目的是煮熟、煮透原麻中的胶杂质，以确保精干麻的残胶率符合纺织加工及产品的质量要求。

碱煮工艺通常使用氢氧化钠溶液对预处理后的原麻进行二次煮练，一般第二次煮练采用新配制的碱液，第一次煮练使用第二次煮练后的废碱液，以节省化学助剂的用量。

原麻中的各种胶杂质大部分是在碱煮过程中被去除的。因此，煮练效果直接影响精干麻质量。碱煮工序的主要工艺参数和工艺条件如下。

1. 碱的用量

NaOH 是碱液煮练中的碱剂，其用量大小不仅影响脱胶的质量，也影响化工原料的消耗和成本。因此正确选择 NaOH 的用量非常重要。

一般情况下，NaOH 的用量可参考如下经验公式：

$$NaOH 用量 = (0.40~0.45) \times 原麻含胶率$$

此外，具体选用时还应考虑以下因素：原麻的含杂、剥制和质量情况；脱胶工艺的预处理情况；煮练过程中助剂的使用情况；煮练方法，加压煮练比常压煮练用碱量少；苎麻的收获期，头麻、三麻用碱量略高。

一般一煮时碱的用量为 6g/L 以上，二煮为 10g/L 以上。

2. 煮练的压强与温度

苎麻煮练有加压和常压两种方法。常压煮练是原麻在普通的大气压强下，在碱液中进行煮练，碱液温度在 100℃左右。其优点是精干麻色泽较好，设备简单，有利于实现脱胶的连续化，但是煮练时间长、产量低、热效率低、能耗大、易产生脱胶不匀、夹生、并丝等疵点。加压煮练是在一定压强下进行碱液的煮练，其优点是脱胶均匀、煮练时间短、能量消耗小。目前，国内大都采用加压煮练，压强 147~196kPa。

一般煮练温度越高，脱胶效果越好。加压煮练时温度在 100℃ 以上，常压煮练时碱液温度在 100℃ 左右。

常用煮练压力为 196kPa（加压煮练），温度在 130℃ 左右。

较高的温度和压强对脱胶是有利的，但是过高的温度和压强会产生不利的影响：纤维素分子链在高温碱液中煮练时有解聚现象，会使纤维发脆、力学性能恶化、强度下降；精干麻色泽差；脱胶制成率下降；能耗增加。

3. 煮练时间

煮练时间直接关系到脱胶的质量和产量。煮练时间超过 1.5~2h 后，碱液浓度即趋于稳定，变化较小，但此时麻中的胶杂质属顽固性难溶的胶杂质（不溶性果胶、木质素等），因此，苎麻的煮练尚需延长 3h 以上方可满足脱胶质量要求。一煮 1.5~2h，二煮 2~2.5h。亚麻等纤维仅需半脱胶，则不必如此长的时间，应视实际情况而定。

若为常压煮练，则煮练时间可再适当延长些。

4. 煮练浴比

浴比大，产量低，但脱胶麻的纤维质量较好。浴比小则相反。

对于具体的脱胶工艺而言，浴比的大小受到煮练锅设备条件的限制。应在保证产量的条件下，选取浴比大些为好，对提高脱胶麻的质量有利。

加压煮练浴比（1:7）~（1:10），常压煮练浴比（1:10）~（1:15）。

5. 煮练助剂

化学脱胶助剂是指在煮练过程中加入的一些除 NaOH 以外的化学药品。加入助剂的目的是提高煮练效果，减少煮练液中 NaOH 的消耗，提高脱胶质量及其均匀度。

目前在脱胶工业中使用的助剂主要有两类。一类是各种无机盐类化学药剂及表面活性剂，包括硅酸钠、亚硫酸钠、三聚磷酸钠、焦磷酸钠、磷酸三钠等无机盐，以及肥皂、渗透剂 M、雷米邦 A 等表面活性剂。另一类是专门为苎麻脱胶研制的煮练助剂，一般由多种表面活性剂和优质的化学助剂复配精制而成。煮练助剂用量一般为 2%~2.5%（owf）。

（1）硅酸钠（Na_2SiO_3）。硅酸钠也称水玻璃，是一种弱酸强碱盐，在水中发生水解作用：

$$Na_2SiO_3 + 2H_2O \Longleftrightarrow 2NaOH + H_2SiO_3$$

水解生成的 NaOH，可以补充煮练时碱的消耗而保持一定的浓度，有利于脱胶的化学反应，提高脱胶均匀度，缩短煮练时间。

水解生成的硅酸是一种胶体，硅酸在水溶液中形成带电荷的胶体粒子，能吸附煮练碱液中的高价阳离子，特别是吸附煮锅及麻笼等铁器在煮练中生成的高价铁离子 Fe^{3+}，防止 Fe^{3+} 沉积在纤维上形成锈斑。硅酸的胶体粒子也可以防止色素吸附在纤维上，从而提高精干麻的白度，使纤维松散性好。

硅酸钠的用量一般为 2%~2.5%，不宜过高。

（2）磷酸盐。在煮练中使用磷酸盐作为助剂较为普遍和成功，主要有三聚磷酸钠、磷酸三钠和焦磷酸四钠。使用这些助剂后，普遍使煮练的时间大大缩短，而且提高了煮练麻的质量，因此又将它们称为快速煮练助剂。这类助剂的共同特点如下：

①具有渗透作用、扩散作用和乳化作用。

②有较强的络合能力和螯合能力，能将不溶性的钙、镁、铁等多价金属离子络合起来，变成可溶性的络合物或螯合物，从而加速煮练过程的进行。

③能增加煮练液的表面活性，大大降低碱液与苎麻纤维表面的界面张力，加速碱液对纤维和胶质的膨化，使纤维和胶质易于分离。

④这些快速煮练助剂的阴离子部分都是高价的，它们吸附在果胶物质、半纤维素和木质素上，增加了胶杂质的负电势，使胶杂质分散成微小的溶胶粒子悬浮于碱液中，防止了胶杂质、色素等再沉积在纤维上。

（3）亚硫酸钠（Na_2SO_3）。亚硫酸钠是一种还原剂。在煮液中加入一定量的亚硫酸钠，有利于去除煮液中的氧气，防止纤维被氧化。亚硫酸钠的活性基团 SO_3^{2-} 可与原麻中的木质素起反应，生成木质素磺酸。煮练时，使其易于除去。

（4）表面活性剂。表面活性剂用作煮练助剂，主要是利用表面活性剂良好的渗透作用、乳化作用、扩散作用和洗涤作用，以加快煮练速度，提高脱胶的均匀度和改善纤维质量。作为煮练助剂用的表面活性剂，大都是阴离子表面活性剂，如肥皂、渗透剂 M、雷米邦 A 等。

（5）苎麻脱胶专用助剂。近年来，人们在积极研制苎麻脱胶专用助剂，已有不少品种在生产中使用。如 ZS 型高效碱煮助剂，选择多种非离子和阴离子表面活性剂、络合剂、钙皂分散剂、抗氧化剂等复配而成。在煮练时加入原麻重量的 1.5%～2%，能使煮练液对煮练麻迅速润湿、渗透、溶胀，促使水解作用迅速完成，对水解后的钙、镁等多价金属盐、色素等进行分散螯合，达到净洗作用。

（三）后处理工艺

后处理工艺的目的是进一步去除黏附在纤维表面的糊状胶质，弥补碱液煮练工艺的不足；改善纤维的力学性能，使纤维松散、柔软；改善纤维的色泽，增加白度，同时改善纤维的表面性能。后处理包括打纤、漂白、酸洗、精练、给油等主要工艺。

1. 打纤

打纤（又称拷麻）是利用机械的打击作用（伴以高压水的冲洗）去除纤维表面吸附的糊状胶杂质，破坏脱胶麻中的束状结构，制取出分离性能较好的麻纤维，是后处理工艺中最主要的工序之一。

2. 漂白

麻纤维化学脱胶过程中的漂白工序可以使纤维松散、柔软、洁白，改善纤维的表面状态，提高其吸附性能和润湿性能，进一步降低精干麻残胶率。

常用的漂白剂大多为次氯酸盐，如次氯酸钠（NaOCl）、漂白粉［Ca（OCl）$_2$］等。漂白工艺参数：有效氯浓度为 0.5～1.5g/L；时间为 2～5min；常温；浴比 1∶15。

3. 酸洗

酸洗也是后处理工艺的主要工序之一。目的是中和残留于纤维上的碱剂，水解残胶，降低精干麻的残胶率，提高纤维的白度、柔软性及松散性。

后处理中有漂白工序时，酸洗往往放在其后进行以进一步漂白和去氯。纤维经漂白处理后，在纤维的内外表面上还吸附有相当数量的次氯酸盐，这些次氯酸盐用一般的水洗方法是难以除尽的，致使纤维在以后的加工及储存过程中继续受到残留漂剂的破坏，使纤维发黄、变脆，降低其使用性能和加工性能。

硫酸去氯的原理为：

$$NaOCl+NaCl+H_2SO_4 \longrightarrow Na_2SO_4+H_2O+Cl_2\uparrow$$

或

$$2NaOCl+H_2SO_4 \longrightarrow Na_2SO_4+2HOCl$$

$$HOCl \longrightarrow HCl+ [O]，或 2HOCl \longrightarrow H_2O+Cl_2\uparrow+ [O]$$

由于酸洗时原料中的胶杂质大部分已脱除，纤维大都裸露在外，与酸液直接接触，极易水解纤维素，因此，在工艺参数的选配上应以弱强度为宜。酸洗工艺参数：$c [H_2SO_4]$ = $1.0\sim1.5g/L$；时间为 $2\sim5min$，不宜超过 $5min$；常温；浴比为 $1:15$ 左右。

4. 精练

精练是二煮一练化学脱胶法的主要工序，目的是在原麻碱液煮练的基础上对已脱过胶的麻在精练碱液中再施以焖煮处理，以便进一步降低精干麻的残胶率，提高纤维的松散、柔软、洁白程度。

精练工艺参数：2%氢氧化钠、2%碳酸钠、2%肥皂或合成洗涤剂等，温度 100℃，时间 4h，浴比（1:15）~（1:20）。

5. 给油

麻纤维化学脱胶过程中，常在烘干工序前配有给油工序，目的是使脱胶麻纤维松散、柔软，改善纤维的表面状态及力学性能。

优先考虑矿物油或矿物油与植物油配合使用。植物油、动物油价格较贵，且保管不当容易腐败变质，而矿物油性能较稳定，且来源广，价格便宜。

传统的苎麻脱胶油剂大多采用阴离子表面活性剂作为乳化剂，如磺化植物油、油酸三乙醇胺皂等，使油滴粒子带有负电位，而苎麻纤维是纤维素纤维，其结构中带有一定数量的羧基和羟基，这些基团能吸附水中弱电离的 OH^- 或水溶液中的阴离子而使自身带负电。因此，当采用阴离子表面活性剂，尤其是负电位较高的阴离子时，会使油滴粒子与纤维表面表现出相斥作用，使油滴粒子不易黏附在纤维表面，影响给油质量。阳离子表面活性剂因其能以静电与纤维中的大量羟基结合，故在洗涤时难以从纤维表面洗去，对苎麻织物的染色会产生不利影响。非离子表面活性剂具有较高的表面活性，其水溶液表面张力低，临界胶束浓度也低于离子型表面活性剂，胶束聚集数大，增溶作用强，具有很好的乳化能力。一些新型的油剂常使用非离子型表面活性剂作乳化剂。

给油工艺：以适当的油、乳化剂和水制成水包油（O/W）型乳化液，再稀释后置于给油槽中。将已脱水并经抖松的麻束浸于其中。浴比（1:8）~（1:10），温度为 85℃，时间为 $4\sim8h$。要求给油后精干麻的含油率为 0.7%~1.5%。

传统乳化液成分为茶油、肥皂、碱，存在很多不足，现大都用配好的专门用于苎麻给油的乳化液油剂取代。

6. 干燥

干燥的目的是将给油后的麻纤维去湿，以送往梳纺车间进行梳纺。

干燥分为自然干燥和人工干燥。其中，自然干燥分为阴干和日晒两种，人工干燥分为烘房和烘燥机两种。目前工厂多用烘燥机干燥。其原理是使烘燥机上的干热空气反复穿过湿麻层，使麻层中的水分不断蒸发，干热空气变湿而被排出机外。

麻纤维的出机回潮率控制在6%左右。回潮率过高，不利于精干麻的储存；回潮率太低，浪费能源且易损伤纤维。

三、苎麻化学脱胶设备

（一）煮练锅

煮练锅分为压力及常压两种，其中以压力煮锅最为常用。压力煮锅又分为卧式与立式两种。卧式压力煮锅的劳动强度较高，劳动条件较差；立式压力煮锅所用浴比大，耗碱及耗汽、耗水量相对较高。

1. 卧式压力煮锅

卧式压力煮锅结构如图4-5所示，内径为2.14m，长5m，总容量约为$18m^3$。锅内设有贮麻车3，当麻把装毕后，经由铁轨推入锅内，放下锅盖2，用锅盖紧闭凸轮和螺丝将其密闭。装麻容量为1500~1800kg，浴比为1∶10左右。锅内碱液的加入和循环都依赖离心式循环泵5进行。蒸汽加热器4使碱液温度上升。为了加速升温过程，一般在锅内另设开口蒸汽管，在煮练开始时直接喷射蒸汽。当碱液循环时，用蒸汽加热器维持和控制碱液的温度。通过管道液阀，可使碱液产生顺、逆两种循环，一般每半小时改变循环一次。煮后洗涤以采用逆循环较为有效。

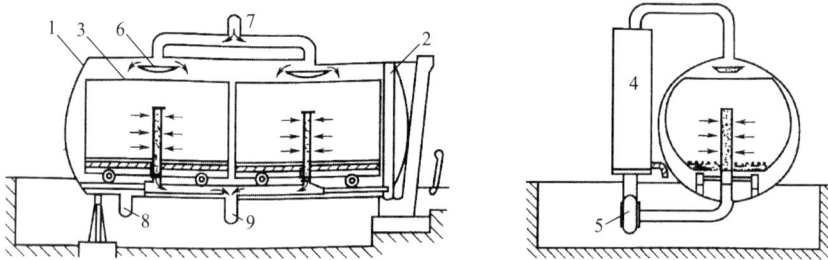

图4-5 卧式压力煮锅

1—卧式压力锅　2—楔形锅盖　3—贮麻车　4—多管式蒸汽加热器　5—溶液循环泵
6—溶液淋洒器　7—液体（由泵及加热器供给）　8—液体到泵（供逆循环及洗涤）
9—液体到泵（供顺循环）

2. 立式压力煮锅

立式压力煮锅结构如图4-6所示，内径为2m，高度为3m。煮麻锅的蒸汽工作压力为

39.20×10⁴Pa（4kgf/cm²），煮锅容积为 7000L。每次煮麻 450~500kg，煮麻温度为 130℃。立式压力煮锅由煮麻锅和循环泵组成。煮麻锅本身为立式圆筒形压力容器，内部设有蒸汽分布管架，另有装麻架（麻笼）等。下部用管道与循环泵连接，下部旁侧法兰口处作接进汽管之用，上部管道供碱液、水进入与循环之用。此外在锅体上部有排气阀、安全阀、水位计和压力表，其中排气阀供排放冷空气之用。为满足工艺操作的需要，在管道上设有九只阀门，用操纵杆分别控制排气、排废液、进碱、热水洗、冷水洗和回收循环等操作。

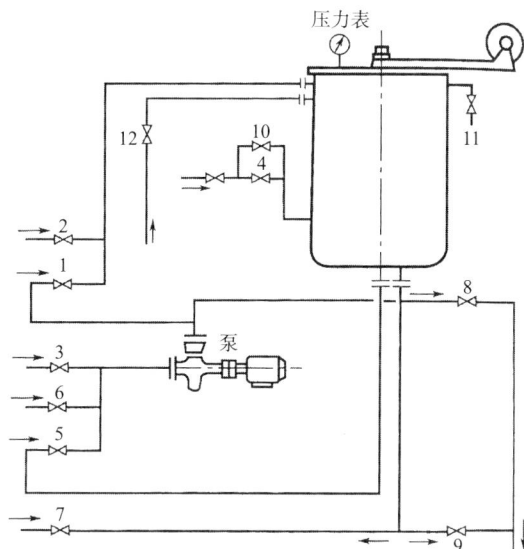

图 4-6　立式压力煮锅

1—循环入口阀门　2—清水阀门　3—碱液入口阀门　4—蒸汽阀　5—循环出口阀门
6—热水入口阀门　7—排废液阀门　8—泵回收阀　9—汽压回收阀　10—止逆阀
11—安全阀　12—排气阀门

在开始使用前，除开启排气阀门 12 外，其他阀门均关闭。然后打开锅盖，将装于麻架上的原麻（450~500kg）用起重设备吊于锅中，关闭锅盖。将碱液入口阀门 3 与循环入口阀门 1 打开，启动循环泵，将已配好的碱液注入锅内，待液位高度达到水位指示器所规定的位置时，暂停循环泵，关闭碱液入口阀门 3 与排气阀门 12，开启蒸汽阀门 4，使蒸汽进入锅内。待蒸汽压力达到工艺规定的工作压力时，开启排气阀 12，排除锅内空气后关闭。继续开启蒸汽阀 4 通入蒸汽，升压到工作压力后再行关闭。开启阀门 10，用小量蒸汽保持煮麻的温度以弥补其散热损失，然后打开循环出口阀 5 与循环入口阀 1，开启循环泵，使锅内溶液经泵进行循环，经一定时间后关闭阀门 5、循环泵及蒸汽阀 10，开启排废液阀 7。最后再开启热水进口阀 6，将热水注入锅内洗麻，完成煮练过程。

（二）圆型打纤机

圆型打纤机是煮练后处理的主要设备之一，其构造如图 4-7 所示。把煮练过的麻放在圆转盘上，麻束受木槌的打击，同时承受高压水的冲洗，把纤维上的胶杂质分离出去，使纤维

松散。每打一圈翻麻一次。每次装麻数量 12
~15kg，平均产量约 1500kg/h。

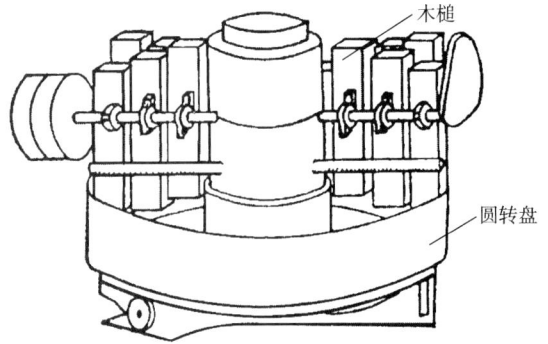

图 4-7　圆型打纤机

（三）漂酸洗联合机

漂酸洗联合机为一种联合机组，可完
成漂白、酸洗和水洗三道工序的作用。三
台机器中间用过桥运输帘子连接。根据脱
胶工艺的要求不同，可组成漂酸洗联合机
（三节）或酸洗联合机（两节），并附有
氯气排除装置以及漂液、酸液调配装置等
附属设备。

1. 漂洗机与酸洗机

两机的结构相同，如图 4-8 所示，根据不同的工艺要求可使用不同的浴液。喂麻帘为橡
胶运输带，长×宽为 1.35m×1.0m。浴槽用硬聚氯乙烯板制，上面有三副拍板，拍板的拍动频
率为 163~190 次/min。过桥运输带是一条长约 2m、宽约 1m 的嵌木条运输带，装在一只单独
的机架上，机架下装有车轮，地面上装有地轨及自锁定位装置。根据需要，整个运输带可以
横向移开，既可单独使用，也可连接后面机台使用。操作工将麻束放在喂麻帘上，经后轧辊
挤压后送入浴槽，打手拍板拍击浴液，以加强浴液的作用效果。漂洗或酸洗后的纤维经过前
轧辊挤压后被送出机外。

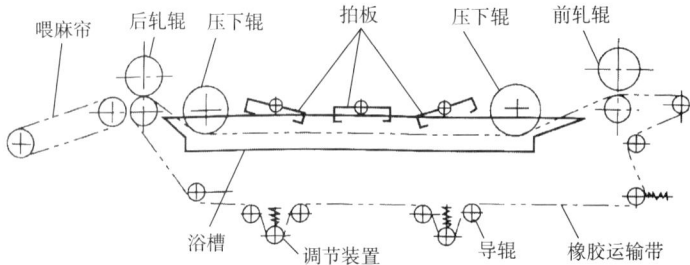

图 4-8　漂洗、酸洗机示意图

2. 水洗机

水洗机结构如图 4-9 所示，由铁板运送帘、铁板槽、轧辊及输出帘组成。麻束置于铁板
运送帘上，通过水槽时，受到九排喷水管的高压水柱冲洗，以除去麻纤维间的胶杂质。冲洗
后的纤维经轧辊挤压后被输出帘子送出机外。

（四）离心脱水机

脱胶工程中脱水及脱油水的机械设备结构如图 4-10 所示。在壳体内，有一四周布满小孔
的铜质或不锈钢制的转笼（又称内胆），整个机体装置在三只弹性支座上。工作时，操作工
将湿麻（水麻或油麻）放在转笼内，由电动机借三角皮带直接传动转笼皮带盘，带动转笼。
在高速回转下，借离心惯性力的作用脱除湿麻中的部分水分。

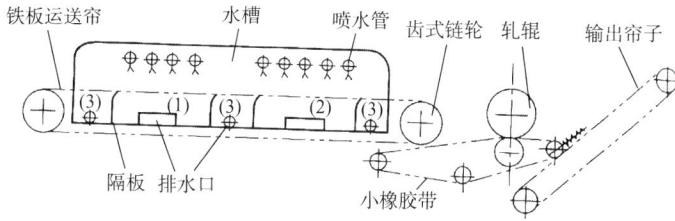

图 4-9　水洗机示意图

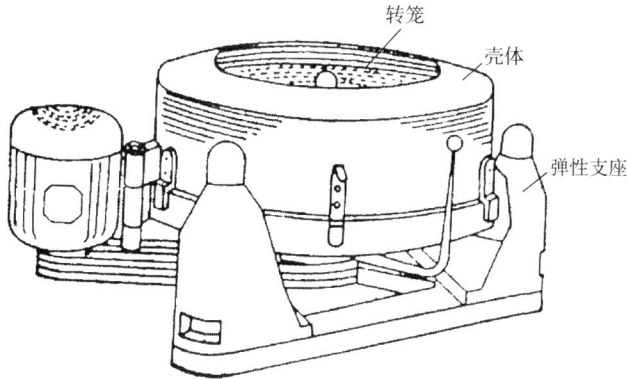

图 4-10　离心脱水机

（五）烘燥机

烘燥机为脱胶工程中烘干脱胶麻的设备，结构如图 4-11 所示。主要包括机架烘房、加热器、输送帘子、无级变速器及齿轮减速箱、离心风扇以及管道六个部分。

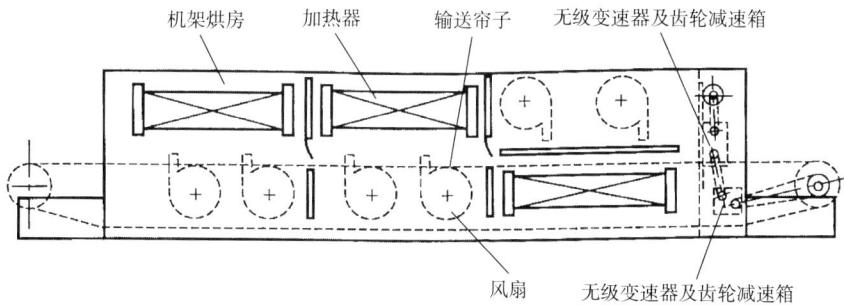

图 4-11　烘燥机

机架烘房部分分为主室与侧室两部分，两室中间用钢板隔开，隔板上开有通风孔，与安装在侧室的离心风扇的进口对齐。无级变速器及齿轮减速箱也装在侧室。主室内安装有输送帘子，加热器及隔风板等。输送帘子架在主室两侧的导轨上。工作时挡车工将抖松的麻均匀地铺放在输送帘子上，输送帘子缓慢地移动，带动其上的麻纤维通过烘室。在机架中部装有隔风板，将整个主室分隔成三间烘室。每个烘室内都装有加热器。为了防止后烘室的热气流将链板上即将干燥的纤维吹散，同时为了防止热气流散失，在链板上方装有五块有孔的挡风板。为了防止热量损失，机架四周都镶嵌软木绝热板，机器的进出口部分则装有铰链式的金属罩板。

加热器是由两个铸钢的联箱及散热管组成。联箱装在散热管的两端，其中一个联箱上装有蒸汽入汽管及试验阀，而另一联箱上装有蒸汽排汽管。本机共有三只加热器，分别装在前烘室、中烘室及后烘室内。前、中烘室的加热器装在烘室的上方，后烘室的加热器则装在输送帘子上、下两面链板的中间。

在机架烘房内侧的角铁导轨上架着连续的输送链板。链板为开有许多整齐小孔的钢板，各块链板的两端借助链条连接成一条长的运输带，即输送帘子。输送帘子由链轮传动，其中从动链轮的位置可以调整，借以调节输送帘子的张力。

在侧室的一端装有无级变速装置，根据工艺需要及精干麻的烘干质量，可以调节输送帘子的速度，即调节纤维通过烘燥机的速度或时间。

全机共有六台通风机，均安装在侧室中，其中前、中烘室各两台，安装在下部，而后烘室的两台则安装在上方。通风机为离心式，进气口为喇叭口状，风室呈螺线形。六台通风机既可集中由一台电动机传动，也可由六台电动机单独传动。通风机将空气吹在加热器上受热，热空气再穿过麻层，使麻层中的水分受热而排出。

蒸汽自锅炉房或其他输汽主管分三路进入本机的加热器。废汽水经滤清器进入凝液析水器排除。

当湿纤维由输送帘子带到后烘室时，热空气由下向上垂直穿过纤维层，水分较快地汽化；当到达中、前烘室时，随着纤维逐渐被干燥，热空气自上而下垂直穿过纤维层（防止纤维吹乱）。热空气流上下交错（错流）穿过纤维层，可使纤维干燥均匀。空气多次加热循环使用，可减少热量消耗。纤维在机内的行进方向与热空气进出机的方向相反（逆流）。所以热空气在整个烘干机内的干燥作用，是由逆流和错流两种方式综合而成，干燥效率较高。

四、精干麻品质评定

苎麻原麻经脱胶处理后的纤维称为精干麻。影响精干麻质量的因素除脱胶外，还涉及苎麻自身品质等原因，如品种、栽培的生态环境及技术、收获季节和剥制技术等。

精干麻的质量包括内在品质和外观品质两个方面。

GB/T 20793—2015《苎麻精干麻》规定，苎麻精干麻按单纤维线密度分为一等、二等、三等，低于三等为等外。分等规定见表4-5。

表4-5　苎麻精干麻分等规定

等级	一等	二等	三等
线密度/dtex	≤5.56	<6.67，>5.56	≤8.33，>6.67
公制支数	≥1800	<1800，≥1500	<1500，≥1200

苎麻精干麻按外观品质和技术要求分为一级、二级、三级，低于三级为级外。外观品质见表4-6，技术要求见表4-7。

表4-6　苎麻精干麻外观品质

级别	外观特征		分级符合率/%
	脱胶	疵点	
一级	色泽及脱胶均匀，纤维柔软松散，硬块、夹生、红根极少	斑疵、油污、铁锈、杂质、碎麻极少	一级≥90
二级	色泽及脱胶均匀，纤维较柔软松散，硬块、夹生、红根较少	斑疵、油污、铁锈、杂质、碎麻较少	二级以上≥90
三级	色泽及脱胶稍差，纤维欠柔软松散，硬块、夹生、红根稍多	斑疵、油污、铁锈、杂质、碎麻稍多	三级以上≥90

表4-7　苎麻精干麻技术要求

级别	技术要求				
	束纤维断裂强度/（cN/dtex）	残胶率/%	含油率/%	白度/度	pH
一级	≥4.50	≤2.50	0.60~1.00	≥50	6.0~8.5
二级	≥4.00	≤3.50	0.50~1.20		
三级	≥503.50	≤4.50	0.50~1.50		

苎麻纤维的细度决定于原麻的品质。

纤维强度的高低则与脱胶工艺中酸处理和氧化剂处理的工序关系较大，与拷麻也有关。若纤维强度过低，应首先检查酸洗、漂白等工艺参数是否合理，操作是否准确，拷麻是否过度。

质量良好的苎麻纤维应是洁白的，若精干麻白度不够，则与脱胶后处理工艺中各工序关系较大，可对此逐一检查，找出问题采取措施加以解决。

残胶率过高会影响单纤维的分离程度，梳理后硬条多。

含油率的高低影响纤维的表面性能，应控制恰当。

第三节　麻纤维的生物脱胶

麻纤维的生物脱胶有微生物脱胶和生物酶脱胶两种方法。微生物脱胶即利用微生物的生命活动，借助微生物胞外酶的作用脱去原麻中胶杂质的方法。生物酶脱胶则直接将脱胶酶制剂作用于原麻上，利用脱胶酶的生物活性，分解麻纤维外包裹的胶杂质，以获得纯净纤维的过程。目前，工厂使用的生物脱胶主要包括酶脱胶法、微生物—化学脱胶法和生物酶—化学联合脱胶法。

一、微生物脱胶

传统的天然微生物脱胶即天然沤麻，是将麻砍下后扎成小捆，放置于种植地附近的池塘、河流中。由于天然水体中的微生物群体能以麻纤维中的胶杂质为其碳素、氮素营养来源，将麻纤维中的果胶物质、半纤维素及木质素等胶杂质成分分解转化为简单的低分子物质，从中得到本身生命活动所需的营养物质和热能，完成麻纤维的脱胶过程。这种方法历史悠久、应用广泛、简便易行、环境污染小，但脱胶质量不稳定、耗时长，占地面积大。

（一）微生物的生理特性

1. 微生物的营养

组成微生物的各种有机物质中，都含有碳元素。碳素化合物的分解产物作为碳素营养被微生物吸收，同时放出大量热作为微生物生命活动的能源。例如，果胶分解菌能从分解果胶物质中获取所需的碳素营养和能源。

氮素营养是构成微生物体内蛋白质的重要来源，被微生物吸收的氮素营养在微生物体内转为氨，然后与有机酸结合成为氨基酸，再进一步缩合成蛋白质。

2. 微生物的呼吸作用

呼吸作用是微生物体内各有机物质的氧化过程（或脱氢过程），通过这一过程使复杂的有机物分解成简单的化合物，同时放出热量。按呼吸作用可将微生物分为厌氧性微生物和好氧性微生物和兼厌氧性微生物。

（1）厌氧性微生物。这类微生物的呼吸作用是在严格无氧气存在的状态下完成的。这一分解过程在微生物学中称为发酵。例如，单糖发酵成酒精的过程：

$$C_6H_{12}O_6 \longrightarrow 2C_2H_5OH + 2CO_2 + 117J$$

由于这一过程中放出的热量很少，故厌氧性微生物欲保持其旺盛的生命活动，就需消耗大量的基质。

（2）好氧性微生物。好氧性微生物的呼吸作用只有在有分子氧（O_2）的环境中才能进行。在好氧性微生物的呼吸过程中，基质的氧化过程进行得很彻底，能量全部放出，最终产物仅为水和 CO_2。例如，单糖在好氧性微生物的作用下发生的反应：

$$C_6H_{12}O_6 + 6O_2 \longrightarrow 6CO_2 + 6H_2O + 2822J$$

（3）兼厌氧性微生物。兼厌氧性微生物的呼吸作用既可在无分子氧存在的环境中进行，也可以在有分子氧存在的环境中进行。一般不利用兼厌氧性微生物脱胶，因其工艺条件较难控制。

3. 微生物的生长环境

微生物正常生长除了从环境中摄入必需的营养物质外，还需要适宜的生长环境。

（1）温度。温度主要影响微生物细胞膜的流动性和生物大分子的活性。随着温度的升高，细胞内酶促使反应速度加快，代谢和生长也相应加快。但随着温度进一步升高，生物活性物质（如蛋白质、核酸等）变性，细胞功能下降，甚至死亡。每种微生物都有其最适生长温度，但最适生长温度并非一切生理过程的最适温度。

（2）pH值。pH值对微生物的主要效应是引起细胞膜电荷变化，影响营养物离子化程度，并进而影响微生物对营养物的吸收以及影响代谢过程中各种酶的活性。与温度的影响类似，不同微生物也有其最适生长pH值，且同一种微生物在不同生长阶段和不同生理、生化过程中，也有不同的最适pH值。

（3）水分。微生物体内含有大量的水分，其生命活动与水分有着密切的联系。干燥可使微生物停止发育，甚至失去活力。各种微生物对干燥的忍耐力也有所不同，有的非常敏感，有的则较迟钝，甚至非常迟钝。

（二）微生物脱胶的基本原理

麻纤维微生物脱胶的基本原理是脱胶微生物利用包裹着麻纤维的胶杂质组分进行生长代谢的过程，如图4-12所示。胶杂质组分是以果胶物质、半纤维素和木质素为主要成分的混合有机物，主要存在于麻的单纤维之间，将单纤维交联成网状并聚合成束。利用微生物侵入并定殖在麻的韧皮中，在代谢过程中分泌的胞外酶将胶杂质降解成微生物可以摄取利用的小分子糖，小分子糖类作为碳源被微生物吸收利用并分泌更多的脱胶相关酶，使得胶杂质结构受到破坏，实现麻单纤维的分离，是一种"胶养菌、菌产酶、酶脱胶"的螺旋上升式生化反应。

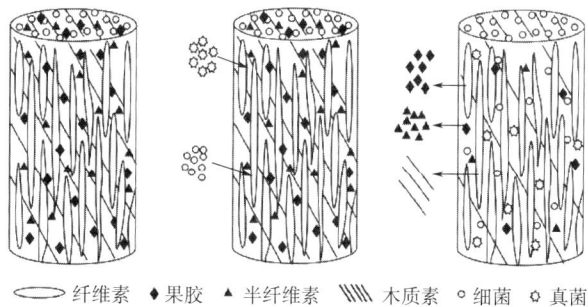

〇 纤维素　◆ 果胶　▲ 半纤维素　\\\\ 木质素　〇 细菌　✿ 真菌

图4-12　麻纤维微生物脱胶原理示意图

微生物脱胶过程中的基本规律如下。

1. 厌氧性微生物脱胶

原麻浸于水中，在果胶分解菌等的作用下脱胶，脱胶过程大致分为三个阶段：

（1）物理变化期。韧皮组织吸水后柔软膨胀，部分营养物溶于水中，水色变为淡黄色。

（2）生物变化期。微生物利用水中的营养，在适当温度下，开始发育、生长并大量繁殖。

①前生物期。好氧性微生物大量生长、繁殖，排出CO_2。

②主生物期。厌氧性微生物大量生长、繁殖，有酸味和气泡产生。

（3）机械操作期。将脱胶适度的麻取出，漂洗，晒干。

2. 好氧性微生物脱胶

亚麻的雨露沤麻法即为好氧性微生物脱胶，其过程与厌氧性微生物脱胶基本相似，不同的是只有好氧性微生物的生长、繁殖，分解产物仅为 CO_2 和水。

3. 影响微生物脱胶质量的因素

影响微生物脱胶质量的因素很多，包括：原麻本身的质量，例如原麻的品种、含胶及含杂等；脱胶的环境，例如水质、水的流速、水温及脱胶溶液的 pH 值等。

（三）亚麻微生物脱胶工艺

亚麻初加工工艺流程包括：

亚麻原茎→选茎与束捆→脱胶（沤麻）→干燥（成为干茎）→入库养生→碎茎打麻→

打成麻（长的工艺纤维）和落麻（梳落的短纤维）

其中沤麻工序属于微生物脱胶。

1. 选茎与束捆

亚麻成熟后，收取麻株，晒干后得到原茎。选茎就是人工分选出不同质量的原茎。束捆就是把选好的原茎按浸渍要求束成一定密度的麻捆。

2. 脱胶

脱胶又称沤麻，有以下几种方法。

（1）雨露沤麻。雨露沤麻是好氧性微生物的生命活动过程，将收获的麻茎直接铺放在地面上，借阳光、雨露的作用给好氧性分解菌创造适宜的生活条件，使其大量生长、繁殖而脱去麻茎中的胶质。脱胶时间 20~30 天。国外 90% 以上的亚麻原茎采用雨露沤麻，通过雨露沤麻取得的亚麻工艺纤维称为雨露麻。雨露沤麻的优点是条件简便，生产成本低，纤维品质好。缺点是受自然条件的影响，沤麻质量难以有效控制。

（2）温水沤麻。温水沤麻为厌氧性微生物的生命活动过程，许多亚麻原料加工厂采用此法。先将亚麻原茎打成捆，一般捆成 20cm×50cm×75cm 的麻捆，竖放于沤麻池中，原茎的浸渍密度约为 150kg/m³。浸渍池（沤麻池）多为水泥制成，池水温度为 36~38℃，脱胶时间 2~4 天。完成浸渍后，亚麻捆从水池中提取时，其重量应达到 250kg/m³。温水沤麻的优点是工艺条件能够有效控制，制取的亚麻工艺纤维质量比较稳定，具有较好的分裂度，可纺性较好。但纤维具有浸渍的特别气味。

（3）冷水沤麻。将亚麻原茎放置在池塘河泊中，浸渍 7~25 天，利用天然池水完成沤麻。此法的优点是条件简便，容易实现，生产成本低。但因受天然水质的影响，所获得的亚麻工艺纤维质量较差。

（4）汽蒸沤麻。先将亚麻原茎在冷水中浸泡 1h，使韧皮组织吸水膨胀，同时去除部分水溶物，再移入蒸汽锅中，在 200~250kPa 压力下，汽蒸 75~90min 后取出。此法的优点是生产效率高，容易实现机械化，果胶物质被水解而纤维素不受破坏。但设备投资费用高，所获取的亚麻工艺纤维比雨露麻粗硬。

（5）嫌气性空气沤麻。将亚麻原茎置于缺乏氧气的空气条件下，利用嫌气菌（如氮菌、果胶菌等）达到脱胶的目的。用此法获得的亚麻纤维呈灰色或奶油色，具有比温水麻色泽均匀、纤维强力高的特点，且浸渍时间比温水浸渍时间短一半左右。

3. 干燥

浸渍以后的亚麻仍保持原来的状态，不过麻茎中的韧皮与木质间的联系已大为削弱。原茎浸渍后都含有大量的水分，必须要干燥。干燥后的麻茎称为干茎。

干燥方法通常是利用大气条件自然干燥。这种干燥方法制得的亚麻工艺纤维光泽柔和，手感柔软，色泽均匀，弹性好。国内普遍采用此法干燥。

4. 碎茎打麻

将干茎喂入碎茎机中，在12对沟槽罗拉的强烈挤轧下，木质部分被压碎，使纤维和木质基本分离。

将已碎茎的麻束喂入打麻机中，麻束的一端被夹持，另一端受到打麻滚筒的刮打，去除其中的木质。一端打击清洁后，再转过来打击另一端。

碎茎和打麻一般在碎茎打麻联合机（图4-13）上一次完成。经过打麻机打击后得到的是较为洁净而细长的亚麻纤维束，称为打成麻。打成麻即为亚麻纺织厂的原料，用以纺制亚麻纺织品。

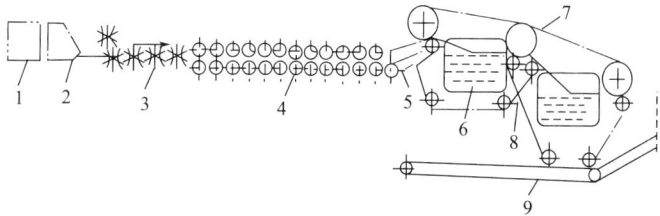

图4-13　MT-100-JI型碎茎打麻联合机

1—喂麻台　2—自动齐头装置　3—斜形喂入装置　4—碎茎机　5—传送装置

6—打麻机　7—运输夹持皮带　8—倒麻装置　9—落麻输出装置

二、微生物—化学联合脱胶

微生物—化学联合脱胶法的实质是利用微生物生命活动所产生的脱胶酶定向破坏苎麻胶杂质的主体结构，使胶杂质的聚合度下降，然后用稀碱经短时处理将残胶除去。

通过大量野生菌株筛选并经种内质粒DNA分子杂交育种，获得繁殖速度快、产脱胶关键酶、培养条件粗犷的新菌株，培养后接种到生苎麻上进行一系列"胶养菌，菌产酶，酶脱胶"的生化反应，即可把品种、产地、季节及刮制质量不同的生苎麻加工成松散、柔软、纯净的精干麻。通过菌株配伍研发出脱胶能力彻底且脱胶效率高的复合菌剂是当前微生物脱胶的重要研究方向。部分脱胶微生物来源的果胶酶基因和性质见表4-8。

表4-8　部分脱胶微生物来源的果胶酶基因和性质

来源	应用对象	基因	果胶酶类型	最适温度/℃	最适pH
Bacilluspumilus DKSl	黄麻，苎麻	PelB	PL	75	8.5
Bacillus subtilis T66	苎麻	Pel	PL	50	8.0

续表

来源	应用对象	基因	果胶酶类型	最适温度/℃	最适 pH
Erwinia carotovora CXJZ166	苎麻，红麻	Pel	PL	50	5.2
Erwinia chrysanthemi BTC105	菠萝麻	PelC	PL	45	5.0
Geobacillus thermoglucosidasius PB94A	亚麻	—	PL	60	8.0
Oidiodendron echinulatum MTCC1356	菽麻，大麻	—	PL	50	7.0
Rhizopus oryzae NRRL 29086	亚麻	RoPG	PG	—	—
Streptomyces coelicolor	亚麻，大麻	Peh-1	PG	50	5.4
Xanthomonas camperstris	亚麻，大麻	PelB	PL	50	8.5

微生物—化学联合脱胶工艺流程可归纳为：

生苎麻扎把→装笼→接种→生物脱胶→洗麻→渍油→烘干

与常规化学脱胶工艺比较，微生物—化学联合脱胶具有以下特点：

（1）脱胶生产周期相同。

（2）以温和条件下的生化反应取代强酸、强碱、高温、高压条件下的"浸酸""一煮""二煮"工艺流程，可降低能耗，减少脱胶助剂。

（3）由于脱胶酶"定向爆破"苎麻胶杂质，可以消除强酸和高温下强碱对纤维的负作用，在提高脱胶制成率的同时，能保留苎麻纤维固有的形态结构，大幅度改善其可纺性能，如单纤维强度、定弹性伸长、耐磨等指标明显增加。

（4）由于能耗及化工原料的投入减少，加上微生物生命活动消耗部分有机物，微生物脱胶工艺可大幅减少无机、有机污染物的排放；微生物脱胶易于处理达标，节省污染治理费用。

（5）精干麻潜在效益显著，可以提高精梳梳成率，纺中、低特纱可以降低对纤维细度的要求。

三、生物酶脱胶

生物酶脱胶是将脱胶的细菌培养到细菌的衰老期后，利用其产生大量的粗酶液，浸渍生苎麻；或将粗酶液提纯、浓缩为液剂，或将浓缩液干燥成为粉剂，将液剂稀释或粉剂溶于水，把生苎麻浸渍其中进行酶解脱胶。两种方法的区别在于，细菌分泌的粗酶液中果胶酶含量较多，半纤维素酶次之，纤维素酶含量很低，不同种类的酶之间比例难以控制，而酶制剂脱胶可人为控制酶的种类和配比。

生物酶脱胶过程中所需要的酶包括三类，即果胶酶、半纤维素酶和木质素酶类。因为苎麻纤维中木质素的含量相对较低，脱胶的主要关键酶是果胶酶类和半纤维素酶类，木质素酶类主要用于改善麻制品的手感。

（一）果胶酶

果胶酶是一类复杂的酶系，主要由芽孢杆菌、曲霉产生。果胶是一种帮助黏合植物细胞的复杂酸性多糖，其他细胞壁组分如纤维素原纤维可以嵌入。由 α-1,4-D-多聚物组成，通常还含有其他两个聚合物：高分支 L-阿拉伯聚糖和由几百个半乳糖醛酸残基组成的 β-1,4-

D-半乳糖。

果胶降解至少需三个阶段，至少需要三种酶：即将不溶性原果胶转化为果胶质的原果胶酶、脱果胶质甲基氧化酶或果胶分解酶，果胶多聚半乳糖醛酸分解酶或果胶酶（水解半乳糖醛酸单体间的1,4-苷键，使果胶酸降解成半乳糖醛酸）。因此，苎麻在脱胶过程中至少要具有上述三种果胶酶。

果胶酶工业产品包括果胶脂酶、多聚半乳糖醛酸酶和果胶分解酶。这些果胶酶的作用底物（如果胶、果胶酸或D-半乳糖醛酸酯）、降解机制（反消除或水解）和切割类型（任意切割或末端切割）不同，因而作用方式也不尽相同。其中，果胶酯酶具有催化果胶的甲基化作用，产生果胶酸（聚半乳糖醛酸盐）。多聚半乳糖醛酸盐是一种拥有外切和内切活性的解聚酶，能够水解果胶中的 α-1,4-糖苷键。果胶分解酶通过 β-消除机制能够断裂聚半乳糖醛酸盐或果胶链，导致在非还原性末端的 C_4 和 C_5 间形成一个双键。

（二）半纤维素酶

半纤维素是一类结构和成分十分复杂的物质，主要包括甘露聚糖、木聚糖及多聚半乳糖等，因此半纤维素酶类包括甘露聚糖酶、木聚糖酶及多聚半乳糖酶等。

甘露聚糖酶以胞外诱导酶的形式存在于微生物体中，只有很少一部分以结构酶的形式存在。在脱胶菌的培养基中添加甘露多糖或木聚糖，能促进该酶高水平分泌。木聚糖多为异聚多糖，主链和侧链上有多种取代基团，它的降解需要许多酶的参与，这些酶通过特定的协同作用，才能使其降解。在脱胶过程中，随着木聚糖酶对木聚糖的降解，纤维细胞壁上产生许多洞隙，有助于木质素的溶出。

（三）木质素酶

木质素是具有三维结构的芳香族高聚物，由各种 C—C 键连接在一起，微生物几乎不能通过水解方式进行水解。木质素酶能将胞间层坚实的木质素屏障降解，使纤维解析出来。木质素降解酶系是一个非常复杂的体系，至今许多问题还不十分清楚，目前研究最多并认为最为重要的有木质素过氧化物酶、锰过氧化物酶和漆酶等。

四、生物酶—化学联合脱胶

生物酶—化学联合脱胶是利用生物酶（主要是果胶酶和半纤维素酶）的作用分解原麻中的大部分胶质，然后再辅以化学脱胶的部分工序脱去少量胶杂质后生产出精干麻的工艺路线。它的优点是可使环境污染大大减少，减少能源和化学药品消耗，纤维损伤小，得到的精干麻品质优良，手感蓬松柔软。

可自行选育脱胶菌株，脱胶菌的脱胶能力跟菌株果胶酶和半纤维素酶活力有关，酶活力高则脱胶效果好；也可使用生物酶制剂厂生产的果胶酶和半纤维素酶，这就不需菌种培养等过程，工艺简单，使用方便，但仅用单一品种酶处理，脱除的胶质不多。用果胶酶—化学法脱胶试验，酶处理工序脱除的胶质仅占总胶质的15.36%，对果胶的去除率为65%，还剩较大量的胶杂质需通过煮练等工序去除。

生物酶—化学联合脱胶工艺流程可归纳为：

生苎麻扎把→装笼→生物脱胶→碱煮→洗麻（或拷麻）→酸漂洗→脱水→抖麻→渍油→脱油水→抖麻→烘干

生物酶—化学联合脱胶工艺与微生物—化学联合脱胶工艺类似。在生物—化学联合脱胶过程中用生物的方法取代了化学脱胶过程中的一次碱煮，而且降低了二次碱煮中碱的浓度并缩短了碱煮的时间。

习题

1. 纤维素纤维的伴生物有哪些？简述其中主要伴生物的定义、化学组成及其主要性能。

2. 写出果胶物质的化学组成及主要性能。果胶物质的存在对苎麻纤维的性质会产生什么影响？

3. 麻纤维的主要组成成分有哪些？为什么麻纤维的初加工要采用以碱煮为核心的工艺过程？煮练液中加入助剂硅酸钠（Na_2SiO_3）和三聚磷酸钠（$Na_5P_3O_{10}$）的作用是什么？

4. 写出苎麻化学脱胶的工艺过程，简述各主要工序的目的。

5. 麻纤维化学脱胶时应注意哪些原则？

6. 麻纤维化学脱胶煮练工序中确定 NaOH 用量时，需要考虑哪些因素？

7. 化学脱胶过程中，浸酸和酸洗工艺有什么区别？

8. 苎麻化学脱胶中，给油的目的是什么？给油后精干麻的含油率要求多少？

9. 简述麻纤维微生物脱胶的基本原理和基本规律。影响微生物脱胶质量的因素有哪些？

10. 写出麻纤维微生物脱胶和微生物—化学联合脱胶工艺流程。

11. 什么是工艺纤维？简述雨露沤麻和温水沤麻及其优缺点。

12. 苎麻生物酶脱胶的基本原理是什么？

13. 麻纤维生物酶—化学联合脱胶的原理是什么？简述其优点和工艺过程。

第五章　绢纺原料的初步加工

第一节　绢纺原料

一、蚕丝的组成

蚕丝是由蚕分泌的黏液形成的天然蛋白质纤维，因其光泽优良、手感舒适、吸湿保暖性良好，被誉为"纤维皇后"。

蚕丝是由两根平行的单丝组成的。蚕丝的主要成分是丝素，丝胶包覆在丝素的外围，起保护作用，并黏住两根单丝形成蚕丝。在桑蚕丝的组成中，丝素占 70%～80%，丝胶占 20%～30%。柞蚕丝组成中，丝胶占 12%～15%。蚕丝中除丝素、丝胶外，还含有少量的色素、蜡质、碳水化合物、无机元素及其盐类。

丝素和丝胶都是蛋白质，主要由碳、氢、氧、氮、硫等元素组成。丝素和丝胶都是由 α-氨基酸组成的高分子化合物。

丝素耐热性较好，120℃下处理 2h 强力无变化；在水中溶胀，不溶解；耐有机酸和弱无机酸，不耐强无机酸；耐碱性差，强碱能损伤丝素，弱碱不会损伤丝素；含氯氧化剂能使丝素损伤，受还原剂作用无明显损伤。

丝胶吸湿性高于丝素；分子排列紊乱，支化程度比丝素高，极性基团含量高；在水中溶胀、溶解；弱碱、蛋白水解酶能使丝胶溶解。脂肪蜡质、色素、无机盐、碳水化合物主要存在于丝胶中。

完好的桑蚕茧、柞蚕茧和天蚕茧可以缫丝，供丝织和丝针织用，而在养蚕、制种、制丝和丝织业中产生的次茧、废丝等只能作为绢纺原料。蓖麻蚕茧、木薯蚕茧等因其头端有小孔，也只能作为绢纺原料。在品种繁多的绢纺原料中，绝大多数是来自制丝的副产品。

制丝过程中产生的副产品（亦称下脚）是绢纺原料的主要来源，又分为干、湿两类。干下脚是剥茧、选茧工序产生的茧衣、次茧、下茧等，湿下脚是缫丝和缫丝后工序产生的绪丝、蛹衬、汤茧、屑丝、蚕蛹等。

二、制丝及其副产品的加工

（一）制丝工艺过程

制丝工艺流程为：

混茧→剥茧→选茧→煮茧→缫丝→复摇和整理

1. 混茧

制丝厂将不同产地、品质接近的原料茧按一定比例均匀混合，亦称并庄。目的是扩大茧批（一般供两周以上生产所需茧量），平衡茧质，统一丝色，稳定生产，缫制品质一致的批量生丝。

2. 剥茧

即剥去原料茧最外层的茧衣。茧衣的丝胶含量高达30%以上。茧丝脆弱、纤细（线密度不足1dtex），丝缕紊乱，不能缫丝，只能用作绢纺原料。桑蚕茧必须在选茧前剥茧，一般春茧的茧衣占全茧量的2%，秋茧占1.8%左右。柞蚕茧茧衣量很少，约占全茧量的1%，茧衣和茧柄在煮漂茧过程中保护茧层，煮漂前不能剥去，而在缫丝前进行剥茧，所得绪丝整理成绢纺原料。

3. 选茧

原料茧因受蚕的体质、结茧环境、收烘茧条件、运输等因素影响，即使同一产地也存在茧型大小、茧层薄厚、色泽等差异，因此必须按不同工艺要求进行选茧分类。同时，必须选除混在原料茧中不能缫丝的下茧（如口茧、黄斑茧等），这些下茧均为绢纺原料。

4. 煮茧

由于丝胶的存在及烘茧、贮茧的影响，茧丝的胶着力很强，茧丝不能离解引出，必须借助水、热和助剂的作用，使丝胶适当膨润溶解，胶着力有所减少，茧丝方能依次离解，这一处理过程称为煮茧。它是制丝过程中一个重要工序，对缫丝的产量、质量和缫折均有影响。桑蚕茧一般用高温清水煮茧即可，有时加适量助剂以促进茧层渗透和解舒。柞蚕茧由于颜色黄褐，茧层中含有较多杂质，故须经煮茧、漂茧两个工艺过程。煮茧也是在高温清水中进行，而漂茧则是用化学药剂除去茧层中的杂质，破坏色素和软化丝胶，以利于缫丝。

5. 缫丝

指根据规格纤度要求，将茧丝从煮茧茧层上离解出来抱合成生丝的加工过程。缫丝前先要将煮茧用索绪帚摩擦茧层表面，索出丝绪，理出正绪。理绪时除去的杂乱绪丝可加工整理成绢纺原料。理出正绪的茧子放入缫丝锅内缫丝，制成一定规格纤度的生丝，有规律地卷绕在小籰上，同时进行烘干。茧层离解至蛹衬或产生落绪时，可另添正绪茧子。蛹衬也可加工整理成绢纺原料。

6. 复摇和整理

复摇就是将小籰上的生丝再绕到大籰或筒子上的加工过程，目的是使丝片或筒装生丝达到一定的干燥程度和规格，并除去小籰丝片中的断头和疵点。整理是将复摇好的丝片经检验处理疵点丝后，再用棉线编成一定的外形，并按规定打包，便于运输和贮藏。缫丝、复摇、整理时废弃的生丝屑（称为毛丝）也是绢纺原料。

（二）制丝副产品加工

1. 桑蚕茧的绪丝加工

桑蚕茧的绪丝经加工整理后称为长吐。按加工方法不同分为条束形长吐、半整理长吐和机轧长吐三种，其形状如图5-1所示。

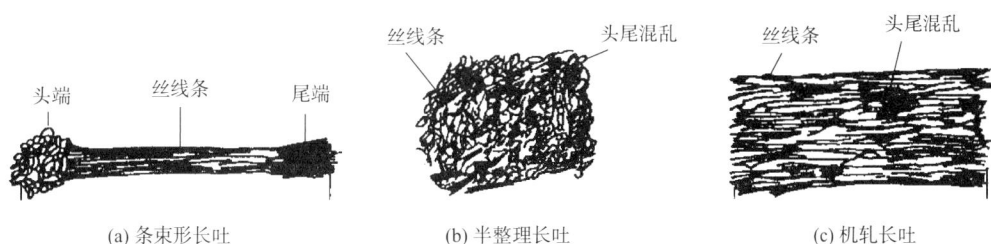

图 5-1　长吐类绢纺原料示意图

（1）条束形长吐制作。条束形长吐的制作工序为：

收集→扯理→刮打→漂洗→脱水→扯松去杂→干燥→整理→装袋入库

收集是指及时收集绪丝，做到当班加工，以免腐烂变质。扯理是将收集的绪丝用手工逐根拉开、理直，作成长 1m 以上、条线整齐、一端蓬松、头尾分清的条索状纤维束，每束干重为500~1000g。刮打是指在刮吐机上对集合成一束的长吐进行刮打，以刮去夹杂的蛹衬、汤茧和结块，并使头尾松散。扯松去杂是扯松缠绕的丝头，拣除剩余的蛹衬、杂物等。干燥要求均匀。整理检验，按色泽深浅分装入库。

（2）半整理长吐制作。半整理长吐的制作工序为：

收集→拌成张块→甩刮除杂→漂洗→脱水→扯松去杂→干燥→整理→装袋入库

拌成张块是指将绪丝放在竹箩内揿至半干，或放入脱水机中脱去一部分水分，然后将丝头拌绕或用木棒轻敲几下，使丝头蓬松连结成张块，每块干重控制在 300~500g。甩刮除杂是指捏牢张块丝头，在甩吐架上刮甩，除去汤茧、杂物。其余工序同条束形长吐。

（3）机轧长吐制作。机轧长吐的制作工序为：

收集→分拣→轧制→漂洗→脱水→扯松去杂→干燥→整理→装袋入库

分拣是指拣出大块丝头、扯松，同小丝头一起上机轧制。轧制是指将丝头摊薄徐徐推入长吐机中，每次湿重约 1000g，轧制时开启冷水冲淋。其余工序同条束形长吐。

一般长吐的加工整理费工费时，但产品质量好，为绢纺的上等原料。自动缫丝机的普遍使用使索理绪在机头上完成，绪丝集成的丝辫卷绕在丝篢上，丝辫再经切断、刮打、漂洗、脱水等加工制成机条形长吐，其质量基本接近条束形长吐。

2. 桑蚕茧的蛹衬加工

桑蚕茧的蛹衬按照一定的工艺技术条件加工而成的绵块称为滞头。滞头的制作工序为：

收集整理→浸泡→轧制→清洗→脱水→去杂→脱脂→漂洗→脱水→干燥→装袋入库

收集整理是指将蛹衬及时收取、拣选，并堆放到指定地点。浸泡是为了充分膨润溶解丝胶，以利轧制时顺利除去蚕蛹；浸泡方法有碱泡、酶泡和蒸煮等，工厂应用最广泛的是碱泡法，但必须严格控制浸泡工艺。轧制是将一张滞头所需的蛹衬一次放在滞头机台面上，均匀摊开，徐徐推入；轧制时需充分开放喷水管，及时进行清洗；轧制完毕，割断丝缕取出滞头。滞头含油量较高，需在稀碱液中浸渍脱脂，浸渍时间一般为：夏季 15 天左右，春秋季 25~30天，冬季 40~50 天。脱脂达到要求后，应及时进行清洗、脱水、干燥。最后进行检验整理，按色泽好次分类，装袋入库。

三、绢纺原料的分类

绢纺原料按照蚕的品种分为桑蚕、柞蚕和蓖麻蚕（或木薯蚕）三大类，其中以桑蚕绢纺原料所占比重最大，柞蚕绢纺原料次之。

（一）桑蚕绢纺原料

桑蚕绢纺原料一般分为丝吐类、滞头、干下脚茧类、茧衣四种。

1. 丝吐类

以长吐为主，此外还有少量的短吐和毛丝。

长吐是绢纺生产中用量最多、品质最好的上等原料，可纺制细特及超细特绢丝。但其品质也因蚕种、产地及加工方法的不同而不同。FZ/T 41001—2014 中规定长吐分级时，根据整理概况、色泽、练减率（练减率是指在精练过程中重量减少的百分率）、僵条率、杂纤维（棉、毛、麻、发、棕、杂草等其他纤维）五个主要检验项目检验结果的最低一项确定基本级，主要检验项目中任何一项的检验结果低于最低级，则为等外级。若补助检验项目（结块硬条和蛹衬茧）中任何一项的检验结果低于基本级两个级，或者两项的检验结果低于基本级一个级，则在已评定的基本级上顺降一级；若补助检验项目中任何一项的检验结果低于基本级三个级或以上，或者两项的检验结果低于基本级两个级或以上，则在已评定的基本级上顺降两级；若补助检验项目中任何一项的检验结果超过最低级一倍以上，一律降为等外级。长吐分级规定见表5-1。

表 5-1　长吐分级规定

	级别	一级	二级	三级	四级
主要检验项目	整理概况	条线整齐均匀，头尾分清，头部结块松软细小	条线整齐，头尾基本分清，头部结块细小	条线稍不整齐	条线不整齐
	练减率/%	≤24.0	≤26.0	≤27.0	≤28.0
	色泽	白净，有光泽	白，光泽较差	局部呈灰黄色	全束呈灰黄色
	僵条/%	0.0	0.0	≤2.0	≤4.0
	40mm及以上杂纤维/（根/束）	≤3	≤6	≤9	≤12
	附级	I	II	III	IV
辅助检验项目	结块硬条/（只/束）	≤4	≤7	≤10	≤13
	蛹衬茧/（只/束）	≤2	≤5	≤8	≤11

短吐指在整理长吐时落下的短丝头，再经加工整理即为短吐。短吐的丝条短，且夹杂有结块、蛹衬等，品质较长吐差。

毛丝指制丝厂或丝织厂丢弃的废丝屑，纤维较长，色白净，强力好，丝胶含量均匀，品质优良，但精练时却不易练好。

2. 滞头

指将蛹衬加工制成的长 1m，宽 0.5m 左右，重约 500g，有绒条的绵张。滞头中含有一些碎蛹屑、蚕嘴及蜕皮等，属下等绢纺原料。此类原料数量多，价格比较便宜，但因其单纤维强力低，含油率高（3%～15%），仅用于纺制中粗特绢丝。根据 FZ/T 41001—2014，滞头分级规定见表 5-2。

表 5-2 滞头分级规定

	级别	一级	二级	三级	四级
主要检验项目	整理概况	绒条绒块优良，手感丰满	绒条绒块一般	绒条绒块较差	绒条绒块差
	含油率/%	≤6.0	≤8.0	≤10.0	≤12.0
	色泽	白净，有光泽	白，光泽较差	略带灰黄，光泽差	灰黄，无泄滩
	僵条僵块率/%	0	≤2.0	≤4.0	≤6.0
	40mm 及以上杂纤维/（根/张）	≤3	≤6	≤9	≤12
	附级	I	II	III	IV
辅助检验项目	蛹及蛹衬/（只/张）	≤10	≤15	≤20	≤25

3. 干下脚茧类

双宫茧即两条或两条以上蚕共营一茧。茧形大，茧层厚，丝条排列紊乱，可缫制双宫丝，也是上等的绢纺原料，但精练时易造成脱胶不匀。

口类茧包括削口茧、蛾口茧和鼠口茧。削口茧指在茧的一端用刀削去一小块茧盖，倒出蛹体后的茧层。削口茧大部分来自茧站，小部分来自蚕种场，为上等的绢纺原料。但茧盖丝缕短，属下等原料。蛾口茧是茧内蚕蛹化成蛾钻出后的茧壳。因茧壳头端有孔不能缫丝，只能作绢纺原料，茧质同削口茧，且制成率高。鼠口茧是好茧被鼠咬破，食去蛹体形成的。茧层率虽高，但茧层被咬得参差不齐，制成率较低。

蛆茧又名穿头茧，是因蚕结茧后寄生在蚕体上的蝇卵孵蛆穿破茧层而致。其茧层上有小孔，不能缫丝，是上等的绢纺原料。

黄斑茧的茧层被其他蚕的排泄物所污染，形成大小程度不一的黄色污渍。污染较轻的黄斑茧也是上等的绢纺原料。

汤茧是缫丝时索不出绪的茧子。茧层薄厚不一，长时间浸泡在缫丝汤中，茧层被渗出的蛹油污染，丝色较差，丝质尚好，属于中等绢纺原料。

薄皮茧的茧层薄或松软，是病蚕或营养不良的蚕所营，属于下等绢纺原料。

烂茧，又称血茧，系蚕在营茧后死亡，蚕体或蛹体腐烂，污液沾污茧层所致，属于下等绢纺原料。

FZ/T 41001—2014 中对干下脚茧类的质量分级规定见表 5-3。

表 5-3　桑蚕干下脚茧分级规定

检验项目	类别							
	双宫茧				口茧			
	等级				等级			
					削口、鼠口、蛾口		蛆孔	
	一级	二级	三级	四级	一级	二级	一级	二级
茧层率/%	≥48.00	≥45.00		<45.00	—	—	≥48.00	≥45.00
分类不清/%	≤3.00	≤5.00	≤10.00	≤15.00	≤3.00	≤5.00	≤5.00	≤10.00
含杂率/%	≤0.50	≤1.00			≤0.50	≤1.00	≤0.50	≤1.00

检验项目	类别									
	黄斑茧				汤茧		薄皮茧		烂茧	
	等级				等级		等级		等级	
	一级	二级	三级	四级	一级	二级	一级	二级	一级	二级
茧层率/%	≥48.00	≥45.00		<45.00	≥44.00	≥40.00	—	—	—	—
分类不清/%	≤5.00	≤10.00	≤15.00	≤20.00	≤5.00	≤10.00	≤5.00	≤10.00	≤5.00	≤10.00
含杂率/%	≤0.50	≤1.00			≤1.00	≤2.50	≤1.00	≤2.50	≤1.00	≤2.50

4. 茧衣

指包围在茧壳外层的乱丝缕。缫丝前需将茧衣用剥茧机剥除，剥下的茧衣呈质地疏松的绵张，每张重约 300g，且混有草屑、头发、麻丝等细小杂质。茧衣的特征是纤维细脆、强力低、含胶量高。一般不经过精练直接混入精干绵中使用；以防止精绵粘并，改善梳理和纺纱性能，还可降低成本。FZ/T 41001—2014 中对桑蚕茧衣的分级规定见表 5-4。

表 5-4　桑蚕茧衣分级规定

级别		一级	二级
检验项目	整理概况	绵质蓬松，张块优良	绵质欠蓬松，张块一般
	色泽	白，无油污	黄，无油污
	含杂率/%	≤0.20	≤0.50

(二) 柞蚕绢纺原料

1. 大挽手

柞蚕茧在剥茧、理绪或水缫丝索绪时所得的绪丝，经整理干燥后即得大挽手，外形与桑茧绢纺原料中的长吐相仿。一般长 1.0~1.5m，重 250~300g，是优良的绢纺原料。

2. 二挽手

指在柞蚕茧缫丝中的落绪茧再经索绪，获得的绪丝经加工整理而成条索状。由于纤维多来自茧的中层，故质量较好，杂质少，强力高，但在精梳绵时不如强力低的原料好加工。

3. 机扯二挽手

指柞蚕茧缫丝后所剩的蛹衬经机械加工而成的纤维片，与桑蚕原料中的滞头相仿。

4. 扯挽手

指不能缫丝的下茧，包括同宫茧、空央茧、油烂茧、薄皮茧、畸形茧、鼠茧、虫茧等，经煮漂处理后，再用机械或手工扯成的片状纤维，其品质随茧质而异。

5. 蛾口茧

即留种茧化蛾后的茧壳，茧端有一出蛾口，俗称茧扣。蛾口茧可用于干法缫丝，亦是优质的绢纺原料。

第二节　绢纺原料的精练

绢纺原料中含有丝胶、油脂、草屑等杂质，在梳理和纺纱之前必须对原料进行精练加工。

精练的目的是脱去绢纺原料上的大部分丝胶，除去油脂，剔除草屑、毛发、麻线等杂质，制得较为洁净、疏松的精干绵，以利后工序顺利加工。精练后，绢纺原料的残胶率应控制在 3%~5%，残油率不超过 0.5%。

绢纺原料精练包括精练前处理、精练及精练后处理三道工序。

一、精练前处理

绢纺原料种类繁多，质量差异较大，即使同一种原料，也因产地和处理方法不同而有所差异。为了合理使用原料、确定精练工艺条件、使原料精练均匀，在精练前必须对原料进行选别，并将原料扯松，除去部分杂质。

（一）原料选别

选别即对不同种类原料按其品质差异进行分类。选别的依据是：原料的种类、含胶量、含油量、色泽及纤维强力等。对茧类原料还需考虑其茧层薄厚和霉烂程度。选别都是手工进行。

（二）扯松与除杂

扯松与除杂指将固块缠结、并合丝条扯松，并除去原料中的草屑、毛发、麻线、蛹衬等杂质。此项工作很是繁重，与选别同时进行。一般有手工除杂、机械除杂、化学除杂三种方法。

1. 手工除杂

用手工拣除毛发、草屑、棉纱、麻线、竹片、蛹衬等杂质。

2. 机械除杂

常用的机械是螺旋除杂机和切茧机。螺旋除杂机适用于茧类或长度较短的原料，如图 5-2 所示。切茧机适用于切剖茧层饱满的茧子，如双宫茧、黄斑茧等，切茧率在 95% 以上。但茧层上的纤维被切断，出绵率降低，短纤维量增加，切茧机结构如图 5-3 所示。

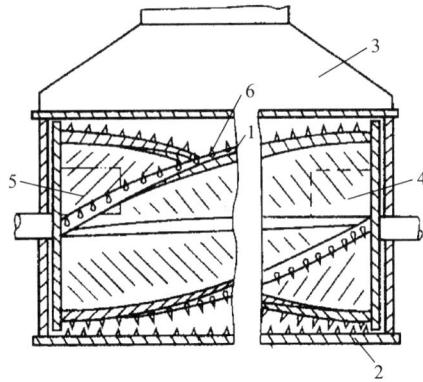

图 5-2　螺旋除杂机

1—螺旋打手　2—固定角钉　3—吸尘装置　4—原料茧入口　5—原料出口　6—打手上的角钉

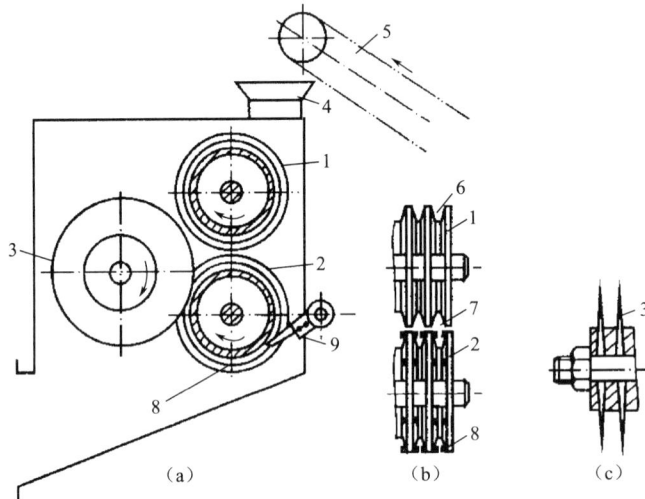

图 5-3　切茧机

1—喂茧轮　2—下喂茧轮　3—刀片　4—分配漏斗　5—输茧帘子
6—槽　7—通道　8—挡块　9—刮刀

3. 化学除杂

利用蛋白质纤维比纤维素纤维耐酸的原理，用硫酸将纤维素水解炭化，达到除去绢纺原料中所含较多细小植物性杂质的目的。此法多用于含有较多小树叶、树枝的柞蚕类绢纺原料的除杂。

二、精练

（一）精练方法

绢纺原料的精练方法分为化学精练、生物酶精练和超声波精练三种。

1. 化学精练

化学精练即利用化学药剂的作用，使绢纺原料脱胶、去脂。化学精练又可分为碱精练、皂—碱精练和酸精练三种。

丝胶具有两性性质，无论是碱还是酸都能用于脱胶。丝胶蛋白质偏酸性（等电点为 3.8～4.5），在碱性溶液中溶解条件较好，而且碱可通过皂化作用除去纤维上的油脂（蛹油），故用碱脱胶较为理想。由于采用碱精练或酸精练时，溶液的 pH 值不易控制，且碱的渗透性差，易造成脱胶不匀，酸练不能除去纤维中的油脂等，所以这两种精练方法已很少使用。

目前绢纺生产中普遍采用的是皂—碱精练法，即在练液中加入某种碱（如 Na_2CO_3、$NaOH$、Na_2SiO_3 等）和肥皂，练液的 pH 值控制在 9.5～10.5，温度达 90～98℃。其中，碱可提高练液的 pH 值，促使丝胶膨润、溶解和水解，还可皂化油脂、中和脂肪酸，碱作用力强，作用时间短、价格低，可降低生产成本，Na_2CO_3 还兼有软化水的作用；肥皂是一种很好的表面活性剂，具有良好的润湿、渗透、乳化、分散、增溶、洗涤等作用，肥皂在水中可水解生成氢氧化钠和脂肪酸（即 $C_{17}H_{35}COONa + H_2O \Longrightarrow C_{17}H_{35}COOH + NaOH$），因此，练液中的肥皂能将原料上的油脂和杂质洗去，同时还可对练液的 pH 值起缓冲作用，且少量的脂肪酸可使纤维具有良好的光泽和手感。但采用皂—碱法精练时必须用软水。

2. 生物酶精练

生物酶精练即利用酶的作用使绢纺原料达到脱胶、去脂的目的。

酶是生物细胞产生的一种生物催化剂，它本身也是一种蛋白质，能在温和的条件下催化有机物的化学反应，而本身却不起变化。酶最突出的性质是具有高超的催化效率和高度的专一性，如 2709 蛋白酶只能水解球状蛋白，不能水解纤维状蛋白，即只会脱胶不会损伤丝素纤维。酶对温度和系统的 pH 值很敏感，选用生物酶精练法，练液的温度和 pH 值必须控制在最适范围，否则将使酶的活性降低或丧失。

生物酶精练又可分为腐化法和酶练法两种。

腐化法也称自然发酵法，主要是利用微生物新陈代谢作用所分泌出的酶，使绢纺原料脱胶除脂。腐化法具有独特的除油功能，特别适宜对含油高的原料（如油滞头、有蛹茧等）进行精练。腐化法精练的理想条件是：练液的 pH 值控制在 7～8，温度在 38～42℃。

酶练法是直接利用酶制剂（如蛋白酶、脂肪酶等）作用于绢纺原料，使其脱胶去脂。酶练可在小浴比、低温、常压下进行，可降低能源和助剂的消耗；酶练对纤维损伤较小，有利于提高制成率；酶练克服了腐化法精练有臭气大、精练时间长的缺点，且具有较高的经济价值，易进行机械化操作。因此，酶练是一种很有发展前途的精练方法。

3. 超声波精练

超声波是指振动频率超过 20kHz 以上的高频声波，因其空化作用，近年来被广泛应用于纺织行业中的原料初加工、纺织品印染前处理、纺织印染废水处理等。

超声波的空化作用是指存在于液体中的微小气泡在超声场的作用下振动、生长和崩溃闭合的过程。气泡的崩溃闭合类似于一种小的爆炸过程，会在极短的时间内产生一个强压力脉冲（持续时间仅为几微秒），从而在崩溃点处形成一个局部热点（温度高达 1900～5200K，脉

冲压力达 $5×10^4kPa$)，并伴随有强烈的冲击波和时速达 400km 的射流以及放电、发光作用。脉冲持续结束之后，该热点随即冷却。超声波空化作用伴随的物理效应可归纳为四种：一是机械效应，即体系中的声热流、冲击波、微射流等；二是热效应，即体系局部的高温、高压及整体升温；三是光效应，即声致发光；四是活化效应，即水溶液中产生羟基自由基。这四种效应并不是孤立的，而是相互作用、相互促进的。

超声波精练就是利用超声空化产生的机械效应和活化效应使绢纺原料达到脱胶、去脂的目的。超声波空化作用能使黏附在纤维上的污物表面张力降低，使污物和油脂得以乳化、清除；同时，使丝胶与丝素纤维分开，并能加速丝胶溶解。绢纺原料精练中，超声波的除油、脱胶效果明显比传统工艺好，尤其对含油较高的原料，处理效果更佳，不仅不用进腐化缸，且不需高温、高 pH 值和长时间；可根据不同的要求，保留不同程度的胶质；同时，对纤维损伤少，且经过超声波处理过的原料白度高、纤维松散，易与蚕蛹分离。精练后原料的残胶率和残油率分别为 3.5% 和 0.5%。

相对于绢纺原料的传统精练方法而言，超声波精练温度低、时间短、药品使用量少、纤维损伤小，是一种高效低耗的精练方法。

(二) 精练设备

1. 练桶

一般为圆锥形大木桶，桶体采用硬质木材桧木、榉木、松木等制造，结构如图 5-4 所示。桶底处有一假底，在假底和桶底之间装有通蒸汽的盘香管，用来加热练液。练桶都是手工操作，劳动强度较大，但设备简单，使用方便，精练质量较好。

图 5-4 练桶

2. 筒式精练机

筒式精练机结构如图 5-5 所示。不锈钢圆柱形练筒，底部有蒸汽管、冷水管及循环水管。循环水管与涡轮泵相连，蜂巢筒 3 为一中空的圆筒，它与装料花板 4 及压料花板 5 上均匀布满小圆孔。定位杆 7 可调节压料花板的升降，以便将原料压入练液。练筒容水 2000kg 左右，每次可练原料 60~100kg。100℃精练 40min 左右即可结束。筒式精练机的特点是：比木桶的产量高，劳动强度小，但存在生熟不匀问题。

3. 笼式精练机

笼式精练机结构如图 5-6 所示，该机由上下两个大水槽和一根循环链条组成。上下槽可按精练要求分成几个小槽，槽 1、5、6 放温水，分别作初练、浸泡或温水洗用；槽 2、3、4 用作精练，水、蒸汽及药剂均由管道输入。原料装入笼子 8 内，由链条 7 带动依次在各槽内接受浸渍、精练和洗涤。每笼装原料 1.5~2kg。精练时间可由链条的速度控制。精练后，在出口处笼盖自动打开，由输绵帘运至机外。

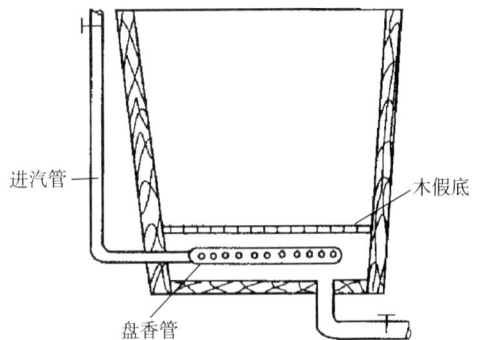

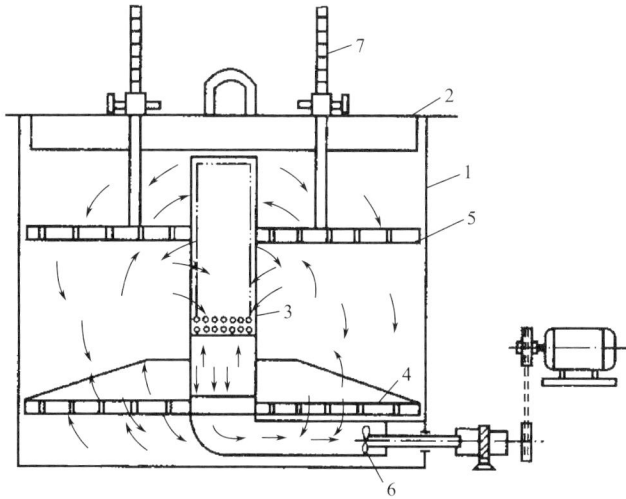

图 5-5　筒式精练机

1—练筒　2—练筒盖　3—蜂巢筒　4—装料花板　5—压料花板　6—蜗轮泵　7—定位杆

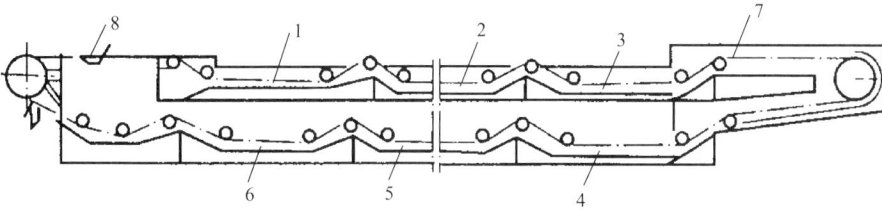

图 5-6　笼式精练机

1~6—水槽　7—循环链条　8—笼子

4. 叶轮式精练机

叶轮式精练机结构如图 5-7 所示。精练时，将原料铺在练槽 1 上，通过刮绵帘子 2 的回转，用其刮板将原料送入练槽内，使原料浸渍吸湿。当原料由刮绵帘子送出后，由于叶轮 3 的转动和上下喷水嘴 4 喷出高压水的冲力，将原料向前推进，同时受到精练，然后再转入下槽精练，最后由轧辊 6 压去多余的练液，送至输绵帘子 7 上。该机精练较均匀，但不适用于

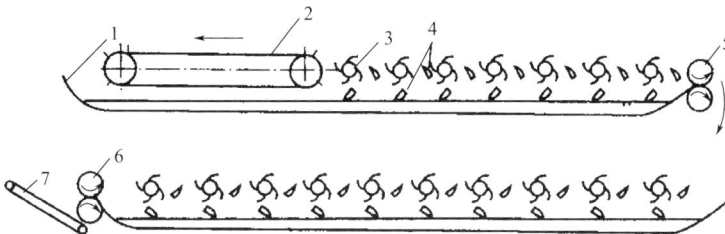

图 5-7　叶轮式精练机

1—练槽　2—刮绵帘子　3—叶轮　4—上下喷水嘴　5，6—压轮　7—输绵帘子

长丝条的原料，因其易沉于槽底。

5. 腐化缸

腐化缸结构如图 5-8 所示，缸体为陶制无釉水缸，一般口径为 98cm（内径 90cm，底径 56cm），高约 80cm，容水量为 36kg。缸体放置在设有蒸汽管的混凝土水槽内，上有木盖，以便加热和保温。腐化缸适宜精练油滞头、有蛹茧等含油高的原料。

（三）精练药剂

化学精练所用药剂为无机化合物和表面活性剂。其中，无机化合物主要有 Na_2CO_3、NaOH、Na_2SiO_3、$Na_2S_2O_4$、H_2SO_4 等；表面活性剂有肥皂、雷米邦 A、胰加漂 T、平平加 O、太古油、拉开粉等。由于 NaOH 溶液呈强碱性，易溶解蚕丝，所以，桑蚕丝绢纺原料精练时不得使用 NaOH；柞蚕丝仅用它对某些较难脱胶的绢纺原料（如茧扣）进行精练。

酶练法主要用 2709 蛋白酶、脂肪酶等。

超声波精练法可用少量弱碱和表面活性剂，或者不用药剂。

（四）精练用水

绢纺原料精练工程的耗水量相当大，一般每公斤原料需 400~500kg 水，而且水质的好坏直接影响精练效果，包括精干绵的质量、后加工的难易、精练药剂的消耗等。特别是水的硬度对精练效果的影响最大，例如：硬水中的钙盐和镁盐会使丝纤维的光泽暗淡、手感粗糙；肥皂与硬水中的钙盐和镁盐作用，生成不溶性的脂肪酸钙和脂肪酸镁（俗称钙镁肥皂），从而大大增加了肥皂用量；钙镁肥皂附着在纤维上，使纤维并结，产生斑点，影响洁净度；在纺纱时，钙镁肥皂会造成绕皮辊、绕罗拉、增加细纱断头率等，影响纺纱工程的顺利进行。因此，精练用水必须符合一定的水质要求：透明、无色、无味；浑浊度在 5 度以下；硬度小于 50mg/kg；含铁离子不超过 0.1mg/L；氯离子的含量在 80mg/L 以下；pH 值为 7~8。

三、精练后处理

原料精练后，丝纤维上残留着很多练液及浮渣等，必须予以充分洗涤，然后再脱水、烘干，制成精干绵。

（一）洗涤

由于练液中的丝胶、肥皂、脂肪酸等遇冷后会凝结附在丝纤维上，影响丝线的品质及后加工，因此，精练后的原料必须先经温水洗涤，方可用冷水冲洗。

1. 温水洗

温水洗水温为 45~60℃，洗涤次数 1~2 次，在精练机或练桶内进行。若遇油脂重的原料，可加适量纯碱或磺化油皂等。

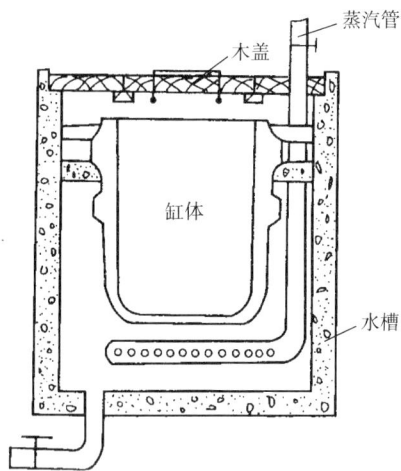

图 5-8　腐化缸

2. 冲洗

用冷水在一定水压（4.9~14.7N/cm²）下冲松漂净。冲洗是在冲洗机内进行的。图5-9为圆盘式冲洗机，其结构由回转的圆形冲洗槽及四根喷水管组成。冲洗槽每转一周，人工翻动原料一次，使原料充分受到冲洗。一般每次冲洗投料5kg左右，台时产量为75~80kg。该机冲洗质量好，但劳动强度大。

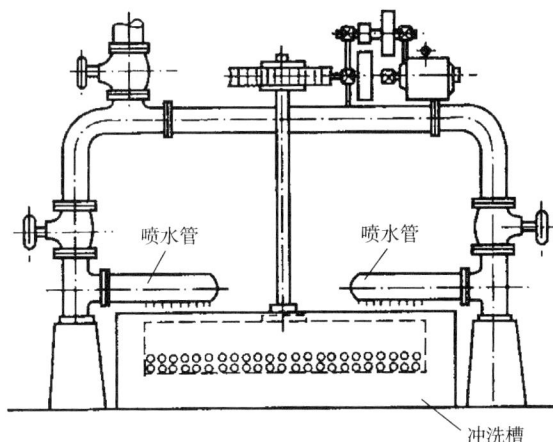

图5-9　圆盘式冲洗机

（二）锤洗

柞蚕绢纺原料精练后，用木杵锤洗，以去除黏附在原料上的丝胶和练液等杂质。锤洗是在锤洗机上进行的，每次锤洗19~24kg原料，锤洗时间为两周，其间翻动原料一次。锤洗机结构如图5-10所示。图中，1为能转动、有栏圈的圆盘锤洗槽；2为木杵，有12根，前后两排分四组，能在不同时间里循环起落；3为横轴，有前后两根，相互平行；4为凸轮，共12只，其相位差左右为30°角，前后为15°角；5为喷水管，在木杵的前后共装有四根。

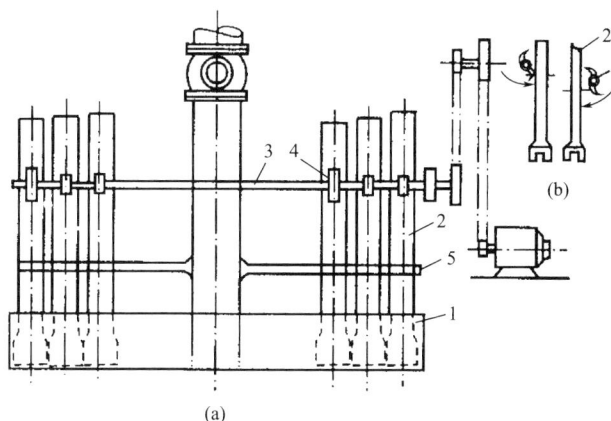

图5-10　锤洗机

1—洗槽　2—木杵　3—横轴　4—凸轮　5—喷水管

（三）脱水

原料经水洗后，纤维中尚有较多水分，在烘干之前，应设法除去，以提高烘干效率，节约能源。脱水一般在离心脱水机上进行，脱水后原料的含水率为40%～50%。

（四）干燥

为了便于贮存和生产，脱水后的原料必须进行干燥。目前绢纺厂多采用热风干燥法，用热空气使丝纤维中的水分吸热而汽化。干燥设备有烘房和烘干机两种。烘干后精干绵的回潮率控制在6%～8%。

第三节　精练工艺及质量控制

一、精练工艺设计

必须根据产品的要求、原料的具体情况，以高产、优质、低消耗的生产方针为原则，结合企业的设备条件、技术状况以及管理水平等因素加以综合考虑，制定合理的工艺设计。精练工艺设计的步骤如下。

（一）原料分析

原料进厂后，首先按原料的品种、含胶轻重、含油量多少、色泽好坏、含杂多少、霉烂程度、纤维强力大小、茧层薄厚及茧壳内有无蛹体等，将原料分档分级，以便分别进行精练处理。

（二）精练方法选择

不含油或含油量极少的上等原料（如一、二级长吐、削口茧、切茧等），可采用一次化学精练法或酶练法；含油中等的原料（如三、四级长吐、滞头等），采用二次化学精练法；含油高的原料（如有蛹茧、重油滞头、极差的长吐等），传统精练工艺是采用腐化法，近年来多采用超声波精练法，精练效果更佳。

（三）工艺流程确定

因原料的品质和精练方法而不同。

1. 酶练法

一、二级长吐 →预处理→温水洗→脱水→酶练→温水洗→冲洗→脱水→烘干→ 精干绵

2. 化学精练法

（1）一次练。

一、二级长吐 →预浸→脱水→精练→温水洗→冲洗→脱水→烘干→ 精干绵

（2）二次练。

滞头 →初练→温水洗→脱水→扯块→复练→温水洗（或加入一些洗涤剂）→冲洗→脱水→烘干→ 精干绵

3. 腐化法

有蛹茧 →初练→温水洗→脱水→除蛹→腐化→温水洗→脱水→扯块→复练→温水洗或碱水洗→冲洗→脱水→烘干→ 精干绵

4. 超声波精练法

重油滞头 →超声波预浸→水洗→脱水→超声波精练→温水洗→脱水→烘干→ 精干绵

5. 柞蚕原料精练

（1）大挽手和二挽手。

大挽手或二挽手 →浸泡→脱水→精练→槽洗→扯块→锤练→冲洗→脱水→抖松→烘干→ 精干绵

（2）茧扣。

茧扣 →浸泡→脱水→初练→槽洗→脱水→除蛹→锤练→冲洗→脱水→精练→扯块→锤练→冲洗→脱水→抖松→烘干→ 精干绵

（四）工艺参数选定

精练工艺参数应根据原料品质、精练方法及设备而定，主要包括浴比、温度、时间、药品用量、pH值等。

1. 浴比

精练时，练液的浴比影响精练质量、药品用量、用水量及能源消耗量。因此，浴比应根据原料的种类及性质、设备的形式和容量等而定。一般用练桶精练时，长吐的浴比为1：90，茧类因其体积较大，浴比为（1：75）~（1：110），滞头则为（1：55）~（1：60）；超声波精练重油滞头时，浴比约为1：20。

2. 温度

练液的温度对丝胶的膨润溶解有着极大的影响。采用化学精练法，初练温度为98~100℃，复练温度为95~98℃。采用生物酶精练法时，因酶和微生物有特定的温度要求，故需将练液温度控制在最适范围，如2709蛋白酶最适温度为45~55℃，腐化练最适温度为38~42℃。采用超声波法精练重油滞头时，预浸温度40℃，精练温度为80℃。

3. 时间和药品用量

根据原料的品质而定，如原料的丝胶含量高，精练时间可长些，药品用量可大些；反之亦然。原料的含油量大，可多加些洗涤剂。采用超声波法精练重油滞头时，可少加或不加药品。

4. pH值

丝胶的等电点为3.8~4.5，在不影响原料性能的条件下，pH值离等电点越远，脱胶速度越快。采用化学精练法时，pH值应取2左右或在9.5~10.5较为合适。采用生物酶精练法时，pH值应控制在最适范围，如2709蛋白酶最适pH值为9~11，腐化练最适pH值为7~8。

二、绢纺原料的制成率

绢纺原料的品质一般由纤维品质和制成率反映。从原料到精绵需经过选别、精练、梳绵三道工序，每道工序均有制成率，分别称为选折、练折、梳折。此三项制成率的乘积又称为绵折，即：绵折＝选折×练折×梳折。其中：

$$选折 = \frac{选净原料量}{未选原料量} \times 100\%$$

$$练折 = \frac{精干绵量}{选净原料量} \times 100\%$$

$$梳折 = \frac{精绵量}{精干绵量} \times 100\%$$

各类原料的制成率因原料本身的质量、生产工艺、技术及管理水平而有相当大差异。部分绢纺原料的制成率见表5-5。

表5-5 部分绢纺原料的选练折、梳折和绵折

原料名称	选练折率/%	梳折率/%	绵折率/%
长吐	68~74	60~70	41~54
毛丝	70~74	61~64	43~47
滞头	78~82	32~34	25~28
黄斑茧	30~37	54~62	16~23
削口茧	64~68	50~59	32~40
毛烂茧	18~26	38~44	8~10
大挽手	84~86	80~82	67~71
二挽手	86~89	81~83	69~74
蓖麻茧	80~82	62~64（三道）	49~52
木薯茧	82~84	70~71（三道）	57~60

三、精干绵品质

精干绵是指绢纺原料经精练加工而制得的产品。精干绵的品质高低，一方面可鉴定精练工艺的优劣，另一方面则是合理使用原料及制订后道纺纱工艺的依据。

精干绵的品质指标主要包括残胶率、残油率、洁净度、回潮率、纤维强力、纤维长度、外观和手感等。通常精干绵的残胶率应控制在3%~5%；残油率应小于0.5%；长吐和上茧类精干绵的洁净度应在30度以下，滞头和中下茧类应在35度以下。精干绵的回潮率应在6%~8%；纤维长度差异要小，不能过长或过短；外观和手感要求：长吐类精干绵以色白有光、蓬松柔软、强力柔韧、拉力好、无油味和精练均匀为好，滞头类精干绵以白净有光、蓬松、手感柔软、强力柔韧、丝缕清爽、无油及无油味、精练均匀为优品，茧类精干绵以色白有光、蓬松柔软、强力柔韧、极少大片茧粒、无油斑、精练均匀为佳品。

习题

1. 为什么要对绢纺原料进行精练？绢纺原料的精练方法有哪几种？精练后绢纺原料的残胶率和残油率范围是多少？

2. 简述绢纺原料化学精练和生物酶精练的机理，并简要分析两种精练方法的优缺点。

第六章　山羊绒初步加工

山羊绒初步加工

山羊是人类最早驯化的家畜之一。山羊抗病力较强，有极强的环境适应能力，易于养殖，能够提供肉、奶、绒、皮等人类生活的必需品。山羊品种的形成与社会经济发展、人民生活的需求及生态条件密切相关。全世界主要的山羊品种和品种群有 150 多个。

山羊绒是绒山羊皮肤刺激毛囊产生的纤细的底层纤维，是山羊越冬御寒长于粗毛下的保护层。山羊绒的生长具有季节性，一般生长旺盛期为每年的 8~10 月，生长缓慢期为每年 12 月至次年 2 月。

第一节　山羊绒资源

一、山羊绒定义

英国纺织协会（the Textile Institute）对山羊绒的定义：从亚洲的具有双层背毛的山羊身上取得的平均直径小于 18.5μm 的山羊下层绒毛。从野生种群中选育的山羊所产绒达到上述标准的，也可将其称为羊绒。

美国材料试验学会（ASTM）对山羊绒的定义：粗毛含量最多不超过一个既定百分含量的绒毛及其制品。粗毛是指纤维直径大于 30μm 的纤维，重量占总量的 3% 以下。

我国国家标准 GB 18267—2013 对山羊绒的定义：山羊原绒、洗净山羊绒、分梳山羊绒统称为山羊绒，其中纤维直径在 25μm 及以下的属绒纤维。山羊原绒、洗净山羊绒、分梳山羊绒是根据从绒山羊身上获取原料的加工深度区分的。山羊原绒是从具有双层毛被的山羊身上取得的，以下层绒毛为主附带少量自然杂质、未经加工的毛绒纤维。洗净山羊绒是山羊原绒经过洗涤达到一定品质要求的山羊绒。分梳山羊绒是经洗涤、工业分梳加工后的山羊绒，也称无毛绒。

纺织企业所使用的山羊绒是无毛绒，也称开司米（cashmere）。我国山羊绒在自然状态下的毛绒层厚度为 3~7cm，伸直长度为 4~9cm（多数为 4.5~6.5cm）。

二、山羊绒原料分类

山羊绒按照其天然颜色分为白绒、青绒、紫绒。从外观特征来看，白山羊绒的绒纤维和毛纤维均为自然白色；青山羊绒的绒纤维呈灰青相间色，毛纤维呈黑白相间色或棕色；紫山羊绒的绒纤维呈紫棕相间色，毛纤维呈深棕色或黑色。不同颜色类别的山羊绒相混，按颜色深的定类。

按照生产方式的不同，山羊绒原料可分为活羊绒和非活羊绒两大类。

1. 活羊绒

（1）羊抓绒。春末夏初山羊自然脱绒时，从羊体上抓下来的绒毛。颜色正、光泽亮、有油性。

（2）活羊剪绒。春季绒毛即将脱落时，将绒毛剪下，然后将大量的粗散毛拔掉的毛绒。绒相互粘连、油性差、光泽暗。

（3）山羊活剪毛。绒山羊在抓绒后再一次剪下的毛绒。

2. 非活羊绒

（1）皮剪绒。从皮毛厂的碎皮下脚料、生皮上剪下的毛绒。这些皮以没有抓过绒的冬皮居多。

（2）皮退绒。制革厂从皮子上退下的绒毛，主要分为两种类型：干退绒，用化学方法从山羊皮上取得的山羊绒；灰退绒，用石灰水浸泡山羊皮后取得的山羊绒。

（3）皮抓绒。生皮抓绒，从山羊皮上抓下的毛绒，纤维短、含粗多；熟皮抓绒，从熟制山羊皮上抓下的毛绒，绒短、手感发涩。

三、绒山羊资源分布

中国优良的绒山羊是在悠久的人工选择和持续而复杂的生态环境下形成的山羊品种。我国饲养绒山羊的11个省、自治区（内蒙古、山东、陕西、甘肃、西藏、青海、河北、辽宁、新疆、宁夏、山西）都在北纬35°以北的广大地区。其中，内蒙古的西部和中部、新疆的北疆、山西、陕西、甘肃的大部、宁夏属于中温带的干旱和亚干旱地带的荒漠与半荒漠气候区，其生态环境特点是气候干旱，少雨，风大沙多，气温变化大，海拔1300~2000m，年平均气温3.1~6.7℃，年平均降雨量80~288mm，年平均日照3000~3779.6h，平均风速3.6m/s。在诸多具有产绒能力的山羊中，唯一分布在湿润南温带的是辽宁绒山羊，分布在辽东半岛，海拔500~1000m，年平均气温6.5~9.4℃，年降水量656~1136.8mm，属暖性疏林和灌丛草场，春夏秋放牧条件较好。

我国山羊绒产量主要取决于绒山羊个体的产绒能力和绒山羊总数。由于绒山羊品种、气候、自然资源、土壤类型及饲养水平的地域性差异，全国各地区山羊绒的单位面积产量也不相同，而且分布表现出地带性。我国的牧区主要分布在东北平原西部、内蒙古高原、黄土高原、青藏高原和祁连山以西广大地区，包括西北荒漠区、青藏高原区、东北草原区的绝大部分面积，全国牧区产绒量约占全国总产量的50%。我国农牧交错区主要分布在松嫩草原、黄土高原、四川盆地和云贵高原部分地区，产绒量约占全国总量的37%。从全国范围来看，山羊绒生产从西北往东南方向分布过程中，全部绒山羊品种都不能适应长江以南的亚热带山地丘陵区及热带农区气候。"气候因子"包括年平均温度、年平均降雨量和全年日照时数，决定了绒山羊的地理分布，并形成我国羊绒生产的地带性和区域性。

1. 内蒙古绒山羊

内蒙古的绒山羊优秀种群主要分布在内蒙古西部的阿拉善盟、鄂尔多斯市、巴彦淖尔市。

属于典型的温带干旱半干旱气候区，生态环境特点是少雨风大沙多，温差大。区内有高山、丘陵、高平原以及戈壁、滩地、荒漠化草场，平均海拔 1300~2000m，年降水量 80~288mm，集中在 7~9 月，年日照 3000~3779.6h，最高气温 38℃，最低气温-35.7℃，相对湿度 38%~44%，无霜期 120~152 天，平均风速 3.6m/s。该区植被稀疏，生长大量蒿属植物和灌木、半灌木，适于绒山羊饲养。

内蒙古绒山羊包括分布在内蒙古从东到西的广阔地区的不同类型山羊，主要有五个地方类型：

（1）阿尔巴斯白绒山羊。阿尔巴斯白绒山羊是珍贵的绒肉兼用型山羊，主要分布在鄂尔多斯高原西北千里山、卓子山及延伸丘陵地带，是经过长期选育，逐渐形成的优秀地方山羊品种。因该羊种以鄂托克旗的阿尔巴斯地区为多，故称为阿尔巴斯白山羊。该羊种所产绒纤维是纺织工业的上等原料，在国际市场上享有较高的声誉。

由于阿尔巴斯白山羊分布很广，生态环境的差异较大，各地产绒量和绒的品质不一致。山区所产山羊绒质量较好，但产量偏低。

（2）二狼山白绒山羊。二狼山白绒山羊是著名的绒肉兼用型山羊，产于内蒙古巴彦淖尔市的阴山山脉及其低山丘陵和高平原地带，所产山羊绒和山羊板皮是产区传统的出口商品。二狼山白绒山羊以长毛类型为主，粗毛平均长度在 14cm 以上，最长达 30cm，绒毛长 3~6cm，平均 4cm 以上。公羊的粗毛长于母羊。母羊平均产绒 260~280g，公羊平均产绒 190~380g。山羊绒纤维平均细度 14.5~16.0μm，含脂率 9.44%。

（3）阿拉善白绒山羊。阿拉善白绒山羊主要分布在阿拉善左旗北部的荒漠化草原地带，以红古尔玉林为中心，以及与其相毗邻的敖伦布拉格、庆格勒图、吉兰泰、图克木等地区。阿拉善白绒山羊成年公羊平均产绒量 358g，成年母羊平均产绒量 307g。绒毛长 4~6.9cm，细度 13.28~15.31μm。

（4）乌珠穆沁白绒山羊。乌珠穆沁白绒山羊主要分布在锡林郭勒盟的东、西乌珠穆沁旗。该区属中温带大陆性气候，冬季漫长寒冷，夏季短暂炎热。该地山羊具有绒肉产量高的特点，毛色有白、青、黑。

（5）罕山白绒山羊。罕山白绒山羊主要分布在内蒙古通辽市的扎鲁特旗和赤峰市的巴林右旗、阿鲁科尔沁旗，属中温带亚干旱气候区，于 20 世纪 80 年代引入辽宁绒山羊改良本地山羊而育成。

阿尔巴斯、二狼山和阿拉善白绒山羊由于生态条件的特殊作用，属于优质绒类型，而乌珠穆沁和罕山白绒山羊属于高产绒量的类型。

2. 新疆绒山羊

新疆绒山羊主产区为天山南麓、塔里木盆地北缘的一条带状地区，大陆性干旱与半干旱气候区，降水少，相对湿度低，温差大，冬季长，春秋短，日照长。新疆山羊遍布全区，在数量上，南疆多于北疆，牧区多于农区。新疆山羊由于所处地区的自然地理、生态条件不同，在体型外貌和纤维性能之间存在差异。

3. 藏绒山羊

藏绒山羊是分布在海拔 3000~5000m 特殊生态环境下的产绒山羊，与我国西藏地区相邻的印度、尼泊尔、巴基斯坦、伊朗、阿富汗等地区也有少量分布，但品质较为混杂、数量不多。藏绒山羊分布地区的气候特点是海拔高、缺氧、热量不足、干旱寒冷，有 75% 的藏绒山羊分布在干旱温凉、干旱寒冷和半干旱温凉、半干旱寒冷四个气候带。由于这种高寒缺氧特殊的生态环境，对藏绒山羊的种质特性有影响。

西藏绒山羊分布在西藏西北地区的阿里、那曲两地和西藏东南地区的拉萨、昌都、日喀则。从羊绒的数量和质量来看，藏西地区的羊绒要优于藏东地区的羊绒。由于当地牧民不注重绒山羊的选育，白绒的黑毛很多。西藏绒山羊分为高原型和山谷型。其中高原型产绒最高，是通常所说的西藏绒山羊；山谷型产绒量很少，无绒用价值。

此外，藏绒山羊也分布在四川省甘孜、阿坝藏族自治州，青海省玉树、果洛藏族自治州等地。

4. 辽宁绒山羊

辽宁绒山羊主产区为辽宁东南部长白山绵延的步云山区周围，属长白山脉千山山系向东南延伸的丘陵地区，分布在盖州、岫岩、复县、庄河、凤城、宽甸及辽阳等地。海拔 500~1000m，地形为高山、河谷、小平原交错而成的复杂山区地貌，年最高气温 37.3℃，最低气温 -33℃。产区属森林植被，多为疏林草甸和灌丛草甸草场，植被覆盖率达 80%。辽宁绒山羊是我国绒山羊产绒量较高的品种，产绒多，质量好，体格大。

5. 我国其他地区绒山羊

甘肃省最好的绒山羊分布在肃北蒙古族自治县和肃南裕固族自治县，均是河西荒漠和半荒漠草场，年降水量 100~200mm，年平均气温 8℃ 左右，极端最低/最高气温为 -26~27℃。植被属高山灌丛草场、荒漠和半荒漠、沙漠草场。产于甘肃河西地带的河西绒山羊是在当地严酷生态条件下，经过长期自然选择和人工选育作用下，逐渐形成的以产绒为主的地方良种。甘肃庆阳地区子午岭黑山羊数量较多。

河北省绒山羊最集中的地区是燕山和太行山区。河北省的紫绒产量较多，集中在定州、唐县、易县等地。

山东省绒山羊的品种主要有沂蒙黑山羊和济宁青山羊，分布在鲁中西北部的平阴、泰安、肥城等，鲁中南部的泗水、费县、临沂等，鲁中东北部的淄博、莱芜、沂源、博山等地。

宁夏回族自治区绒山羊主要集中在贺兰山东麓的银北地区和六盘山附近地区，以惠农、平罗、银川市郊、中卫、海原、西吉、固原等地产量较大。

陕西省绒山羊主要产于陕西北部的延安地区和榆林地区，其中榆林地区的羊绒品质较好。

山西省绒山羊主要集中在吕梁山区、临汾、忻州三地。临汾地区产绒区主要分布在永和、隰县、大宁、蒲县等地，吕梁地区产绒区主要分布在以石楼为中心的兴县、岗县、柳林、交口、中阳等地，忻州地区产绒区主要分布在以岢岚为中心的河曲、偏关、宁武、静乐等地。

6. 其他国家的绒山羊

蒙古国与我国内蒙古自治区接壤，是山羊绒第二生产国。主要品种有蒙古白绒山羊（图6-1）、山地阿尔泰绒山羊和顿河绒山羊，主要分布在蒙古国的西部地区。蒙古山羊绒为细而匀的优质羊绒，山羊绒大约年产2500t，其品系主要为戈壁古尔班赛汗山羊和蒙古绒山羊。山羊绒颜色以紫、青色为主，有较少量的白色原料。

俄罗斯山羊绒纤维长度长、强力大、拉伸断裂功大、摩擦因数小，但是山羊绒的细度偏粗。俄罗斯绒山羊主要为顿河绒山羊品系，绒毛细度在20μm左右。

图6-1　蒙古白绒山羊

伊朗、阿富汗出产的山羊绒主体颜色为黑、灰、褐色，绒毛细度为17.5~19.5μm。

第二节　原绒与洗涤

一、原绒的采集

1. 山羊绒生长

绒山羊具有异质的双层毛被，由绒毛和粗毛组成。绒山羊的毛被随着季节呈现周期性生长，一般1年为1个周期，这是由于毛囊活性呈周期性变化。每年夏季的中后期，随着皮肤毛囊的活动能力增强，山羊绒开始生长，这一生长趋势一直延续到仲冬。此后，毛囊的活动能力逐渐减弱，山羊绒也停止生长。绒毛的生长高峰期为深秋，在冬春之交逐渐停止生长。当春季来临时，气候逐渐转暖，山羊皮肤和体组织也发生着一系列的变化：毛球细胞分裂逐渐变慢，先是生成髓质层的细胞停止发育，毛根逐渐变细、无髓，皮脂腺的分泌也减少，最后毛球停止细胞分裂。毛囊逐渐收缩，毛根开始上升，当毛根上升到皮脂腺附近时暂时停止，待新毛长成将其推到表皮层外时，毛纤维即行脱落。这一过程一般要经历2~3个月，从2月到4~5月脱换最为明显。一般是绒纤维先脱落，当绒大量脱落时，有髓毛才开始脱落。绒山羊脱落了厚密的冬季毛，长出粗而稀少的夏季毛。秋季，随着气候转冷，绒山羊逐渐将夏季毛脱换或充实，长出丰厚细密的冬季毛。一般绒山羊秋季脱换毛现象并不明显，许多绒山羊仅脱落一层较短的夏绒（<10mm），大多有髓毛并不脱落，仅在其周围长出大量的绒毛，使被毛长密而柔软，防止皮肤大量散热。

绒山羊的毛绒生长是一个极其复杂的生理过程。影响毛绒生长的因素主要有环境、营养、遗传等方面。遗传是调控绒山羊毛被生长的主要因素，而基因主要是通过内分泌系统和酶的调控发挥作用的。山羊绒品质主要受遗传因素的影响，但环境因素也起着十分重要的作用。研究表明，绒山羊的绒毛生长周期和山羊的繁殖周期相一致，都与光周期有关。光照由长变短时，绒开始生长，光照由短变长时绒逐渐停止生长。低纬度地区的山羊由于光周期变化不明显，绒毛生长很少或不生长绒毛。

针对绒山羊毛绒生长的季节性问题，有关畜牧研究人员开展研究山羊绒光控生长技术并取得相关成果。绒山羊光控增绒技术就是在暖季通过人为控制绒山羊日照时间来调节其生物钟，促进羊绒生长，使羊绒在暖季如同冷季一样生长，使得绒山羊在非长绒期也能长绒，进而实现增绒。光控增绒技术的核心内容体现在三个方面：专用棚圈、限制光照的期限、每日限制光照的时间。光控增绒技术对棚圈有专门的要求，棚内保持通风良好，棚圈的暗度要保持在0.1lx左右。在光控增绒技术实施期间，每天上午9：30至下午4：30左右为绒山羊自由放牧、饲喂和饮水时间，下午4：30至次日上午9：30左右将绒山羊圈入棚圈内，并关闭棚圈门。使用光控增绒技术后，内蒙古白绒山羊个体平均增绒率70%左右，阿拉善白绒山羊的绒长度增加约2cm，对绒纤维细度没有影响。

2. 原绒采集

山羊原绒的采集称为抓绒，也叫梳绒，是用铁制梳绒耙子从山羊身上将羊绒顺利梳下。抓绒是绒山羊管理工作中的一个重要环节。

绒山羊的绒纤维生长具有明显的规律性，不同种类的绒山羊其绒纤维生长时间有差异，脱绒时间也不尽一致。具体抓绒时间要通过检查山羊耳根、眼圈四周及颈部羊绒的脱落情况来判断。这些部位的羊绒自然脱离皮肤1cm以内为最佳抓绒时间。如果羊绒脱离皮肤达到或超过1.5cm时，说明相当数量的羊只双侧腹部羊绒已经开始丢失，而且有些部位的羊绒已开始出现不同程度的缠结，其经济损失是不容忽视的。通常清明节是抓绒的开始时间。由于羊绒自然脱离皮肤存在个体差异，因此，抓绒不能集中在几天内抓完，应从清明节后2~3天开始，按脱绒顺序逐日检查，发现几只脱绒就抓绒几只。第一次抓绒后，过7天左右再抓一次，尽可能将绒抓净。有些养殖户抓绒时为了省时间，集中在几天内抓绒，从而使有些羊只身上的绒没有完全抓完，造成羊绒产量不高，影响经济效益。

抓绒工具是特制的铁梳，如图6-2（a）所示，有稀和密两种。稀梳通常由7~8根钢丝组成，钢丝间距2~2.5cm，钢丝直径0.3cm左右。密梳通常由12~14根钢丝组成，钢丝间距0.5~1cm。梳子前端弯成钩状，磨成秃圆形，顶端要整齐。最好备大、小两种梳耙，抓羊体身躯用大梳耙，耳后、腋下、尾根等小块地方用小梳耙。

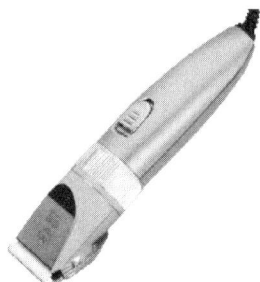

(a) 抓绒梳　　　　　　　　　　　　　　(b) 剪绒刀

图6-2　抓绒工具

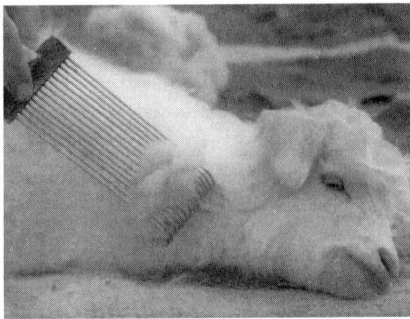

图6-3 抓绒

抓绒场地要宽敞、平坦，有条件的可做专用抓绒操作台。无操作台时可在场地上钉一个高50cm左右的固定木桩，让羊体侧卧，用绳子将羊头、角系在木桩上，将羊的肢蹄按同侧捆在一起并固定好（图6-3）。先清理羊被毛上的沙土、粪块等杂物，用稀梳顺毛沿颈、肩、背、腰、股等部位由上而下将毛梳顺。对个别难以梳顺的部位，可将露出羊绒外边的毛梢剪掉。梳理顺后开始抓绒。用密梳从头部抓起，手劲要均匀，顺躯体前进。梳子要贴近皮肤，切不可用力过猛。抓完后再逆毛抓1次，尽量将绒抓净。山羊于抓绒前一天晚上禁食，抓绒前2h内禁止饮水，保证抓绒时空腹。

抓下的羊绒妥善保管好并及时出售。往往由于羊绒市场疲软等原因，羊绒跨年度保存是常有的事。通常羊绒储存库要选择通风、干燥的阴凉处，选用棉袋或者纸箱盛装为宜。储存前要把羊绒晾干，包装时禁止按压，让羊绒与羊绒之间有一定的间隙。同时，在棉袋或纸箱内放入适量卫生球以防虫蛀。摆放时单层摆放最好。如果储存量大，空间有限，那么袋与袋或者箱与箱之间要留有间隙。如果挤压过紧，容易造成霉变，羊绒就会遭到破坏。储存时每隔1周翻动1次，春秋季节半个月翻动1次，冬季可时间稍长。储存库房门窗要经常打开通风，这样储存的羊绒基本上与新绒没有区别，否则会影响羊绒品质，储存不好的陈绒与新绒会有很大区别。

由于不同品种、不同性别、不同羊龄的羊只，甚至同一羊只的不同部位，羊绒脱落的时间存在差异，造成传统的山羊绒采集方法（抓绒）难度大，在抓绒过程中可能伤及羊的真皮层，使羊感到痛苦。针对这种状况，目前可采用剪绒刀［图6-2（b）］采集山羊绒（剪绒），这种方法采集效率高，羊无痛苦，能提高动物福利。但是该剪绒方法采集的山羊原绒中粗毛含量高，不利于后续山羊绒的分梳。

图6-4 绒山羊不同部位山羊绒采集图

绒山羊羊体上不同部位的山羊绒品质存在差异，为了做到山羊绒的优质优价优用，内蒙古自治区地方标准DB15/T 1579—2019《绒山羊分部位抓绒技术规程》规定了绒山羊分部位抓绒、分级整理和包装。其中，抓绒部位分为A区（包含肩部、体侧部、股部）、B区（其他部位），如图6-4所示。抓绒时，先抓A区，后抓B区，将A区、B区抓取的山羊绒分别装入包装袋。分级员将抓取的山羊绒按照不同的采集部位分别摊开并抖动，尽量抖掉山羊绒中的肤皮、尘土、草刺等杂质。将同一等级的山羊绒使用洁净透气的包装袋进行包装，包装袋应符合有关要求，防止二次污染、防潮、防蛀。

3. 原绒质量指标

原绒型号等级技术条件见表 6-1。平均直径、手扯长度两项为考核指标，品质特征为参考指标。山羊原绒的回潮率不得大于 13%。

表 6-1　山羊原绒型号等级技术条件

型号	平均直径/μm	等级	手扯长度/mm	品质特征
超细型	≤14.5	特	≥38	自然颜色，光泽明亮而柔和，手感光滑细腻。纤维强力和弹性好，含有微量易于脱落的碎皮屑
		一	≥34，<38	
		二	<34	
特细型	>14.5 ≤15.5	特	≥40	自然颜色，光泽明亮而柔和，手感光滑细腻。纤维强力和弹性好，含有少量易于脱落的碎皮屑
		一	≥37，<40	
		二	<37	
细型	≥15.5 ≤16	一	≥43	自然颜色，光泽明亮，手感柔软。纤维强力和弹性好，含有少量易于脱落的碎皮屑
		二	≥40，<43	
		三	≥37，<40	
		四	<37	
粗型	>16.0 ≤18.5	一	≥44	自然颜色，光泽好，手感尚好，纤维有弹性，强力较好，含有少量易于脱落的碎皮屑
		二	<44	

手扯长度、平均直径的测试方法参见国家标准 GB 18267—2013。

由于山羊品种、生产环境、气候条件、饲养管理水平、生产方式不同，每只羊的原绒产量是不同的。即使产绒量相同，由于以上条件的影响，原绒中细绒纤维的含量也有很大差别。纺织工业中最终使用的是绒纤维，因此山羊绒中所含绒纤维量的多少是决定山羊原绒（洗净绒、分梳山羊绒）等级、价格的重要因素之一。山羊原绒的含绒量以净绒率为考核依据。净绒率是指山羊原绒经洗净、烘干且去除粗毛、杂质，以公定回潮率和公定含油脂率修正后的质量占山羊原绒质量的百分数表示。净绒率的测试与计算方法参见国家标准 GB 18267—2013。山羊原绒含绒量的高低，相对于某一固定地区来说，一般在没有人为因素的影响下，数值总在一个较小范围内变动，含绒量只表示原绒或洗净绒中绒纤维的多少，是"量"的范畴。

二、原绒的分选

1. 原绒的组成

山羊原绒中除绒毛纤维、粗毛纤维以外，还含有其他杂质，如图 6-5 所示。

从杂质来源看，一般可分为三类：天然杂质、获得性杂质和人为附加杂质。

天然杂质包括山羊本身的分泌物和排泄物，如脂、汗是山羊皮肤腺体的分泌物，粪尿、皮屑等是山羊身体正常的排泄物。

获得性杂质是羊只生活环境带来的，包括植物性杂质和矿物性杂质。植物性杂质包括杂草、树枝叶和饲料渣等，它的来源与牧草和饲养方式有关。如果草原优良丰盛，牧场管理得好，山羊绒中的植物性杂质就少，很少有带刺、钩的劣质牧草。矿物性杂质主要指砂土，与

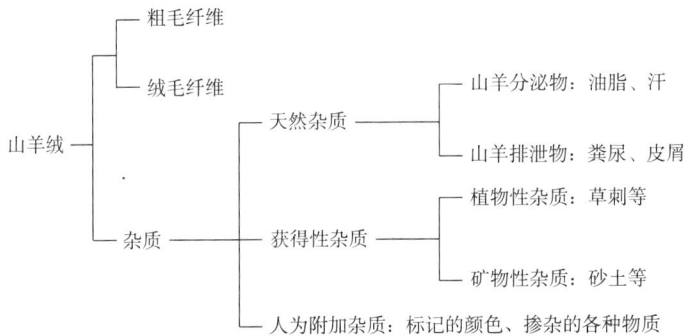

图6-5 原绒组成

各地的自然气候条件有直接关系。

人为附加杂质包括给山羊做标记用的油漆、沥青、颜料和药浴残余，以及人为掺杂的各种油类、砂土和增重的各类矿物质。

2. 分选的目的

从绒山羊身上抓取的原绒中含有绒毛粗毛及砂土等杂质。同时，原绒中也可能含有标记毛、其他动物纤维、非动物纤维和白绒中的异色纤维。因此，在原绒洗涤之前，必须经过人工分选，以去除其中的肤皮毛、标记毛、非动物纤维、异色纤维、其他动物纤维，并且顺纤维方向撕松"绒瓜"（以防撕断绒纤维），抖去砂土杂质，然后装袋。

分选后的白原绒，要严格控制"三异纤维"，即异色纤维、异性纤维（其他动物纤维）和异质纤维（非动物纤维）以及标记毛，因为这些纤维一旦未被分选出来而进入分梳工序，则分梳无毛绒的使用价值会大大降低，价格也大大降低。

分选后的原绒，按其品质分类装袋、存放。装绒所用的袋子（或包）用棉布袋，禁用丙纶袋，以防丙纶丝脱落混入绒中，形成非动物纤维，影响无毛绒的质量。

3. 分选的要求

分选人员应具有一定的技术水平和熟练程度，能够迅速辨别纤维的品质偏差和"三异纤维"。分选车间要有好的采光（自然光或人工采光），日光不宜直射，应采北光偏东。灯光要求均匀照明500照度，或40瓦日光灯2支。分选台工作面为铁丝网（网眼以不掉落绒毛为好），分选台应配备吸尘装置，保证分选工的健康，提高工作效率。同时对分选车间要经常进行消毒处理（可采用喷洒方法），以保证分选人员的身体健康。

拆包与装袋时，尽量保持绳索、袋皮的完整和妥善收管。

分选工作人员皮肤上有破损时，要迅速治好或用消毒防护物品包扎好，防止尘土细菌等沾污传染。

4. 分选的关键步骤与质量控制

山羊原绒分选过程按顺序可分解为取料、抖料、辨别与清除、人工撕松与装袋、检验等关键步骤。

（1）取料。从绒包中按层次由上而下取出适量原绒，置于分选台上，不宜过多，不要散落在过道，保证过道、脚下干净；拆包时避免线头、铁丝等杂物混入原料。

（2）抖料。将取到工作台上的原料，取出铺平，轻轻抖动，尽量将砂土抖落。

（3）辨别、清除。将抖过砂土的原绒铺平，仔细辨别原绒中有无异色纤维、非动物性纤维、其他动物纤维，并将它们取出置于相应的袋或盆中集中存放，避免混放、散落。

（4）人工撕松与装袋。将经过辨认、除尽杂质的绒撕散至均匀无大块的状态，后装在规定的原料袋中，避免混装。

（5）检验。将选好的白原绒 10~15kg 交由检验员检验，各类产品异色纤维含量需符合无非动物性纤维、其他动物纤维、大绒团、大杂质，且松散均匀的规定，其中任何一项不符合要求时必须重复步骤（1）~（4）。

检验合格后的选后绒由 5~10 人一组的复检员抽样检验，如检验出任何一项超标，该批选后绒全部重复步骤（1）~（4），再由组长重新复验。

根据生产管理经验，每批原绒均需取样分选，由检验员定出级别、分选标准，并确定标样。要求分选后的原绒无长束粗毛、大杂质、草刺绒、肤皮绒等，且绒套松散。

三、洗绒

1. 开松

分选后质量合格的原绒仍为块状，其中含有大量的砂土杂质。开松是利用一定机件的相互作用，对块状原料进行撕松、打击和撞击，以松解纤维之间以及纤维与杂质之间的联系，同时排出原料中的砂土杂质。开松后原料由大块变成小块或小束，为洗绒、分梳做好准备。

开松是在开松机内完成的，如和毛机（图6-6）、立式开棉机、六滚筒开棉机（图6-7）等。目前国内外还没有通用的开松设备。在开松过程中要防止纤维损伤过大，选用的开松机要注意开松作用不能太强烈。但是开松作用太缓和，开松效果不好。为了防止洗净绒中有毡并毛块，可使用有强扯松能力的 B261 型和毛机。

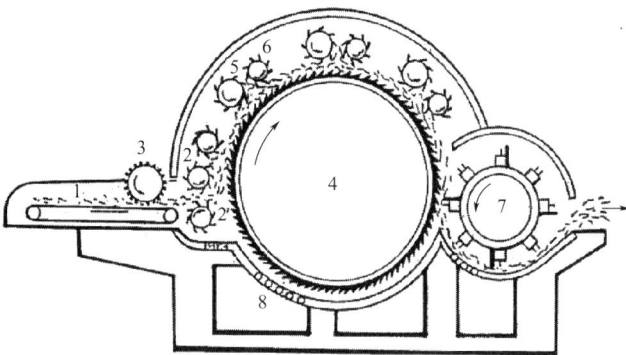

图6-6 B261 型和毛机

1—喂给帘 2—喂入罗拉 3—压辊 4—锡林
5—工作辊 6—剥毛辊 7—打手 8—尘格

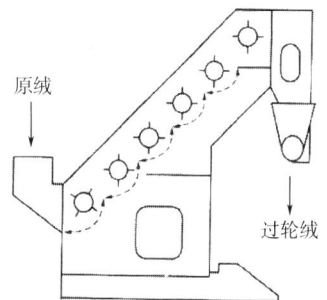

图6-7 六滚筒开棉机

2. 洗绒

原绒经过开松处理后，纤维中仍含有细小砂土、油脂和汗等杂质。图 6-8 为原绒中粗毛纤维、绒毛纤维表面的状态，可以看到纤维表面附着有许多杂质。

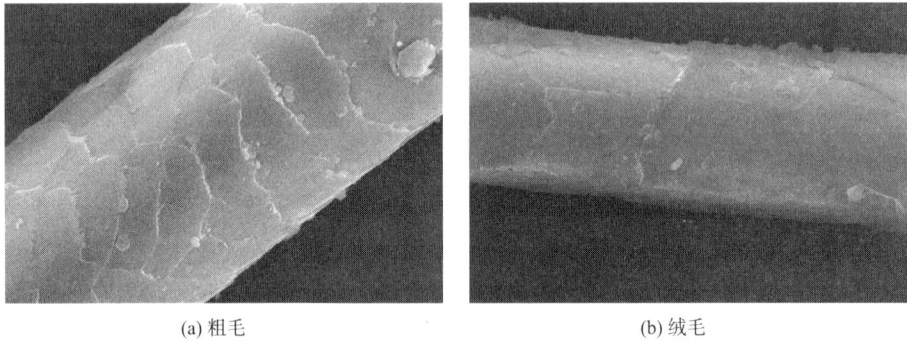

(a) 粗毛　　　　　　　　　　　　　　　　(b) 绒毛

图 6-8　原绒中粗毛与绒毛的表面（SEM）

洗绒之前要先分析山羊绒的结构、性能以及不同地区山羊绒的洗涤难易程度，表 6-2 给出了影响山羊绒洗涤效果的山羊绒油脂性能。

表 6-2　山羊绒油脂性能

内蒙古山羊绒	酸值/（mg/g）	皂化值/（mg/g）	不皂化值/（mg/g）	熔点/℃
通辽白绒	22.37	165.4	40.68	41.5
鄂尔多斯白绒	75.20	729.7	—	40.0
阿拉善右旗白绒	32.40	140.4	25.93	49.0
阿拉善左旗白绒	31.70	207.3	59.26	46.0

洗绒是一个去污过程，主要是通过化学和机械方法除去纤维上的油脂、汗和砂土。洗山羊绒设备可采用洗羊毛设备，五只洗毛槽。也可采用原绒联合水洗机，由 B031-100/120 型开松喂毛机、JF046-110 型开松除杂机、JF013-110 型六打手除杂机、FB006-122 型洗绒机和 B033-183 烘干机联合组成。

清水槽、洗涤槽、漂洗槽温度各不相同。采用中性洗涤剂、大浴比、小喂入量的工艺，以减少纤维与纤维、纤维与机械的摩擦，减少纤维毡并现象。烘燥时以低温快速为好。洗绒工艺举例见表 6-3。洗绒后烘干时烘干温度在 85~100℃。

表 6-3　洗绒工艺

参数	1 槽	2 槽	3 槽	4 槽	5 槽
洗涤温度/℃	50~54	51~54	50~54	42~45	42~48
洗涤剂与用量	中性洗剂 0.15g/L	中性洗剂 3.73g/L 三聚磷酸钠 0.10g/L	绒洗剂 2.80g/L 毛能净 0.40g/L 三聚磷酸钠 0.80g/L	—	—

经过水洗后的山羊绒手感柔滑松散，白度与自然光泽好，回潮率 12%~17%，含油脂率

1.2%~1.4%。如烘后绒含水过高，打包后山羊绒容易发霉；若烘后绒含水过低，纤维会受到损伤、色泽变黄。

洗绒加工环节直接影响分梳加工以及无毛绒的品质。洗净绒的白度、蓬松度、毡并率等直接影响无毛绒提取率和纤维长度。要严格控制洗净绒残脂率，若残脂率高，在分梳时造成纤维黏附在回转部件表面，影响分梳的正常进行。

针对洗绒用水量大的问题，资料报道了超声波洗绒工艺、超临界 CO_2 流体洗绒工艺。超声波是频率在 2~20000kHz 的声波，超声波洗涤过程中，声波以极高的频率压迫液体振动产生强烈的冲击波，以纵波的形式在清洗液中辐射。在辐射波扩张的半波期间，清洗液受到致密性破坏并形成无数直径为 50~500μm 的气泡，这种气泡中充满溶液蒸汽；在压缩的半波期间，气泡迅速闭合，会产生上百兆帕的局部液压撞击，这种现象称为"空化"效应。利用超声波的"空化"效应，可以增强洗涤剂对羊绒纤维的渗透作用，使羊绒纤维表面的油脂、污垢剥落。同时，在超声波的作用下，清洗液的渗透作用加强，脉动搅拌加剧，溶解、分散和乳化加速，加速污垢的剥离和脱落。超声波洗绒可降低洗绒浴比，减少用水量和废水排放量，降低环境污染。

超临界 CO_2 流体作为一种新型绿色化学溶剂，具有临界温度（$T_c=1.19℃$）和临界压力（$P_c=7.38MPa$）低、安全无毒无害、来源广泛、廉价易得、节能、无废水排放等一系列优点，在工业应用上具有广阔的发展前景。但是在超临界 CO_2 流体中，由于 CO_2 分子是非极性的，根据相似相溶原理，其对低极性、小分子物质的溶解能力较好，而对于极性较高、大分子物质溶解能力相对较差。为了弥补这一缺陷，科研工作者通过大量研究发现，在超临界 CO_2 流体中加入具有特定结构的表面活性剂可以形成微乳液体系，从而有效提高超临界 CO_2 对高极性物质的溶解能力，这极大地拓展了超临界流体在清洁加工方面的应用。其中 SCF-CO_2/AOT/乙醇/水微乳液体系的相行为及其应用成为众多学者的研究焦点。

第三节　山羊绒分梳

一、概述

为了提高山羊绒的使用价值，在纺织加工前，首先要对洗净绒进行分梳，即通过机械、气流等手段，将绒纤维与粗毛、肤皮等进行分离，即去除山羊绒中的粗毛、杂质、肤皮，从而得到无毛绒，供纺织企业使用。山羊绒交易中，平均长度每增加或减少 1mm，其价格就会有很大差异。纺纱生产过程中，在一定的长度范围内，长度离散每增加或减少 2%，就能影响可纺纱支的高低或纱线品质的好坏。因此山羊绒分梳对山羊绒产业十分重要。

山羊绒分梳是一项技术含量较高的工序，分梳设备和分梳工艺的选择是保证无毛绒质量、增加提取率、降低成本的关键。20 世纪 50 年代起，我国开始研究山羊绒分梳技术，于 1963 年定型了国产 BC273 型罗拉式分梳机，但是该机器体积庞大，操作不便，提取率也低。此后相关单位陆续研制了各种类型的分梳机，取得了良好的分梳效果，提高了无毛绒品质，获得了良好声誉。

山羊绒分梳工艺路线：

$\boxed{洗净绒}$→二次分选→开松、加（油）水→闷放→一次分梳→$\boxed{半成品}$→二次分梳→三次分梳→$\boxed{无毛绒}$

无毛绒不是经过一次分梳就能获得的。原料状态、产地、设备、分梳工艺等的差异，使获得无毛绒经过的分梳次数也有差异。有的洗净绒经过 3~4 次分梳，有的需要经过 5~6 次分梳才能获得无毛绒。洗净绒分梳的次数不同，无毛绒的品质（如含粗、长度、含肤皮等）也不相同，因此，对分梳不同次数得到的无毛绒，企业要制订不同的无毛绒质量指标体系。

同时，分梳过程中还有一些落物，这些落物中含有绒纤维，因此需要对落物进行分梳处理。但是，落物中各纤维组分含量与洗净绒、半成品绒不同。对一些短的分梳落料，直接分梳提取绒纤维的难度很大，要先经过回收机处理，然后进行分梳提取羊绒。

二、分梳前准备

1. 洗净绒分选

为了保证分梳无毛绒中无"三异纤维"，对洗净绒要进行分选，因为"三异纤维"只有在分选工序才能被去除，在分梳机上不仅不能去除"三异纤维"，而且会使极少量的"三异纤维"经过分梳后较均匀地分散在无毛绒中，严重影响无毛绒质量。

同时分选洗净绒时，可以轻轻将毡并的洗净绒纤维块撕开，减少设备开松以及分梳过程中纤维长度的损伤。

2. 提高洗净绒回潮率

在分梳过程中，带有静电的纤维，既不易凝聚，也不易分离，同时易与其他物体粘连，给分梳带来极大困难。如果将纤维的回潮率提高到一定程度，纤维的导电性能大大提高，静电效应减小，所以山羊绒分梳前要加湿，增加洗净绒的回潮率，减少分梳过程中的静电效应。同时粗毛吸湿大于绒纤维，即增加粗毛与绒纤维的质量比，有利于在分梳中粗毛由离心力甩出；洗净绒回潮率高，纤维的断裂伸长增加，可以减少在分梳中纤维由于作用力增加而发生的断裂。

有些企业在给洗净绒加湿时，也加入极少量的和毛油。但是和毛油加得过多，纤维之间的抱合力增加，不利于分梳。

洗净绒加湿（或加油水），可以在开毛机或和毛机出口处，或者在输送管道中以雾状形式喷入原料。没有开松设备的分梳企业，可利用高压泵使水成雾状喷入原料。加湿时要翻动原料，使原料回潮率均匀。

加湿后的原料闷放至少 8h 以上，使水分子扩散均匀、渗透到纤维内部，才能使用。

分梳上机前洗净绒的回潮率要大于 20%，根据季节、设备、原料状况，进行适度调整。

要使加湿后的洗净绒在分梳过程中能保持一定的回潮率，车间环境需要保持一定的相对湿度，一般车间的相对湿度不低于 75%。分梳车间的环境条件要求：相对湿度 75%~80%，温度 20~25℃。

三、分梳原理

山羊绒分梳的实质是使绒毛与粗毛、肤皮和杂质分离，主要通过分梳部件之间的分梳、剥取作用来完成，同时充分利用分梳设备回转部件周围的气流。

1. 利用绒毛与粗毛的基本特征进行分离

洗净绒中的粗毛粗、硬、刚直，纤维之间抱合力小。绒纤维细软、卷曲多、抱合力大。绒纤维直径一般为 13～16μm，粗毛直径 40～100μm，并且粗毛的长度比绒毛纤维长，因此，粗毛的抗弯刚度比绒毛大得多。这种刚度差异，就会造成分梳过程中粗毛和绒纤维在分梳部件的针面上呈现不同状态：绒纤维成网状分布在针面上，并被钢针所握持；粗毛突出于纤维网的表面，形成浮纤层，纤维一端挂在钢针上，尾端翘出针面，如图6-9所示。

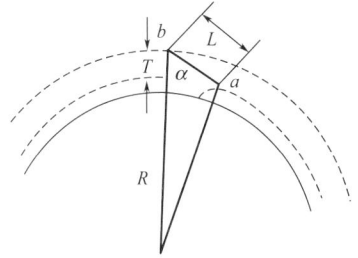

图6-9　锡林上的浮纤层示意图

在图6-9中，a 表示针面钩住纤维的点，b 表示该纤维尾端的终点，α 表示纤维长度 ab（以 L 表示）与钢针的夹角（称为翘角），T 代表浮纤层的厚度，R 是锡林半径，则：

$$(R+T)^2=R^2+L^2-2RL\cos\left(\frac{\pi}{2}+\alpha\right)$$

上式可变为：

$$T=D\left[\frac{1}{4}+\frac{L^2}{D^2}-\frac{L\sin\alpha}{D}-\frac{D}{2}\right]^{\frac{1}{2}} \tag{6-1}$$

$$D=2R$$

式（6-1）表明浮纤层的厚度 T 与纤维长度、锡林直径、纤维的翘角有关。纤维的翘角 α 与锡林的转速有关。

利用以上特性，在分梳机上可以加一个装置，将翘起的粗毛拔走，该机构称为"拔粗体系"（图6-10）。分梳机上拔粗体系主要有拔毛罗拉与风轮、打手罗拉与刮毛刀等，这些机构再配合气流的作用，可使绒毛与粗毛分离。

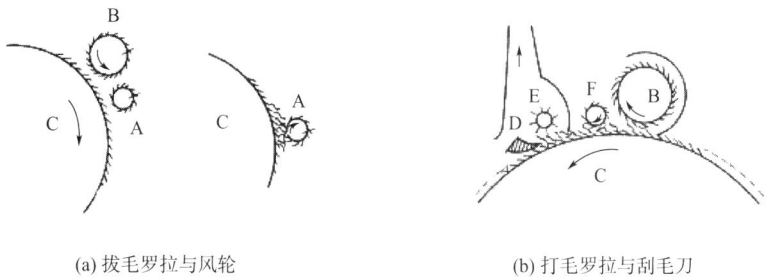

(a) 拔毛罗拉与风轮　　　　　　　　　　(b) 打毛罗拉与刮毛刀

图6-10　拔粗体系示意图

A—拔毛罗拉　B—风轮　C—锡林　D—刮毛刀　E—打毛罗拉　F—挡风轴

2. 利用粗毛与绒毛在回转件上受到的离心力差异进行分离

粗毛与绒毛在回转件上所受到的离心力 F 表示为：

$$F = m \times R \times \omega^2 \tag{6-2}$$

式中：m 为纤维质量；R 为回转部件的回转半径；ω 为回转部件的回转角速度。

因此，粗毛与绒毛在回转件上的离心力比：

$$\frac{F_1}{F_2} = \frac{m_1 \times R \times \omega^2}{m_2 \times R \times \omega^2}$$

$$\frac{F_1}{F_2} = \frac{\rho_1 \times d_1^2 \times L_1}{\rho_2 \times d_2^2 \times L_2} \tag{6-3}$$

式中：m_1、m_2 分别为粗毛、绒毛的质量；ρ_1、ρ_2 分别为粗毛、绒毛的纤维密度，$\rho_1 = 1.2\text{g/cm}^3$，$\rho_2 = 1.31\text{g/cm}^3$；$d_1$、$d_2$ 分别为粗毛、绒毛纤维直径；L_1、L_2 分别为粗毛、绒毛纤维长度。

图 6-11 是利用离心力设计的甩粗去杂机构。分梳辊的速度逐渐提高，毛层逐渐减薄，使粗毛、杂质更容易被去除。

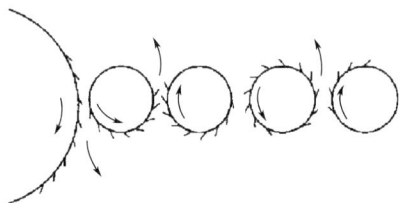

图 6-11　多个分梳辊去粗示意图

3. 利用粗毛、绒毛、杂质在气流中的沉降速度不同进行分离

在静态下同时将粗毛、绒毛、肤皮放在一个大玻璃管中，使其自由下落，各自的下降速度 V_t 为：

$$V_t = \left(\frac{2mg}{\rho} AC \right)^{\frac{1}{2}} \tag{6-4}$$

式中：m 为质量；g 为重力加速度；ρ 为空气密度；A 为纤维或肤皮的投影面积；C 为空气阻力系数。

在单根纤维状态下测试得到：粗毛和肤皮的沉降速度为 $30 \sim 100\text{cm/s}$，绒毛的沉降速度为 $2 \sim 10\text{cm/s}$。

在实际生产中，利用高速回转机件上会产生气流附面层的原理设计分梳机构。以刺辊为例，当刺辊高速回转时，其表面由于摩擦作用带动一部分空气分子随其一起运动，同时由于空气分子之间的黏性及摩擦，里层空气带动外层空气，这样层层带动，使刺辊周围形成气流层，称为附面层。附面层中距刺辊表面距离不同，各点气流的速度也不相同。距刺辊越近，气流速度越大；距刺辊越远，气流速度越小。

由于粗毛、杂质、绒毛重量不同，因此在附面层中沉降速度不同，运动轨迹不同。绒毛在附面层的内层，粗毛在中层，杂质在外层（图6-12）。在刺辊下装除尘刀，或用吸风管道，引导绒毛随刺辊前进，而粗毛及杂质落入车肚。

由于粗毛、杂质、绒毛在气流附面层中运动轨迹不同，在刺辊上加装吸风管道（图6-13），大部分绒纤维被气流从管道吸走，经风机、泄风罗拉进入下一组刺辊机构；大部分粗毛、杂质落入车肚。这种分梳机构俗称"太可因"（taker-in）。

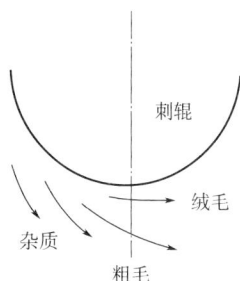

图6-12 纤维、杂质在附面层中的运动轨迹示意图

四、分梳机构设计

根据山羊绒分梳工程的特殊要求，对分梳机构可以充分利用分梳原理进行设计，使分梳机能有效地满足去粗除杂要求，以提高分梳机的经济效益。根据分梳原理，对分梳机构有以下要求：

第一，首先使块状和束状的原料充分梳理松散，便于除杂，但不显著损伤纤维长度。

第二，机械回转组件的速度以及与相关组件的速比关系，能够使回转组件对携带原料所产生的离心力大于梳针对粗毛的握持力，小于梳针对绒纤维的握持力。

第三，合理选择机械回转组件的针布。

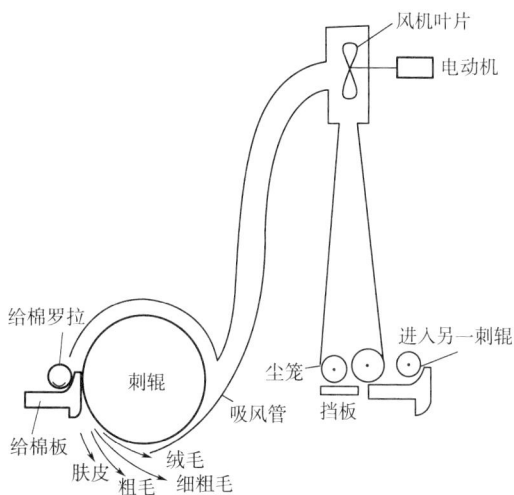

图6-13 刺辊—气流相结合甩粗杂机构示意图

对于分梳机而言，"分"与"梳"是密切相关的，"梳"是"分"的先决条件，没有"梳"就没有"分"，在"梳"的过程中逐步达到"分"的目的。然而，分梳机设计的主要功能是"分"，它与一般的梳理机械主要考虑梳理性能是有区别的，分梳机的梳理是为"分"服务的。去粗除杂机构的设计在分梳机上极其重要。

1. 落粗机构

利用离心力与重力在梳理点或转移点达到去粗除杂效果。

（1）喂入梳理去粗除杂。由于分梳刺辊与喂入罗拉的速比很大，刺辊在梳理的同时，将喂入的纤维在针面上抓住后向下转移。这种握持梳理作用能最有效地将纤维层中的纤维束松解，使绒毛与粗毛、肤皮等分开，并依靠离心力、重力及气流作用，将大量的粗毛与肤皮从针面甩落。

按照喂入原料的方式，喂入去粗机构分为给棉罗拉—给棉板喂入机构、罗拉喂入机构（图6-14）。相同工艺条件下，给棉罗拉—给棉板喂入机构对喂入原料的握持力较大，喂入原料的梳理效果较好，但是对原料的损伤较大。

(a) 给棉罗拉—给棉板喂入机构　　　　　　(b) 罗拉喂入机构

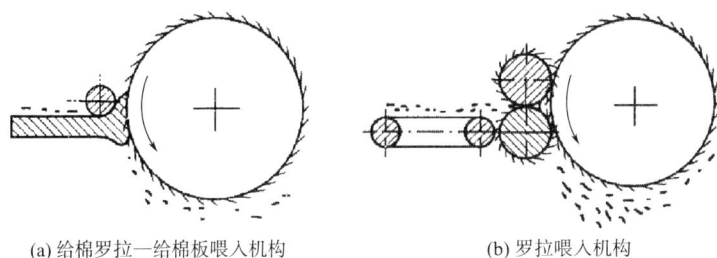

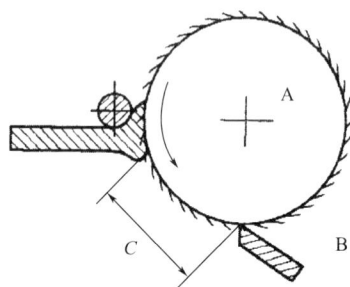

图 6-14　喂入去粗除杂机构示意图

（2）转移落粗。如图 6-15 所示，当 B 将 A 上的纤维层转移时，因为它们之间有一定的速比，B 上的纤维层必然薄于 A 上的纤维层，并当 B 上的梳针将 A 上的纤维从针背上剥下并经由 AB 之间很小的针隙时，A 上的纤维层也会受到一定的松解作用，因而能将部分的粗毛与绒毛相互纠缠或黏并的纤维束分解开。根据分梳原理就有可能将部分粗毛与肤皮从 B 的针面上甩落。

2. 刮粗机构

利用分梳辊回转所产生的离心力能将一部分粗毛、肤皮甩离针面纤维层，但是也有不少粗毛、肤皮仍裹在纤维层中，其中有一部分虽突出或浮于纤维层表面，但是只依靠其本身的离心力还不能使其从纤维层中脱离出来，因此可以使用刮粗机构。在图 6-16 中，A 为梳理辊，B 为去粗除杂刀，AB 之间的间隙较小。A 的表面速度很高，B 为静止状态。如果有浮在 A 表面的粗毛或肤皮碰到 B，它们就会产生摩擦阻力。如果摩擦阻力大于纤维层对粗毛或杂质的联系力，这种粗毛或杂质就会被刀口拖离纤维层，并依靠气流及重力作用而落于 B 外。在这种机构中，弧面长度 C 要调节好。

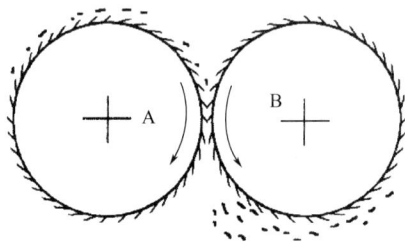

图 6-15　转移落粗机构示意图　　　　　图 6-16　刮粗机构示意图

3. 盖板去粗除杂机构

肤皮与绒纤维的结合有两种形式，一种是肤皮与绒纤维不粘连在一起，另一种是绒纤维与肤皮串连在一起。对于第一种情况，肤皮与绒毛容易分开。然而，要分开第二种情况下的肤皮与绒纤维，必须具备两个条件：必须抓住绒纤维或肤皮任何一方，然后握住另一方相对运动；必须使纤维束充分分解成单纤维状态。

盖板去除肤皮的效果相当好，因为盖板梳理机有很强的梳理功能，进入盖板区的纤维束都能被充分松解成单纤维状态。此外，当锡林高速回转时，肤皮受离心力作用有较多的机会被推向盖板针面。当盖板针尖握持肤皮后，如果与肤皮串在一起的绒毛能被锡林针尖挂住，由于盖板与锡林针面的速比很大，近似于握持分梳，因此把绒纤维从粘连着的肤皮中拉出来，达到绒纤维与肤皮分开的目的。

五、分梳设备

目前山羊绒分梳设备大致分为三种：罗拉式分梳、盖板式分梳、盖板和罗拉结合式分梳，其分梳原理都是经过多次羊绒分梳将粗毛、肤皮除去，获得无毛绒。

1. 罗拉式分梳机

（1）分梳预梳机。分梳预梳机主要由包覆刺条或针布的罗拉组合而成，如图6-17所示，逐步松解原料并去除粗毛，同时可减小分梳过程中对绒纤维长度的损伤。对仅有盖板分梳机的企业，在分梳之前，洗净绒先经过预梳机梳理，可以减少盖板分梳对纤维的损伤，提高分梳无毛绒的长度。

采用喂入罗拉形式。这种方式采用线握持，与给棉板的面握持相比，对纤维造成的损伤较小。同时，由于设备运行中喂入罗拉作回转运动，与给棉板的静止状态相比，握持纤维所受的冲击作用力小，对纤维的损伤较小。

梳理辊上有工作罗拉和剥取罗拉，形成梳理环，使喂入的洗净绒得到较好的梳理，并使纤维层减薄。原料转移到品字罗拉时，基本不存在块状，这样品字罗拉的快速转动将去除大量粗毛，同时在品字罗拉之间也发生梳理作用与剥取作用，由道夫输出的原料松散。

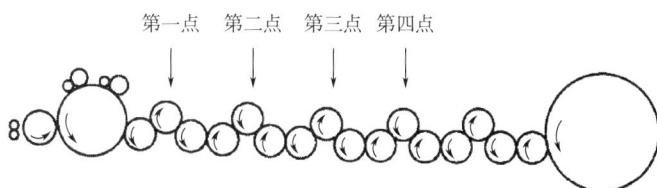

图6-17　分梳预梳机示意图

（2）BC273型分梳机。该设备的机构全部为罗拉梳理（图6-18）。预梳部分平梳辊落粗点有两个，去粗除杂采用落粗及风轮去粗两种方式，胸锡林之后的梳理辊都包覆弹性针布。梳理作用缓和，纤维损伤较小；分梳部分采用下行式，充分发挥了这一机构可以落粗的功能；整个设备去粗除杂点少，并只靠平梳辊与梳理剥取部分落粗以及风轮去粗，去粗能力有限，且对肤皮除去效果不好。

（3）多罗拉分梳机。传统的分梳设备大多采用六罗拉分梳机，采用多组式喂入、多组甩粗，逐步去除粗毛。其开松、梳理和去粗部分工艺流程是：

喂入罗拉→刺辊（风轮转移）→喂入罗拉→刺辊（风轮转移）→喂入罗拉→刺辊（风轮转移）→喂入罗拉→刺辊（风轮转移）→喂入罗拉→刺辊（风轮转移）→喂入罗拉→刺辊（风轮转移）→梳理

该设备虽然去粗效果较好，但对纤维损伤严重，而且提取率也不够理想。

图 6-18　BC273 型分梳机示意图

T—开毛辊　B—胸锡林　L—分毛辊　C—锡林　D—道夫　E—刷毛罗拉

F—风轮　H—打毛罗拉　G—起毛刀

图 6-19 为罗拉式分梳机示意图。该设备在作用上分为两大部分：第一大部分是普通的单锡林梳毛机，其作用是对喂入的原料先进行梳松；第二大部分进行三区多罗拉连续梳理与分离，第一区为 13 个罗拉，第二区为 19 个罗拉，第三区为 28 个罗拉，每区最后由小道夫接取纤维，并由斩刀斩下喂入下一区，各区罗拉之间的作用为剥取、梳理凝聚、再剥取、再梳理凝聚，直到小道夫凝聚后转移至下一区。这个设备的去粗去杂作用主要靠剥取过程中的重力和离心力向下甩落。

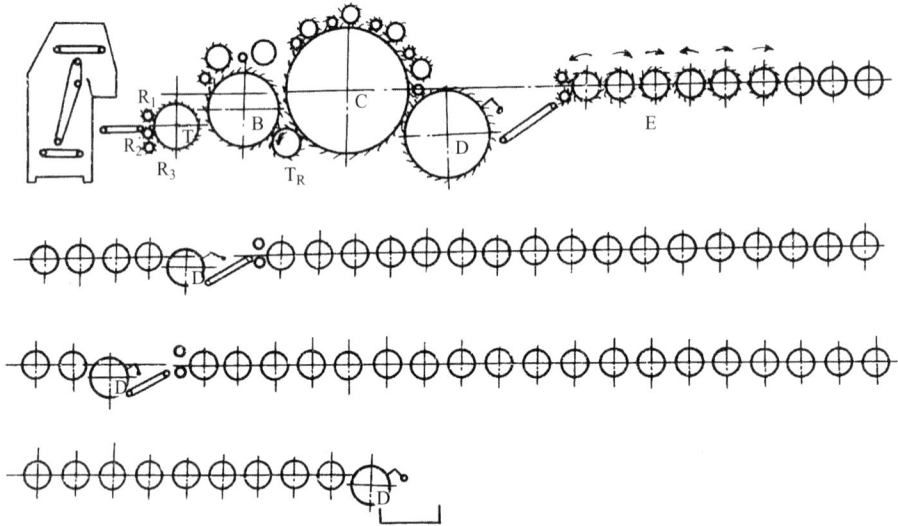

图 6-19　罗拉式分梳机示意图

R—喂给罗拉　T—开毛辊　B—胸锡林　T_R—运输辊　C—大锡林

D—道夫　E—多组分离凝聚辊组

2. 盖板式分梳机

将盖板式分梳机用于山羊绒分梳是我国在山羊绒分梳技术上的创造性成果。盖板分梳机结构简单、投资小、见效快，给棉板—刺辊部分有良好的去粗除杂功能，盖板对去除肤皮有特殊功效，已成为许多小规模山羊绒分梳企业采用的分梳方式。

目前，国内分梳企业采用的盖板式分梳机（A181型、A186型）是在梳棉机的基础上改造而成的（图6-20）。由于山羊绒的分梳目的是使绒纤维与粗毛、肤皮分离，因此制定合理的工艺（隔距、速比）、选择合适的分梳针布是十分重要的。

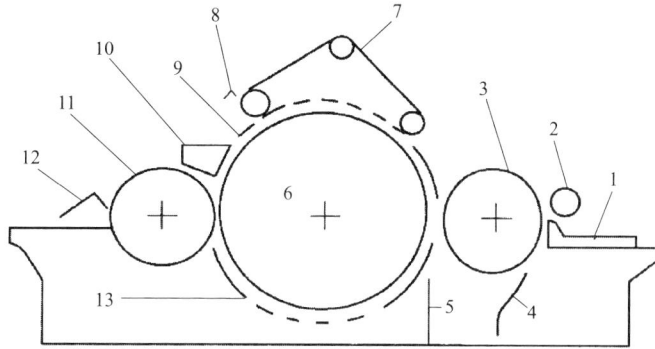

图6-20　盖板式分梳机示意图

1—给棉板　2—给棉罗拉　3—刺辊　4—去粗刀　5—分粗板　6—锡林　7—盖板
8—盖板斩刀　9—罩板　10—去粗杂罩　11—道夫　12—斩刀　13—漏底

例如，在A181型设备上分梳山羊绒时，洗净绒上分梳机前的回潮率为23%~25%，锡林转速180~200r/min，道夫转速10r/min，刺辊—锡林转速比3∶1，盖板转1周为90min。刺辊—锡林隔距为7，盖板隔距为变化值22（前）、31（中）、43（后）。

为了减少纤维的损伤，洗净绒先在罗拉分梳机或罗拉预梳机上分梳1遍，然后在A181型盖板分梳机上分梳。

3. 联合式分梳机

联合式山羊绒分梳机是把罗拉式分梳与盖板式分梳相结合，既可以减少分梳过程中纤维的损伤，又能够有效去粗与肤皮，获得无毛绒。1台或1套山羊绒联合式分梳机需要采用多种分梳机构组合。

为了减少分梳过程中纤维的损伤，整套分梳机应分为预分梳及充分分梳两个阶段。在充分分梳阶段，由于梳理作用强烈，要求洗净绒经过预分梳，使喂入的原料获得较好的梳理度。在预分梳阶段组合的机构以"缓和梳理"为原则，因此宜采用罗拉分梳机构；在充分分梳阶段可以采用给棉板、刺辊及盖板等梳理机构；分梳设备采用两个阶段的组合设计，在预分梳阶段要尽可能多地落粗毛、肤皮。因此，在预分梳部分要多布置一些落粗点以及增加其去粗除杂效果。

（1）REF-82型联合分梳机。采用罗拉—盖板—盖板组成，如图6-21所示，可以减少纤维损伤；预分梳部分为罗拉梳理，并采用多组凝聚梳理、转移落粗的组合机构，可以任意增加落粗点，提高了预分梳机部分的落粗功能；双区盖板及特殊的盖板工艺，去除肤皮，效果好；抄针门及刺辊部分加装除粗刀，有清除细粗毛的效果。

（2）LFN241型联合分梳机。采用罗拉—盖板—盖板组成，先罗拉后盖板工艺，可以减少纤维损伤；预分梳部分为罗拉梳理，胸锡林梳理有2节，可以改善预分梳部分纤维层的梳

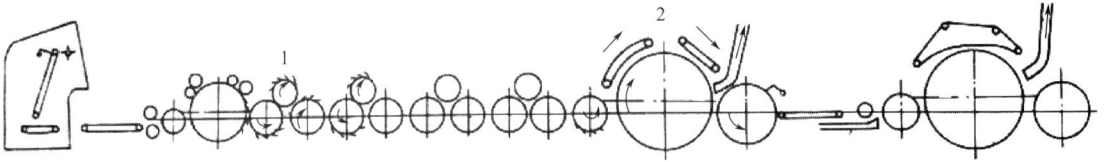

图 6-21　REF-82 型联合分梳机示意图

1—品字形罗拉分梳单元　2—双区盖板

理度；用多组风轮转移式落粗机构，可以任意增加落粗点，提高了该部分的落粗功能；盖板可去除肤皮，如图 6-22 所示。

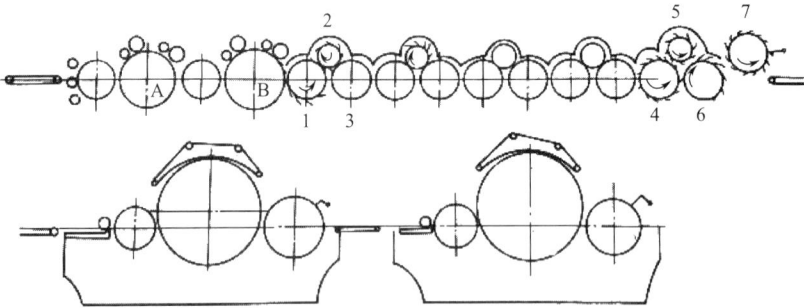

图 6-22　LFN241 型联合分梳机示意图

A,B—胸锡林　1,4—分梳罗拉　2—风轮　3,6—转移罗拉　5—工作轴　7—小道夫

（3）SLFN248A 型羊绒分梳联合机。该机由自动喂毛箱、第一开松部分、第二开松部分、小盖板去粗部分、大盖板梳理部分、剥取和输送机构、落物输送机构等部分组成，如图 6-23 所示。

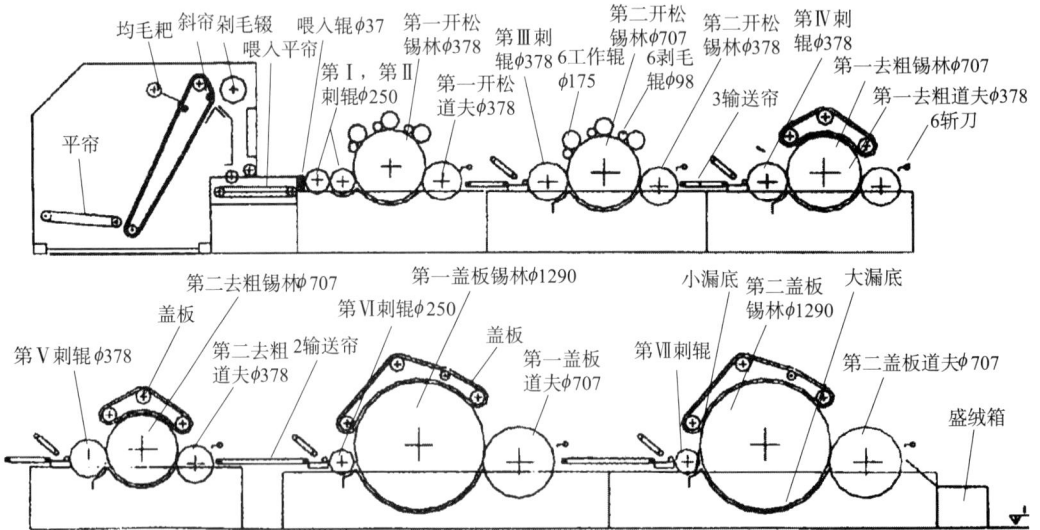

图 6-23　SLFN248A 型羊绒分梳联合机示意图

第一开松部分由喂入罗拉、双刺辊、锡林、道夫、工作辊、剥辊、斩刀等组成。采用双

刺辊结构，缓和梳理强度，减少纤维损伤，并能使纤维得到良好的开松和梳理。第二开松部分由输送帘、给绒板、刺辊、去粗刀、锡林、道夫、工作辊、剥毛辊、斩刀等组成。该开松部分除了继续对纤维进行开松梳理外，利用刺辊、去粗刀可去除部分粗毛、杂质、皮屑等。

小盖板去粗部分（两组）由输送帘、给绒板、喂入罗拉、刺辊、去粗刀、锡林、道夫、盖板、斩刀等组成。其原理是通过刺辊的回转对给绒罗拉、给绒板喂给的洗净绒进行开松梳理，其产生的离心力甩掉粗毛杂质，并通过下置去粗刀对暴露在毛层外面的粗毛、杂质进行打击，达到去粗杂的目的。采用大直径刺辊的目的是在不减少离心力的情况下，降低刺辊转速，减少纤维损伤。

大盖板梳理部分（两组）由锡林、盖板、圆墙板、刺辊等组成。其主要作用是锡林利用其表面包覆的金属针布将刺辊开松的纤维转移到盖板分梳区，盖板包覆的针布除起到分梳作用外，还可使部分难除掉的两型毛、较小的皮屑随着盖板运动排除机外。锡林下部装有带尘棒的大漏底，除对纤维起托持作用外，还可从尘棒之间排除纤维中残存的杂质、皮屑等。

某企业采用 5 种分梳机结构（表 6-4）对山羊绒进行分梳比较，分梳环境的温度为（23±5）℃，相对湿度（90±5）%。采用同一批次洗净绒，洗净绒平均长度 42.33mm，含杂率 2.78%，含肤皮率 4.03%，粗毛率 21.51%，含绒率 71.57%。分梳无毛绒的品质结果见表 6-5。

表 6-4 羊绒分梳机组合结构

设备编号	结构形式
1	喂毛斗+开松+去粗（4 组风轮转移）+3 组合盖板机（英国机型改造）
2	喂毛斗+开松+太可因去粗+2×2 组合盖板机（日本机型改造）
3	喂毛斗+开松+4 组合盖板机
4	喂毛斗+开松+去粗（2 组风轮转移）+4 组合盖板机
5	喂毛斗+开松+平辊甩粗（尘笼转移）+3 组合盖板机

表 6-5 分梳无毛绒的品质结果

设备编号	含粗率/%	含杂率/%	长度损伤/%		长度分析/%			提取率/%
			手排法	机测法	CVH[①]	<7.5mm	<12.5mm	
1	0.80	0.28	18.5	23.2	53.3	8.2	30.8	92.99
2	0.41	0.14	21.6	25.1	54.0	14.0	38.5	90.81
3	0.96	0.24	15.0	12.7	50.0	8.2	21.3	88.39
4	0.32	0.14	15.4	16.59	55.0	12.8	28.4	93.07
5	0.76	0.42	23.2	20.1	54.7	15.3	31.0	90.73

① 纤维截面加权平均长度，即豪特（Hauteur）长度，H；毫特长度的变异系数用 CVH 表示。

比较表 6-5 结果，4#分梳机组合结构最佳（图 6-24）。但是，该设备的产量只有 2～2.5kg/h。

4. 分梳工艺建议

通过对盖板式分梳生产工艺与罗拉式分梳生产工艺的研究与实践，得到：

（1）罗拉式分梳机梳理作用缓和、纤维长度损伤小。在梳理过程中，随着纤维团的逐步松解，将纤维束梳理成单纤维状态，通过离心力清除部分粗毛、两型毛和杂质。在洗净绒尚

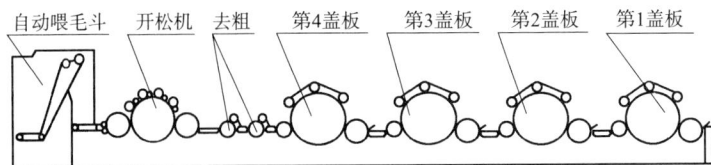

图 6-24　4#分梳机的组合结构示意图

未充分梳理松解的情况下，罗拉式分梳工艺是保持羊绒纤维长度的较好分梳形式。

（2）盖板式分梳机上刺辊与给棉板之间高效率的打击分离、锡林与盖板之间的强制梳理作用，对山羊绒分梳工程中不易分离的细刚毛、两型毛、肤皮十分有效，尤其对肤皮的清除是任何罗拉式离心力分梳机构都无法达到的；但盖板式分梳生产工艺对未松解的纤维损伤严重，无绒长度变短，致使无毛绒的提取率也受到影响。尤其是当喂入的原料是未经松解的洗净绒时，对纤维的长度损伤严重。由给棉板、给棉罗拉和高速旋转的刺辊所组成的梳理机构是纤维损伤的关键所在。

结合盖板式分梳与罗拉式分梳的优点，国内多数分梳企业已采用"罗拉—盖板—盖板"的分梳工艺模式。

山羊绒分梳生产往往批次多、批量少。羊绒分梳设备要尽可能适应分梳工艺的变化，设备应结构简单，使用灵活。可根据原料的不同工艺要求设置单机与联合分梳机的组合；根据原料的不同工艺要求拆分成单机使用或组合使用；灵活调节设备的转速、隔距等参数，以适应不同品质的原绒生产。

针对不同性能的山羊绒原料和不同的最终产品用途，采用不同的分梳工艺流程、分梳设备针布配置和分梳工艺参数设计。将不同长度、适合不同纺纱工艺和产品用途的山羊绒原料有效的分离，完成山羊绒分梳与山羊绒最终产品指向的有效结合，做到优绒优用，并提高山羊绒制品的增值空间。

图 6-25 的分梳工艺流程设计了 3 条分梳路线。首先将优质山羊绒原料按长度、细度、含粗、含杂挑选分离并分成 2 档。头档绒纤维长、细度细、含粗含杂少，采用图中①号分梳工艺路线进行分梳，落物不采用返回搭料的方式，而是直接作为第 2 条分梳工艺流程的搭料，

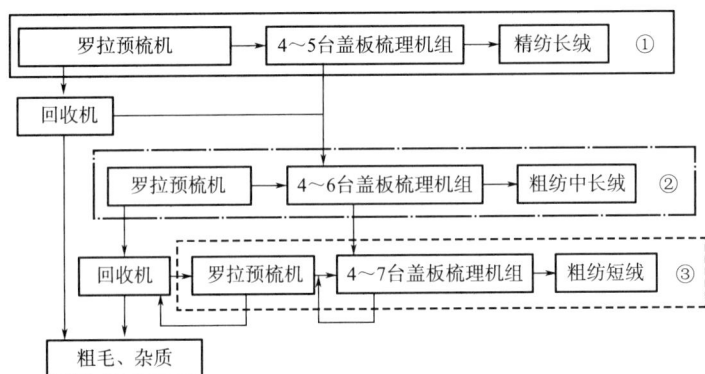

图 6-25　不同长度无毛绒的分梳路线图

其产品适合作精纺的长绒原料；长度适中的二档山羊绒原料，采用图中②号分梳工艺路线进行分梳，落物也不采用返回搭料的方式，而是直接作为第 3 条分梳工艺流程的搭料，其产品适合作半精纺或粗纺的中长绒原料；针对有些产区山羊绒原料较短的特点，将选出来的二档绒采用图中③号分梳工艺路线进行分梳，落物采用返回搭料的方式，直接作为第 3 条分梳工艺流程的搭料返回分梳，其产品适合作粗纺的短绒原料。

针对不同的分梳工艺流程，设备需配置不同密度的分梳针布。图 6-25 中①号分梳工艺流程用于加工长绒，针布配置较小的密度；②号分梳工艺流程用以加工中长绒，针布密度配置适中；③号分梳工艺流程用于加工一些产区的二档短绒，为了有效地握持纤维，多配置较高密度的针布。

5. 配料

在山羊绒分梳中，配料工作特别重要。因为大多数洗净绒一遍分梳不能出成品，需要多次分梳，因此存在分梳机上不同位置落料的搭配问题。所谓配料，就是根据分梳过程中的半成品绒、分梳落物的成分特性，对不同区域落料、不同次数的半成品绒进行合理搭配，在分梳机上进行分梳，以便较快地获得不同品质的无毛绒。分梳时配料的合理性直接影响无毛绒的综合提取率和无毛绒的长度。对相同的分梳设备、工艺与洗净绒，不同配料操作所得到的无毛绒长度、含粗率、提取率、产量会有很大的差异。

配料是由一定分梳实际经验的人员完成的。在配料时，主要考虑含粗情况。两种不同长度的原料，如果它们的含粗相同，就可以搭配。刺辊分梳板前的落料，不能用小隔距盖板分梳时（一般分梳车间的分梳机要有两种不同的隔距配置，以分梳长度不同的原料，提取短料分梳机的盖板速度较慢），可以用回收机提取。

下面列举两种配料方法，以供参考。

（1）如企业有 LFN241 型分梳机（改造后有 3 个盖板分梳区Ⅰ、Ⅱ、Ⅲ）和 A181 型盖板分梳机，可采用洗净绒上机回潮率 25%，LFN241 盖板区Ⅰ的落粗装入袋中，然后用 A181 型分梳机提取 2~3 遍，再与盖板区Ⅱ的落粗相配合，在 A181 型分梳机上提取 2~3 遍，再与盖板区Ⅲ的落粗相配合，用 A181 型分梳机提取 2 遍，最后此混料经 LFN241 型分梳机的Ⅱ、Ⅲ盖板区分梳得到成品无毛绒。

LFN241 型分梳机罗拉部分的落粗含绒量低，收集后用回收机进行回收。上回收机的原料不用加回潮，经回收机提取的原料用 A181 型分梳机提 2~3 遍，再在 LFN241 型分梳机的盖板区分梳，可得到成品无毛绒。

（2）如企业仅有盖板分梳机，洗净绒上分梳机的回潮率为 25%，分梳过程中的配料方法参见图 6-26。

分梳下脚料基本上是作为不能再分梳出无毛绒的废料，其中含有短绒纤维、短粗毛、大量肤皮。在检验下脚料能否再分梳提取绒纤维时，主要考虑绒纤维的长度以及粗毛的刚性。随着分梳的进行，粗毛的刚性减弱、长度减短，分梳机去粗能力下降，分梳效率降低。分梳的下脚料可以销售，其售价受无毛绒市场价格的影响。

6. 分梳回收机

回收机的作用是把分梳机分梳多道的落料进行处理，去除其中的大量粗毛，出机料再在

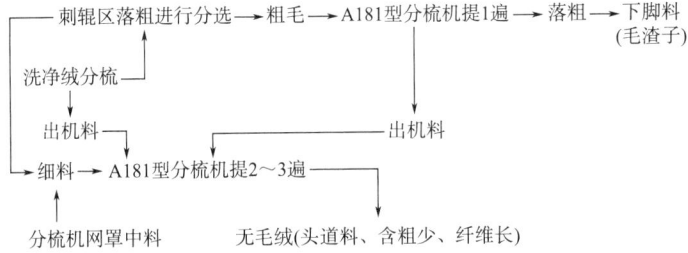

图 6-26 分梳过程的配料示意图

分梳机上进行加工，以提高山羊绒的综合提取率和分梳机产量，增加企业的经济效益。在回收机上，选择合适工艺，尽量减少纤维的长度损伤。图 6-27 为企业使用的分梳用回收机结构示意图。刺辊型回收机的刺辊直径与盖板分梳机的刺辊直径相同，给棉板的工作面为垂直面。该设备操作、维修方便，分离粗毛的效果很好。

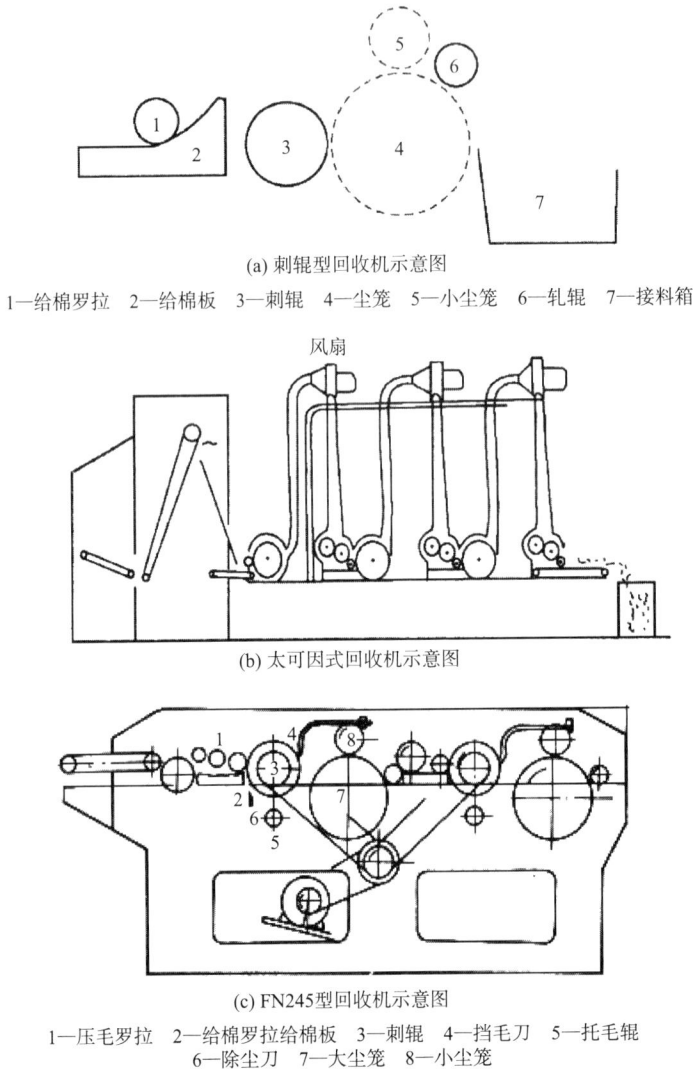

(a) 刺辊型回收机示意图

1—给棉罗拉　2—给棉板　3—刺辊　4—尘笼　5—小尘笼　6—轧辊　7—接料箱

(b) 太可因式回收机示意图

(c) FN245型回收机示意图

1—压毛罗拉　2—给棉罗拉给棉板　3—刺辊　4—挡毛刀　5—托毛辊
6—除尘刀　7—大尘笼　8—小尘笼

图 6-27 分梳用回收机示意图

六、分梳工艺评价

鉴别山羊绒分梳工艺的优劣，要从技术和经济两个方面来衡量，包括四个指标：无毛绒的含粗率、含杂率，纤维的损伤率，绒纤维的提取率（综合提取率），每小时无毛绒的产量。这四个指标具有同等的技术和经济意义。无毛绒的含粗率、含杂率低，纤维长度长（即使增加 2~3mm），无毛绒提取率高（即使增加 2%~3%），每小时无毛绒产量高，则企业的经济效益将明显提高。分梳机的经济技术指标除了与设备、工艺有关系外，还与洗净绒的质量（蓬松度、残油脂率）、原绒品质有关。良好的分梳工艺和设备，无毛绒的经济与技术指标为：长度损伤率小于 10%，综合提取率大于 90%，含粗、含杂率控制在 0.1% 以下。

1. 含粗率、含杂率

含粗率指分梳山羊绒中直径大于 25μm 的纤维质量占总质量的百分数。含杂率是指分梳山羊绒中杂质质量占总质量的百分数，杂质包括土杂、肤皮、草屑等非纤维性物质。

无毛绒的含粗率对无毛绒的品质有显著影响，因为分梳过程的实质就是把粗毛从绒纤维中分离出来。如果无毛绒中含粗率高，对纺织产品质量会产生负面影响。

通常，我国山羊绒分梳头道无毛绒的含粗率可以控制在 0.1% 以下（用盖板 A181 型、A186 型改造的分梳设备）。因为无毛绒销售时要经过合绒，如果头道绒含粗大于 0.1%，在合绒时无法混入过多长度短、含粗较高的无毛绒。

无毛绒含粗高的原因如下：

（1）人为因素。回料搭配不当，原绒分选不细，洗净绒回潮率低，挡车工清洁卫生不及时。

（2）原料。洗净绒中粗毛含量大，松散度差；二道绒长度短。

（3）设备与工艺。刺辊转速慢，隔距不当，锡林转速慢，针布老化，盖板停转；分梳不彻底（分梳次数少）。

（4）环境。车间温湿度不当。

对于罗拉式分梳机，随着分梳辊数量的增加，分梳辊落物中的含绒量也增加，含粗率下降。因此，罗拉式分梳机的分梳辊数量并非越多越好。采用给棉罗拉—给棉板—刺辊组合方式，去粗去杂能力远大于分梳辊方式。

2. 长度损伤率

分梳是在机械作用下，并配合物理、气流作用完成的，其中机械作用是基础，这样就不可避免地会损伤一部分纤维，造成无毛绒使用价值、经济价值降低，因此在考虑分梳机及分梳工艺是否合理时，要考虑纤维长度损伤率。

$$长度损伤率 = \frac{L_1 - L_2}{L_1} \times 100\%$$

式中：L_1 为洗净绒中绒纤维的平均长度（mm）；L_2 为无毛绒的平均长度（mm）。

对确定的一批洗净绒来讲，无毛绒长度与其含粗率有联系。增加分梳遍数可降低无毛绒的含粗率，但会增加纤维长度损伤的概率。在保证含粗率满足要求的前提下，为了减少分梳对纤维长度的损伤，分梳前对洗净绒进行适当开松，有些企业采用二次分选的办法，既保证无毛绒的"三异纤维"不超标，同时对洗净绒进行人工"开松"。

无毛绒长度偏短的原因如下：

（1）人为因素。回料搭配不当，分选时逆向分撕。

（2）原料。分梳上机洗净绒回潮率不当，粗毛含量大，原绒长度短。

（3）设备与工艺。隔距不当，分梳速比过大，针布老化。

（4）环境。分梳车间温湿度不当。

3. 提取率

洗净绒中所含绒纤维的提取率直接影响生产成本。无毛绒的提取率分为一次提取率与综合提取率。经过一次分梳（指联合分梳机）所得到的无毛绒质量占喂入洗净绒中绒纤维总质量的百分比，称为一次提取率。一次提取率大，无毛绒的长度长、分梳机产量高。通常，一次提取率达50%左右。由于分梳过程中有甩出的落物，而落物中仍有一部分绒纤维。落物需要再经过分梳处理，得到综合提取率，即分梳获得的无毛绒的总质量占喂入洗净绒中绒纤维总质量的百分比。

无毛绒的提取率与原绒的净绒量、原绒质量、设备状态、针布、分梳工艺、配绒人员的技术有直接关系。无毛绒的提取率越高，尤其一次提取率越大，企业的经济效益越好。

为了提高综合提取率，可以合理使用回收机以去除落料中的大部分粗毛、肤皮。

七、分梳山羊绒技术指标

分梳山羊绒技术指标包括平均直径、直径变异系数、平均长度、长度变异系数、短绒率、含粗率、含杂率、平均断裂强度、异色纤维含量9项，见表6-6。

分梳山羊绒指标的测试方法参见GB 18267—2013《山羊绒》。分梳山羊绒的公定含油脂率为1.5%，公定回潮率为17%。

表6-6　分梳山羊绒特性指标分档对照表

指标		档别		
		A	B	C
直径变异系数/%		≤21	>21，≤23	>23
15mm及以下短绒率/%	平均长度>40mm	≤6	>6，≤8	>8
	平均长度30~40mm	≤10	>10，≤14	>14
	平均长度<30mm	≤13	>15，≤19	>19
长度变异系数/%		≤50	>50，≤54	>54
含杂率/%		≤0.2	>0.2，≤0.3	>0.3
异色纤维含量/%		≤15	>15，≤30	>30
平均断裂强度/（cN/tex）		≥3.5	<3.5，≥3.2	<3.2

无毛绒对异质纤维、异性纤维、异色纤维有严格的控制。表6-6中异色纤维含量仅适用于白绒。青绒、紫绒异色纤维含量档别均定为C。分梳山羊绒中非动物纤维含量<0.05%，适于A、B、C三档。"三异纤维"超标，主要问题在原绒收购、分选工序。解决方法是加强原

绒质量控制，并且对洗净绒进行二次分选，洗绒、分梳工序是无法解决"三异纤维"超标问题的。如果白色无毛绒中异色纤维超标，会严重影响本色织品的外观质量，无毛绒售价会受到很大影响。

八、合绒、包装与储存

1. 合绒

所谓合绒，就是按照出售无毛绒的品质要求，对各品质的无毛绒进行合理地混合。合绒是山羊绒分梳企业非常重要的一道工序，合绒的质量直接关系到分梳企业的经济利益。

合绒工序的步骤如下：

（1）按合同要求，计算所配原料数量；

（2）在混料室内，将长纤维与短纤维交叉铺层；

（3）铺层结束，将掺和的无毛绒进行翻抖，在 BC262 型和毛机上进行混合开松，并对混料加湿（一般夏秋季回潮率控制在 19%~21%，冬春季回潮率控制在 18%~20%），闷放 8~12h；

（4）将 A186F 型盖板分梳机清理干净，并调节隔距；在梳绒机刺辊下部插入合绒板，目的是遮蔽刺辊部分的甩粗作用；

（5）将闷好的合绒混料均匀喂入盖板分梳机，梳理一到两遍，出机绒装入成品袋中，并严格地控制回潮率（18%~19%）。合后绒回潮率较高时需要晾晒，直到符合打包要求。

合绒过程中，如果发现分梳机输出的无毛绒有绒球或出现糊车现象，立即停止喂料。

合绒质量控制：根据成品要求长度，计算合绒所用各品质无毛绒的数量；随时检查成品无毛绒的含粗率、绒粒（球）；控制成品无毛绒的回潮率；合绒过程中根据跟班检验室检验结果结合后绒质量要求调整网罩绒的取绒频次，在无特殊要求时，网罩绒每 30~60min 取一次。

2. 包装

包装须以便于管理、储存和运输，且保证其品质不受影响为原则。

山羊原绒、洗净山羊绒的包装应使用通风、透气的材料。

分梳山羊绒的内包装必须用防潮材料，外层用坚固材料，并以数道铁箍均匀外扎成包。打包前须由检验中心做回潮率测试，防潮纸为牛皮纸时，夏季（6~8 月）打包回潮率保持在 18.5%以下，其他季节保持在 19.0%以下；防潮纸为塑料时，夏季打包回潮率保持在 18.0%以下，其他季节保持在 18.5%以下，否则不能打包。每包标准质量为 75kg，外形尺寸为 800mm×600mm×400mm。若需方有特殊要求，供需双方自行商定。

分梳山羊绒包装标记包括：产品名称、批号、类别、型号特征、毛重、净重、包号、交货单位。

3. 储存与运输

山羊绒必须在干燥通风的库房内储存，绒包不得与地面直接接触，不得被污染。

山羊绒以批为单位堆放，将刷有唛头的包面朝外整齐排列。

堆放山羊绒的垛底需放置适量的防虫剂。

山羊绒的运输工具必须具备洁净、防腐、防潮、防包装破损的条件。运输过程中，不得污染山羊绒，不得使用有损包装的器械进行装卸。

第四节　绒山羊动物福利

山羊绒是游牧文化的骄傲，也是牧民获得收入的主要途径之一。几千年来，牧民们一直保持草原放牧的习惯，但由于不合理的放牧和管理，加之自然环境的变化，使得草场资源受到破坏，严重威胁生态环境的和谐发展。

动物福利（animal welfare）除了福利（welfare），还有康乐（well-being）之意。康乐涉及心理健康与躯体健康。我国学者将动物福利简单阐述为：动物活着时要善待，死亡时也要免于痛苦。

联合国可持续机构认为，动物福利与安全、健康、环境、生态等系统密切相关，它是可持续发展的组成部分之一。动物福利与实现 2030 年可持续发展目标相关，特别与地域可持续生产和消费高度相关。

动物福利是在以人为本的前提下赋予动物有限的权利，是社会进步和经济发展到一定阶段的必然产物，体现了一个国家社会文明的进步程度。

一、绒山羊动物福利要求标准

为了保障羊绒产业的可持续发展，中国农业国际合作促进会于 2020 年 8 月发布并实施了团体标准 T/CAI 003—2020《农场动物福利要求　绒山羊》。该标准规定了绒山羊的养殖、取绒毛（剪绒和抓绒）、运输、屠宰全过程要求，其中动物福利五项基本原则是农场动物福利系列标准的基础：

（1）为动物提供保持健康所需要的清洁饮水和饲料，使动物免受饥渴；

（2）为动物提供适当的庇护和舒适的栖息场所，使动物免受不适；

（3）为动物做好疾病预防，并给患病动物及时诊断，使动物免受疼痛和伤病；

（4）保证动物有避免心理痛苦的条件和处置方式，使动物免受恐惧和精神痛苦；

（5）为动物提供足够的空间、适当的设施和同伴，使动物得以自由表达正常行为。

团体标准 T/CAI 003—2020 规定了山羊养殖的术语和定义、饲喂和饮水、养殖环境、养殖管理、健康、取绒（剪绒和抓绒）、运输和转场、人道屠宰及追溯与记录，适于我国规模化绒山羊养殖场和绒山羊运输、屠宰和加工过程的动物福利管理，其他绒山羊养殖者可参考执行。该标准的实施，有利于引导绒山羊养殖及相关行业加强自律，助推行业规范经营、牧区可持续发展。

二、山羊绒采集的福利要求

团体标准 T/CAI 003—2020 规定，应按照山羊绒生长规律，在绒山羊绒脱绒季节取绒。

在山羊绒采集过程应采用有效的防护措施，温和对待羊只。为避免采集过程中对羊只皮肤的误伤，允许对羊只进行适当保定，应尽量减少保定时间，降低羊只应激，最大限度减少羊只痛苦。

对绒毛密度好、产绒量高的绒山羊宜采用剪绒的方式采集山羊绒。采绒后若遇空气变冷，应为山羊穿上羊衣或使其待在圈舍内，避免羊只受寒发病。

剪绒宜使用电动剪毛设备，剪毛设备在使用前进行调试。抓绒前应检查梳子尖端锋利程度，过于锋利应适当打磨以防抓绒时造成羊只皮肤伤害。

剪绒时，用专用工具从后腿和背部的分界线 30°角前推到头颈部，然后沿此线向腹部、背部扩展。一侧剪完，将羊只翻转到另一侧，剪法同上。剪绒动作应轻柔流畅，遇有褶皱处应将皮肤拉展使其尽可能平滑、均匀把羊绒一次剪下，留茬高度不得超过 0.5cm；剪伤率不应大于 10%，每只羊伤口数不超过 2 个。一只羊的剪绒应在 15min 内完成。

对于抓绒，羊保定后，应清理毛梢。先用稀梳顺毛方向，轻轻地由上至下把羊身上粘带的碎草、粪块及污垢清理掉，将毛理顺。用梳子从头部顺毛梳起，用力均匀，梳子与羊体表面呈 30°~45°角。抓绒时要轻而稳，贴近皮肤，快而均匀，禁止猛拽，以防损伤皮肤毛囊。稀梳梳完后，再用密梳逆毛梳理。一侧梳理完毕后再梳另一侧。一只羊的抓绒时间在 30min 内完成。

习题

1. 判断山羊绒中绒纤维和粗毛的标准是什么？
2. 什么是山羊原绒、洗净山羊绒、分梳山羊绒？
3. 表征山羊原绒中含绒量的指标是什么？如何进行计算？
4. 什么是"三异纤维"？如何控制无毛绒中的"三异纤维"？
5. 山羊绒分梳的目的是什么？利用什么原理可以分离绒毛和粗毛？

第七章　实验

实验一　糖类化合物的性质

一、实验目的
（1）观察糖类化合物与各种溶液作用的现象与结果。
（2）了解糖类化合物的性质。

二、实验原理
在糖类中，凡能和斐林溶液、银氨溶液发生反应（分别生成砖红色氧化亚铜沉淀或银镜）的糖称为还原性糖，反之叫非还原性糖。

糖与苯肼反应生成苯腙，如果苯肼过量，则进一步反应生成脎。糖脎是黄色难溶于水的晶体。不同的脎有不同的晶型，不同的糖一般生成不同的脎。即便生成相同的脎，其生成、析出脎的时间也不相同。

纤维素在浓硫酸存在下与硝酸作用生成纤维素硝酸酯，俗称硝化纤维，其反应式为：

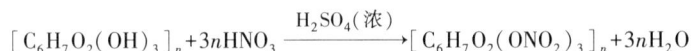

$$[C_6H_7O_2(OH)_3]_n+3n HNO_3 \xrightarrow{\ H_2SO_4(\text{浓})\ } [C_6H_7O_2(ONO_2)_3]_n+3n H_2O$$

工业上得到的纤维素硝酸酯含氮量为 $10.5\% \sim 13.5\%$。一般将含氮量在 11% 左右的纤维素硝酸酯称为胶棉。胶棉无爆性，易燃，用于制造喷漆和照相软片等。含氮量在 13% 左右的纤维素硝酸酯称为火棉。火棉易着火，易爆，可用于制造无烟火药。

三、实验仪器和药品
1. 仪器
电热恒温水浴锅，可调式电炉，电热恒温干燥箱；
试管架，试管（大、中、小试管分别是 2 支、9 支、9 支），试管夹；
烧杯，量筒，玻璃棒，温度计；
移液管，吸耳球，胶头滴管，石棉网，分样筛，坩埚钳。

2. 药品和材料
5%葡萄糖溶液，5%果糖溶液，5%麦芽糖溶液，5%蔗糖溶液，1%淀粉溶液；
斐林溶液Ⅰ，斐林溶液Ⅱ；

银氨溶液的配制：在洁净的试管中，加入 4mL 2%硝酸银溶液，再加入 1 滴 5%氢氧化钠溶液。然后一边摇动试管，一边滴加 2%氨水，直到起初生成的氧化银沉淀恰好溶解为止；

苯肼试剂，3mol/L 硫酸，5%碳酸钠溶液，浓硝酸，浓硫酸；

脱脂棉。

四、实验内容

1. 糖的还原性

（1）与斐林溶液的作用。在大试管中将斐林溶液 I 和 II 各 5mL 相混合。混合液平均分装到五个小试管中。在其中一个小试管中加入 10 滴 1%淀粉溶液（加之前摇匀，摇至乳白色悬浊液，无沉淀为止）；在其余四个小试管中分别加入 10 滴葡萄糖、果糖、麦芽糖、蔗糖的 5%水溶液。振荡后，把试管放在沸水浴中，加热 3~5min，观察哪几个试管中生成砖红色沉淀。

（2）与银氨溶液的作用（银镜反应）。将银氨溶液分装到四个洁净的小试管中，再分别加入 5 滴葡萄糖、果糖、麦芽糖、蔗糖的 5%水溶液。摇荡均匀后，把试管放在 50~60℃的水浴中加热。观察有没有银镜生成。

2. 脎的生成

在四个试管中，分别加入 2mL 葡萄糖、果糖、麦芽糖、蔗糖的 5%水溶液，再各加 1mL 苯肼试剂。混合均匀，放在沸水浴中加热。注意各试管中黄色沉淀出现的先后顺序。30min 后，取出试管，放在试管架上冷却，继续观察 5min，应特别注意还没有出现脎的试管。

3. 二糖和多糖的水解

在两个试管中，分别加入 5%蔗糖溶液、1%淀粉溶液各 2mL。再各加 2 滴 3mol/L 硫酸。混合均匀后，放在沸水浴中，蔗糖溶液加热 10~15min，淀粉溶液加热 20~30min。然后用 5%碳酸钠溶液中和，直到没有气泡发生为止。把得到的溶液用斐林溶液试验［按（1）与斐林溶液的作用］观察结果。

4. 纤维素硝酸酯的生成

在大试管中加入 2mL 浓硝酸，一边摇动，一边滴入 4mL 浓硫酸。把一小团脱脂棉浸到此热的混酸中，再把试管放在 70℃的水浴中加热，同时不断搅拌。5min 后，取出棉花，放在分样筛中，用水充分洗涤，以除去酸性。把水尽量挤掉，在烘箱中烘干。

用坩埚钳取干燥的纤维素硝酸酯，放在石棉网上用火点燃，观察其燃烧的情况与脱脂棉有何不同。

五、思考题

1. 写出蔗糖的水解反应式。

2. 为什么把蔗糖、淀粉水解得到的溶液用碳酸钠中和后，再用斐林溶液试验？

3. 在葡萄糖、果糖、麦芽糖、蔗糖和淀粉中，哪些是还原性糖？哪些是非还原性糖？为什么？

实验二　氨基酸的纸色谱

一、实验目的
学习用纸色谱法分离、鉴定氨基酸。

二、实验原理
色谱分析是以相分配原理为基础的，被分析试样各组分在不相混溶并做相对运动的两相（流动相和固定相）中的溶解度不同，或在固定相上的物理吸附程度不同，即在两相中分配的不同而使各组分分离。常用的色谱分析法有气相色谱法、液相色谱法、凝胶色谱法、薄层色谱法、纸色谱法等。

纸色谱法属于液—液分配色谱法。滤纸作为惰性载体，滤纸上吸附的水或其他溶剂为固定相，与水不相混溶的有机溶剂（展开剂）作流动相。当样品点在滤纸的一端，使流动相从有样品的一端上行，通过毛细管作用，流向另一端时，依靠溶质在两相间的分配系数不同而达到分离。分配系数大的组分在滤纸上滞留时间较长，向上移动速度慢；分配系数小的组分在滤纸上滞留时间较短，向上移动速度较快。随着展开剂的移动，试样各组分在两相中经过反复多次的分配而分离开。

纸色谱法所需的样品量少，仪器设备简单，操作简便，广泛用于有机化合物的分离和鉴定，特别适用于分子量大和沸点高的化合物的分离和鉴定。

试样斑点经展开及显色（对无色物质）后，在滤纸上出现不同颜色及不同位置的斑点，每一斑点代表试样中的一个组分，如图 7-1 所示。用 R_f 值表示化合物的移动率：

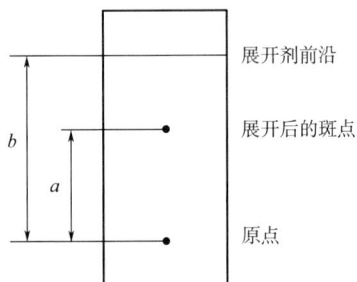

图 7-1　纸色谱的鉴定

$$R_f = a/b$$

式中：a 表示化合物移动距离；b 表示展开剂移动距离。

R_f 值与化合物及展开剂的性质、温度和滤纸质量等因素有关。若展开剂、温度及滤纸等实验条件相同，R_f 值应是化合物的特性常数。但由于影响 R_f 值的因素很多，难以准确测定，故一般采取在相同的实验条件下用标准试样作对比实验来进行化合物的鉴定。

本实验选择 R_f 值相差较大的氨基酸配制成"未知"混合试样，用酸性展开剂进行单向层析，并用茚三酮溶液进行显色。

三、实验仪器和药品
1. 仪器
层析缸（12cm×20cm），喷雾器，电热恒温干燥箱，电吹风；

层析滤纸（8cm×15cm），镊子，铅笔，直尺；

毛细管（0.1cm 内径），量筒（50mL、10mL）。

2. 药品

（1）各种标准氨基酸的配制。将下列氨基酸配制成 0.5% 水溶液或 0.03mol/L 溶液。如：甘氨酸、半胱氨酸、苏氨酸、组氨酸、蛋氨酸、酪氨酸、异亮氨酸、脯氨酸、精氨酸、丙氨酸、谷氨酸、色氨酸、赖氨酸、天门冬氨酸。

（2）试样的配制。按表 7-1 任取一组，取已配好的三种标准氨基酸水溶液各 10mL，混合均匀。

表 7-1 氨基酸

编号	氨基酸	R_f	编号	氨基酸	R_f	编号	氨基酸	R_f
I	半胱氨酸	0.25	III	甘氨酸	0.28	V	赖氨酸	0.30
	谷氨酸	0.36		丙氨酸	0.49		酪氨酸	0.49
	蛋氨酸	0.62		异亮氨酸	0.79		异亮氨酸	0.79
II	组氨酸	0.23	IV	天门冬氨酸	0.22	VI	精氨酸	0.31
	苏氨酸	0.40		色氨酸	0.40		脯氨酸	0.53
	脯氨酸	0.53		蛋氨酸	0.62		异亮氨酸	0.79

注 表中 R_f 值是用展开剂乙醇—水—醋酸（25:5:0.5），在温度 23℃、展开时间 70min、平均展开剂吸附高度为 7.5cm 的条件下测得的数据。

（3）展开剂的配制。乙醇：水：醋酸＝25:5:0.5（体积比）。展开剂应在使用前按比例混合，否则过早混合会引起酯化，影响层析效果。

（4）显色剂的配制。0.2g 茚三酮溶于 100mL、95% 酒精中。

四、实验内容

1. 点样

取一条层析滤纸（8cm×15cm），在滤纸上距一端 2～3cm 处用硬铅笔轻轻画上一条线（注意：不能用手直接触摸分析用的滤纸，要用镊子钳夹纸边）。在线上用铅笔轻轻点上四个点，点距为 1.5cm，并编号。

用毛细管蘸试样在铅笔线的点上按编号点上三种标准氨基酸试样斑点（每点一种标准氨基酸，换一根毛细管，以免弄脏样品）。再用一根毛细管点上一种试样的斑点（所用混合物试样与标准氨基酸相对应，以便对照）。为了控制斑点直径在 0.2～0.3cm，在点样过程中用电吹风（冷风）将点在滤纸上的试样吹干，即边点边吹直到点完为止。

2. 展开

取 1 个 12cm×20cm 层析缸（若无层析缸，也可用 800～1000mL 烧杯或 1000mL 量筒代替，均要用玻片或表面皿盖住），洗净烘干，加入 20mL 展开剂，盖好缸盖，30min 使层析缸内形成展开剂的饱和蒸汽。注意，因展开剂中各组分挥发程度不同，在层析过程中，如果展开剂不断挥发，缸内展开剂的组成不断变化，则会影响层析展开。

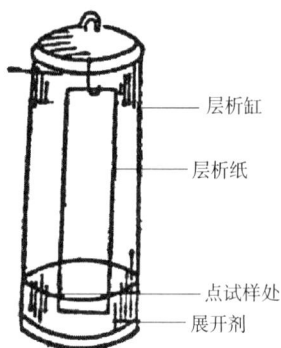

图 7-2　纸层析装置

将点好样的滤纸悬挂在层析缸内，并使滤纸下端（有试样斑点这一端）边缘放到展开剂液面下约 1cm 处，但试样斑点位置必须在展开剂液面之上，盖好缸盖，如图 7-2 所示。

当展开剂前沿位置到达滤纸上端约 1cm 处，各组分明显分开时，将滤纸取出晾干。

小心取出滤纸，用铅笔做下展开剂前沿位置的记号。记下展开剂吸附上升所需要的时间、温度和高度。将此滤纸用电吹风吹干，也可在 105℃烘箱中烘干。

3. 显色

用喷雾器将少量的茚三酮溶液均匀地喷在滤纸上，放在烘箱中于 105℃烘干。此时，由于氨基酸与茚三酮溶液作用而使斑点呈色。用铅笔画出斑点的轮廓以供保存。

量出每个斑点中心到原点中心距离，计算每个氨基酸的移动率 R_f 值。

注意：样点不能过大，展开剂液面不能高于起始线。

五、思考题

1. 利用纸色谱法分离鉴定氨基酸的原理是什么？

2. 在滤纸上记录原点位置时，为什么要用铅笔而不用钢笔划线？

3. 为什么不能用手直接触摸滤纸？

实验三　苎麻原麻化学脱胶工艺实验

苎麻收获后经剥制与刮青后，称为原麻。原麻中含有胶杂质，不能直接进行纺织加工。为了从韧皮中分离出单纤维，就必须破坏胶杂质结构，脱去韧皮中的胶杂质。这种从韧皮中脱去胶杂质而制取苎麻单纤维的过程称为脱胶。脱胶的方法有很多，包括化学脱胶法、微生物脱胶法和生物酶脱胶法等。本实验采用化学脱胶法。

一、实验目的

（1）掌握化学脱胶的工艺过程；

（2）分析化学脱胶工艺条件对纤维质量的影响；

（3）学会检验精干麻的质量。

二、实验原理

苎麻原麻中的各种成分对水、无机酸、碱和氧化剂等的作用各不相同：半纤维素的低分子量部分和可溶性果胶可溶于冷水或热水中；半纤维素中的高分子量部分、不溶性的生果胶和纤维素等成分可被无机酸水解，而木质素对无机酸具有较大的稳定性；半纤维素、木质素、果胶物质等极易在高温下溶解于 NaOH 溶液中，而纤维素对碱液的作用具有较大的稳定性；纤维素和胶杂质均易被氧化剂所氧化。因而在化学脱胶中不能采用以无机酸为主的工艺，也不能采用以氧化剂为主的工艺，而应该采用以碱液煮练为核心的工艺过程。再辅以预处理和后处理工艺，完成苎麻的化学脱胶过程。

三、实验设备、仪器和药品

电子天平，电热恒温水浴锅，可调式电炉，脱水机，电热恒温干燥箱，白度仪，打纤锅，打纤棒；

烧杯（500mL，250mL），量筒，玻璃棒，温度计；

移液管，吸耳球，分样筛；

氢氧化钠（NaOH），硫酸（H_2SO_4），次氯酸钠（NaClO），硅酸钠（Na_2SiO_3），亚硫酸钠（Na_2SO_3），三聚磷酸钠（$Na_5P_3O_{10}$）。

四、实验原料

苎麻原麻

五、实验内容

1. 化学脱胶实验工艺流程

取样与配液→预处理→水洗→碱煮→水洗→打纤→水洗→脱水→烘干→质量评定

2. 实验方案

（1）实验工艺条件。实验所选工艺参数见表 7-2。

表 7-2　化学脱胶工艺的因素水平表

因子	水平		
	1	2	3
煮练 NaOH 浓度/（g/L）（A）	15	20	25
煮练时间/h（B）	1	1.5	2
煮练使用助剂及浓度/%（owf）（C）	硅酸钠 2	亚硫酸钠 2	三聚磷酸钠 2
预处理工艺（D）	浸酸（H_2SO_4 1.5g/L，65℃，30min）	水煮（100℃，30min）	预氯（NaClO，有效氯 1.5g/L，室温，30min）

（2）正交设计表。实验分组及工艺条件见表 7-3。

表 7-3 正交表 $L_9(3^4)$ （一）

试验号	因子			
	1 （A）	2 （B）	3 （C）	4 （D）
1	1	1	1	1
2	1	2	2	2
3	1	3	3	3
4	2	1	2	3
5	2	2	3	1
6	2	3	1	2
7	3	1	3	2
8	3	2	1	3
9	3	3	2	1

3. 实验内容

（1）取样。在天平上称取原麻试样 10.0g。

（2）配液。按方案要求配预处理液和碱煮液，浴比 1:20。

（3）预处理。将试样按预处理工艺条件进行预处理。

（4）碱煮。按工艺条件将试样放入烧杯内进行煮练。

（5）打纤。将试样放在打纤锅中打击，利用打纤棒的机械打击作用去除纤维表面黏附的黏糊状胶质。正面 10 下，反面 10 下。

（6）水洗。预处理、碱煮、打纤完毕，都要将试样放在分样筛中，在水龙头处冲洗。

（7）脱水。将试样放在脱水机中甩干 3min，如无脱水机可用手挤干。

（8）烘干。将试样放在瓷盘中，放入烘箱进行烘干，温度为 105~110℃。

（9）质量评定。测试精干麻的质量和白度。

4. 实验结果记录与数据处理

按下式计算脱胶制成率：

$$X = \frac{G_0'}{G_0} \times 100\%$$

式中：G_0 为脱胶前试样的总干重（g）；G_0' 为脱胶后试样的总干重（g）。

将实验结果记入表 7-4 中，并进行正交分析。

表 7-4 化学脱胶正交实验结果与分析

试验号	1 （A）	2 （B）	3 （C）	4 （D）	制成率/% X	白度值/% Y
1	1	1	1	1	$X_1 =$	$Y_1 =$
2	1	2	2	2	$X_2 =$	$Y_2 =$

续表

试验号		1 (A)	2 (B)	3 (C)	4 (D)	制成率/% X	白度值/% Y
3		1	3	3	3	$X_3 =$	$Y_3 =$
4		2	1	2	3	$X_4 =$	$Y_4 =$
5		2	2	3	1	$X_5 =$	$Y_5 =$
6		2	3	1	2	$X_6 =$	$Y_6 =$
7		3	1	3	2	$X_7 =$	$Y_7 =$
8		3	2	1	3	$X_8 =$	$Y_8 =$
9		3	3	2	1	$X_9 =$	$Y_9 =$
制成率	M_1	$M_{1A} =$	$M_{1B} =$	$M_{1C} =$	$M_{1D} =$		
	M_2	$M_{2A} =$	$M_{2B} =$	$M_{2C} =$	$M_{2D} =$		
	M_3	$M_{3A} =$	$M_{3B} =$	$M_{3C} =$	$M_{3D} =$		
	极差 R	$R_A =$	$R_B =$	$R_C =$	$R_D =$		
白度	N_1	$N_{1A} =$	$N_{1B} =$	$N_{1C} =$	$N_{1D} =$		
	N_2	$N_{2A} =$	$N_{2B} =$	$N_{2C} =$	$N_{2D} =$		
	N_3	$N_{3A} =$	$N_{3B} =$	$N_{3C} =$	$N_{3D} =$		
	极差 Q	$Q_A =$	$Q_B =$	$Q_C =$	$Q_D =$		

残胶率或制成率越小，说明脱胶越彻底，数值越小越好；白度数值越大越好。

极差越大，说明该因子对实验结果的影响越大。

六、思考题

1. 从计算结果分析，哪一因子对脱胶制成率影响最大？哪一因子对白度值影响最大？为什么？

2. 写出脱胶的最佳工艺条件。

实验四　苎麻纤维的漂白工艺实验

一、实验目的

分析漂白工序中工艺因素对纤维质量的影响。

二、实验原理

脱胶工程的漂白工序属于后处理工艺，是选择性的工序，不是必经工序。是否经过漂白视产品而定，一般只有纺制高支纱时才被采用。漂白后纤维的亲水性、润湿性、柔软性和白度都有明显的改善，尤其对去除木质素更为有效，因而大大提高了纤维的可纺性能，细纱断头率降低，毛羽减少。

在碱性条件下，过氧化氢按下式分解：

$$H_2O_2 + OH^- \longrightarrow HO_2^- + H_2O$$

当 pH≥11.5 时，过氧化氢的分子大部分以 HO_2^- 存在。HO_2^- 可能与色素中的双键发生加成反应，使色素中原有的共轭系统中断，π 电子的移动范围变小，天然色素的发色体系遭到破坏而消色，达到漂白的目的。

但 HO_2^- 不稳定，能分解成氢氧根离子和初生态氧：

$$HO_2^- \rightarrow OH^- + [O]$$

初生态氧也可与色素发色团的双键发生反应，产生消色作用。所以可以认为 HO_2^- 是起漂白作用的主要成分。

漂白中加入 NaOH 可使 H_2O_2 在碱性条件下漂白麻纤维，有利于漂白化学反应的稳定进行，提高漂白的均匀度；同时 NaOH 还有助于进一步去除胶杂质。

加入的 Na_2SiO_3 是 H_2O_2 漂白时的稳定剂。漂白液中的重金属离子能迅速分解 H_2O_2，产生 O_2，使 H_2O_2 失去漂白作用。硅酸钠在水溶液中形成带电荷的胶体粒子，能吸附漂白液中的重金属离子，阻止重金属离子对 H_2O_2 的催化分解。此外 Na_2SiO_3 还有助于进一步去除胶杂质和吸附色素。

三、实验设备、仪器和药品

电子天平，电热恒温水浴锅，脱水机，电热恒温干燥箱，白度仪；

烧杯（500mL 2 个），量筒（100mL），玻璃棒，温度计；

移液管，吸耳球，分样筛；

双氧水（H_2O_2），硅酸钠（Na_2SiO_3），氢氧化钠（NaOH）。

四、实验原料

脱胶后的苎麻纤维

五、实验内容

1. 工艺流程

取样与配液→漂白→水洗→脱水→烘干→质量评定

2. 实验方案

实验所选工艺参数见表 7-5。实验分组及工艺条件选择见表 7-6。

表 7-5 漂白工艺的因素水平表

因子	水平		
	1	2	3
H_2O_2 浓度/（g/L）（A）	1	2	3

续表

因子	水平		
	1	2	3
处理温度/℃（B）	60	75	90
处理时间/min（C）	30	45	60

注 NaOH，1g/L；Na_2SiO_3，2g/L；浴比，1:20。

表 7-6　正交表 L_9（3^4）（二）

试验号	列号			
	1 （A）	2 （B）	3 （C）	4 （误差列）
1	1	1	1	1
2	1	2	2	2
3	1	3	3	3
4	2	1	2	3
5	2	2	3	1
6	2	3	1	2
7	3	1	3	2
8	3	2	1	3
9	3	3	2	1

3. 实验步骤

（1）取样。在天平上称取脱胶后的苎麻样 5.0g。

（2）配液。按方案要求配漂白溶液。

（3）漂白。加热使漂白溶液温度达到方案要求后，将试样松散地放入，轻轻搅拌至规定时间，取出试样。

（4）水洗。将试样放到分样筛中，在水龙头处用水冲至中性。

（5）脱水。在脱水机中脱水，或用手挤干。

（6）烘干。将试样放入烘箱，在 105~110℃下烘干。

（7）测量白度。在白度仪上测量试样的白度值。

4. 实验结果记录与数据处理

将实验结果记入表 7-7、表 7-8 中。

若给定显著水平 $\alpha = 0.05$，查 F 分布表，得 F_α（2,2）= 19.0。

F 值大于 F_α，即该因子对实验结果的影响是高度显著，用 * * 表示；F 值接近 F_α，即显著，用 * 表示；F 值小于 F_α，即不显著。

六、思考题

1. 简述采用 H_2O_2 漂白脱胶麻的原理。在漂白溶液中加入漂白助剂 NaOH 和 Na_2SiO_3 起什么作用?

2. 结合 F_{α}（2，2）与 F_A、F_B、F_C，分析哪一因子对纤维白度的影响最显著？为什么？

3. 结合方差分析请选择最佳工艺条件。

表 7-7　漂白正交实验结果与分析（一）

试验号	1（A）	2（B）	3（C）	4（误差列）	白度值/%	白度值的平方
1	1	1	1	1	$Y_1 =$	$Y_1^2 =$
2	1	2	2	2	$Y_2 =$	$Y_2^2 =$
3	1	3	3	3	$Y_3 =$	$Y_3^2 =$
4	2	1	2	3	$Y_4 =$	$Y_4^2 =$
5	2	2	3	1	$Y_5 =$	$Y_5^2 =$
6	2	3	1	2	$Y_6 =$	$Y_6^2 =$
7	3	1	3	2	$Y_7 =$	$Y_7^2 =$
8	3	2	1	3	$Y_8 =$	$Y_8^2 =$
9	3	3	2	1	$Y_9 =$	$Y_9^2 =$
K_1	$K_{1A} =$	$K_{1B} =$	$K_{1C} =$	$K_{1e} =$	$T = \sum\limits_{i=1}^{9} Y_i =$	
K_2	$K_{2A} =$	$K_{2B} =$	$K_{2C} =$	$K_{2e} =$	$P = \dfrac{1}{9} T^2 =$	
K_3	$K_{3A} =$	$K_{3B} =$	$K_{3C} =$	$K_{3e} =$		
极差 R	$R_A =$	$R_B =$	$R_C =$	—	$W = \sum\limits_{i=1}^{9} (Y_i^2) =$	

表 7-8　漂白正交实验结果与分析（二）

离差来源	U	离差平方和	自由度	均方	F 值	显著性
A	$U_A = \dfrac{1}{3} \sum\limits_{i=1}^{3} (K_{iA})^2 =$	$SS_A = U_A - P =$	$df_A = 2$	$MS_A = SS_A / df_A =$	$F_A = MS_A / MS_e =$	
B	$U_B = \dfrac{1}{3} \sum\limits_{i=1}^{3} (K_{iB})^2 =$	$SS_B = U_B - P =$	$df_B = 2$	$MS_B = SS_B / df_B =$	$F_B = MS_B / MS_e =$	
C	$U_C = \dfrac{1}{3} \sum\limits_{i=1}^{3} (K_{iC})^2 =$	$SS_C = U_C - P =$	$df_C = 2$	$MS_C = SS_C / df_C =$	$F_C = MS_C / MS_e =$	
误差	$U_e = \dfrac{1}{3} \sum\limits_{i=1}^{3} (K_{ie})^2 =$	$SS_e = U_e - P =$	$df_e = 2$	$MS_e = SS_e / df_e =$	—	—
总和	—	$SS_T = W - P =$	$df_T = 8$	—	—	

实验五 原毛洗涤工艺实验

一、实验目的

分析原毛洗涤过程中工艺因素对洗净毛质量的影响。

二、实验原理

洗毛是一个非常复杂的物理、化学和机械作用过程，是润湿、乳化、分散、增溶和浮选等基本（特征）作用的综合体现，是洗剂分子和胶束多种作用的结果，同时离不开洗毛过程的机械作用。

三、实验设备、仪器和药品

电子天平，电热恒温水浴锅，电热恒温干燥箱，白度仪；

烧杯（500mL 2 个，250mL 1 个），玻璃棒，温度计，移液管，吸耳球，分样筛；

洗涤剂Ⅰ：十二烷基磺酸钠 $CH_3(CH_2)_{11}SO_3Na$；洗涤剂Ⅱ：丝毛洗涤剂；

碳酸钠（Na_2CO_3），元明粉（Na_2SO_4）。

四、实验原料

原毛

五、实验内容

1. 实验方案

（1）模拟五槽洗毛过程。第一槽浸润槽，第二、三槽洗涤槽，第四、五槽漂洗槽。

（2）对洗涤槽作 6 因素 2 水平模拟实验，见表 7-9。并将各因素及其水平排入 $L_8(2^7)$ 正交表内，如表 7-10。

表 7-9 洗毛工艺的因素水平表

水平	因子					
	洗涤剂种类（A）	洗涤剂浓度/%（B）	助剂种类（C）	助剂浓度/%（D）	洗液温度/℃（E）	机械作用（F）
1	洗涤剂Ⅰ	0.3	Na_2CO_3	0.5	30	无
2	洗涤剂Ⅱ	0.05	Na_2SO_4	0.1	60	10 次/分

表 7-10 正交表 $L_8(2^7)$

试验号	因子						
	1（A）	2（B）	3（C）	4（D）	5（E）	6（F）	7
1	1	1	1	1	1	1	1

试验号	因子						
	1 (A)	2 (B)	3 (C)	4 (D)	5 (E)	6 (F)	7
2	1	1	1	2	2	2	2
3	1	2	2	1	1	2	2
4	1	2	2	2	2	1	1
5	2	1	2	1	2	1	2
6	2	1	2	2	1	2	1
7	2	2	1	1	2	2	1
8	2	2	1	2	1	1	2

（3）测试指标为洗净毛制成率、白度值。

2. 实验步骤

（1）每个方案称取烘至恒重的原毛试样 1 个，每个 2.0g。

（2）准备洗液。五个洗槽均以浴比 1∶150 加入蒸馏水。按方案中洗剂、助剂浓度要求称量洗剂、助剂，倒入洗涤槽，并使其均匀。

（3）根据实验方案进行洗毛。洗涤槽温度依实验方案要求控制，其余三槽温度均为（50±2）℃。试样在各槽中的浸洗时间均为 5min。有机械作用的实验方案，应使玻璃棒往复平行拨动羊毛，不允许搅动，以免粘并。试样从一槽进入另一槽前，应用手将洗液挤干，避免污染下一槽。

（4）洗涤完成，用手挤干试样、自然阴干，或用 70℃烘箱烘至恒重。

（5）用白度仪测定试样白度值，用天平称量洗净毛质量。按下式计算洗净毛制成率：

$$洗净毛制成率 \ X = \frac{G_0'}{G_0}$$

式中：G_0'为洗涤后试样干重（g）；G_0为洗涤前试样干重（g）。

（6）将测试数据填入正交实验结果分析表 7-11，并进行分析。

表 7-11 洗毛正交实验结果与分析

试验号	1 (A)	2 (B)	3 (C)	4 (D)	5 (E)	6 (F)	制成率/% X	白度值/% Y
1	1	1	1	1	1	1	$X_1=$	$Y_1=$
2	1	1	1	2	2	2	$X_2=$	$Y_2=$
3	1	2	2	1	1	2	$X_3=$	$Y_3=$
4	1	2	2	2	2	1	$X_4=$	$Y_4=$
5	2	1	2	1	2	1	$X_5=$	$Y_5=$
6	2	1	2	2	1	2	$X_6=$	$Y_6=$
7	2	2	1	1	2	2	$X_7=$	$Y_7=$

续表

试验号		1 （A）	2 （B）	3 （C）	4 （D）	5 （E）	6 （F）	制成率/% X	白度值/% Y
8		2	2	1	2	1	1	$X_8=$	$Y_8=$
制成率	M_1	$M_{1A}=$	$M_{1B}=$	$M_{1C}=$	$M_{1D}=$	$M_{1E}=$	$M_{1F}=$		
	M_2	$M_{2A}=$	$M_{2B}=$	$M_{2C}=$	$M_{2D}=$	$M_{2E}=$	$M_{2F}=$		
	极差 R	$R_A=$	$R_B=$	$R_C=$	$R_D=$	$R_E=$	$R_F=$		
	主次顺序								
白度	N_1	$N_{1A}=$	$N_{1B}=$	$N_{1C}=$	$N_{1D}=$	$N_{1E}=$	$N_{1F}=$		
	N_2	$N_{2A}=$	$N_{2B}=$	$N_{2C}=$	$N_{2D}=$	$N_{2E}=$	$N_{2F}=$		
	极差 Q	$Q_A=$	$Q_B=$	$Q_C=$	$Q_D=$	$Q_E=$	$Q_F=$		
	主次顺序								

六、思考题

1. 选出洗毛的最佳工艺组合。

2. 简要分析各工艺因素对洗净毛质量的影响。

实验六 绢纺原料精练工艺实验

一、实验目的

掌握皂—碱法化学精练绢纺原料的工艺原理与工艺过程。

二、实验原理

利用化学药剂的作用，使绢纺原料脱胶、去脂。丝胶具有两性性质，其等电点 pH 值为 3.8~4.5，在碱性溶液中更易溶解，同时碱还可通过皂化作用除去绢纺原料的油脂（蛹油）等杂质。

练液中的肥皂能将原料上的油脂和杂质洗去，同时还可对练液的 pH 值起缓冲作用。

三、实验设备、仪器和药品

电子天平，电热恒温水浴锅，可调式电炉，脱水机，电热恒温干燥箱；

烧杯（500mL 2 个），玻璃棒，温度计；

移液管，吸耳球，表面皿，pH 试纸；

碳酸钠（Na_2CO_3），丝光皂，硫酸（H_2SO_4），氢氧化钠（$NaOH$）。

四、实验原料

桑蚕绢纺原料（长吐）

五、实验内容

1. 工艺流程

取样与配液→预处理→脱水→精练→温水洗→冲洗→脱水→烘干→质量评定

2. 实验步骤

（1）取样与配液。称取桑蚕绢纺原料（长吐）10.0g。按照表7-12配方配置精练液。

表7-12 绢纺原料精练工艺

绢纺原料长吐	预处理工艺	精练工艺
浴比	1：50	1：35
Na_2CO_3/（g/L）	2.5	5
肥皂/（g/L）	1.5	2
pH值	9.0~10.5	9.0~10.5
温度/℃	60~70	98~100
时间/min	60	20

（2）预处理和精练。按照表7-12工艺参数进行，用硫酸或氢氧化钠调节pH值。

（3）温水洗。采用50~60℃温水洗第一次，再用40~50℃温水洗第二次。浴比1：50，时间各10min。

（4）冲洗。用常温水洗。

（5）脱水与烘干。对水洗样品进行脱水处理，在（120±3）℃温度烘干至恒重。

（6）质量评定。按照如下公式计算练减率，并记录实验结果。

$$E = \frac{m_Z - m_h}{m_Z} \times 100\%$$

式中：E 为练减率（%）；m_Z 为练前干重（g）；m_h 为练后干重（g）。

六、思考题

1. 简述绢纺原料皂—碱法化学精练的原理。

2. 影响练减率的因素有哪些？

参考文献

[1] 张耀武 . 关于化学热力学中熵和自由焓概念的探讨 [J]. 邯郸职业技术学院学报，1995，8（1）：46-49.

[2] 应赛丹，万琦 . 国毛土杂去除工艺研究 [J]. 纺织学报，1996，17（1）：46-47.

[3] 李元高 . 物理化学 [M]. 上海：复旦大学出版社，2013.

[4] 杨继生 . 表面活性剂原理与应用 [M]. 南京：东南大学出版社，2012.

[5] 姜兆华，孙德智 . 应用表面化学与技术 [M]. 哈尔滨：哈尔滨工业大学出版社，2009.

[6] 高晓艳 . 洗毛与染色 [M]. 北京：中国纺织出版社，2020.

[7] 李龙，李欢意 . 山羊绒制品工程 [M]. 上海：东华大学出版社，2004.

[8] 上海毛麻纺织科学技术研究所 . 特种动物纤维（内部资料）[Z]. 上海：上海毛麻纺织科学技术研究所，1991.

[9] 白旭辉 . 如何提高分梳山羊绒质量 [J]. 中国纤检，2018（5）：57-59.

[10] 李龙，李欢意，吴宏伟，等 . 山羊绒分梳技术讨论 [J]. 毛纺科技，2002（2）：19-21.

[11] 李发洲，陈前维，戴飞，等 . JLW 羊绒联合分梳机分梳工艺设计 [J]. 毛纺科技，2011（1）：32-34.

[12] 梁向和，陈福俊，王贵 . 联合式羊绒分梳机的最佳结构配置 [J]. 毛纺科技，2004（10）：30-31.

[13] 纪合聚，纪泽锋，李政春 . SLFN248A 型羊绒分梳联合机的结构特点简介 [J]. 纺织设备，2003（5）：18-19.

[14] 草盟琳，周道玮，林佳乔 . 中国羊绒生产的地带性及其相关因子研究 [J]. 家畜生态学报，2005（5）：41-46.

[15] 陈前维，徐成书，李发洲，等 . 山羊绒的混胶法洗绒工艺 [J]. 印染，2020（5）：40-42.

[16] 田俊莹，张天永，张志 . 超声波节水洗绒工艺的探讨 [J]. 毛纺科技，2010（1）：1-3.

[17] 郑远彬，施楣梧，肖红，等 . 应用超临界 CO_2 流体的洗绒工艺研究 [J]. 毛纺科技，2021（8）：26-32.

[18] 孙小寅 . 纺织原料前处理 [M]. 北京：化学工业出版社，2014.

[19] 郝巴亚斯胡良 . 一种绒山羊增绒的饲养方法：中国，200710142975.8 [P]. 2009-02-25.

[20] 薛纪莹 . 特种动物纤维产品与加工 [M]. 北京：中国纺织出版社，1998.

［21］姚穆.纺织材料学［M］.4版.北京：中国纺织出版社，2014.

［22］于伟东.纺织材料学［M］.2版.北京：中国纺织出版社，2018.

［23］郑科，刘正初，段盛文，等.果胶酶在麻类脱胶中的应用及其作用机理［J］.生物技术进展，2012，2（6）：404-410.

［24］刘嘉乐，孙宇峰，王伟东.汉麻生物脱胶技术研究进展［J］.中国麻业科学，2021，43（2）：97-103.

［25］张毅，郁崇文.亚麻纤维的脱胶工艺［J］.纺织学报，2011，32（6）：71-74.

［26］罗远莉.苎麻生物脱胶的研究［D］.重庆：重庆大学，2007.

［27］蓝广芊，左伟东，许平震，等.苎麻微生物脱胶特异菌株的筛选与鉴定［J］.纺织学报，2010，31（8）：56-60.

［28］吕泽瑞，黎征帆，江惠林，等.苎麻纤维制备研究进展［J］.棉纺织技术，2020，48（11）：68-72.

［29］王海霞，王和，李发洲.山羊原绒分选及其质量控制［J］.毛纺科技，2020，48（6）：34-37.

附录

附录一　实验室安全操作规程

实验是"纺织化学与原料前处理"课程不可缺少的一个重要环节，目的是培养学生正确掌握基础实验操作技能，培养学生独立思考和独立工作的能力，培养学生养成科学的工作态度和习惯，并通过实验加深对专业基础知识和基本原理的理解。

一、实验的程序与要求

1. 预习

充分预习实验指导书是保证做好实验的重要环节。预习时应搞清实验的目的、内容、有关原理、操作方法及注意事项等，并初步估计每一反应的预期结果，认真思考实验思考题。

2. 提问和检查

实验开始前由指导教师进行集体或个别提问和检查，了解学生的预习情况，指导学生学习方法。查问内容主要是实验目的、内容、原理、操作方法及注意事项等。

3. 进行实验

学生应遵守实验室规则，接受教师指导，按照实验指导书规定的方法、步骤及药品用量进行实验。细心观察实验现象，如实记录在实验报告中。同时，应深入思考，分析产生现象的原因。

4. 完成实验报告

实验结束后，应在指定时间内完成实验报告。实验报告要记载详实、书写整洁、文字简练、数据清楚、图表规范、结论明确，对实验中的问题要进行讨论和回答。

实验报告内容应包括：

（1）实验名称，实验日期和时间，实验人姓名，组别，同组实验人姓名等；

（2）实验目的；

（3）实验原理；

（4）实验仪器名称、药品名称、试样名称等；

（5）实验内容和操作步骤；

（6）实验数据记录（实验参数、药品用量、称重结果、实验指标测试结果及计算结果等）；

（7）实验结果分析；

（8）讨论和回答实验思考题。

二、实验室规则及注意事项

（1）实验前清点仪器，如发现有破损或缺少，应立即报告教师，按规定手续向实验准备室补领。实验过程中仪器如有损坏，应按规定手续向实验准备室换取新仪器。未经教师同意，不得拿用别的位置上的仪器。

（2）实验时保持肃静，集中思想，认真操作，仔细观察现象，如实记录结果，积极思考问题。

（3）实验时应保持实验室和桌面清洁整齐。严禁将废弃物倒入水槽内，以防堵塞或腐蚀。

（4）实验时要小心地使用仪器、设备，注意节约水、电、药品。使用精密仪器时，必须严格遵守操作规程，要谨慎细致。如发现故障，应立即停止使用，并及时报告教师。

（5）取用药品时，应按规定量取用，自瓶中取出药品后，不应将药品倒回原瓶中，以免带入杂质；取用药品后，应立即盖上瓶塞，并随即将瓶放回原处。

（6）实验时必须按正确操作方法进行，注意安全。

（7）实验完毕后，将玻璃仪器洗涤干净，放回原处。整理好桌面，打扫干净水槽和地面，最后洗净双手。

（8）实验结束后，必须检查电插头或闸刀是否拉开，水龙头是否关闭等。实验室内的一切物品（仪器、药品等）不得带离实验室。

三、实验室安全守则

化学药品中有很多是易燃、易爆炸、有腐蚀性或有毒的。所以在实验时，首先必须在思想上十分重视安全问题，决不能麻痹大意；其次，在实验前应充分了解安全注意事项。在实验过程中要集中注意力，遵守操作规程，以避免事故的发生。

（1）加热试管时，不要将试管口指向自己或别人，不要俯视正在加热的液体，以免液体溅出，受到伤害。

（2）嗅闻气体时，应用手轻拂气体，扇向自己后再嗅。

（3）使用酒精灯，应随用随点，不用时盖上灯罩。不要用已点燃的酒精灯去点燃别的酒精灯，以免酒精流出而失火。

（4）浓酸、浓碱具有强腐蚀性，切勿溅在衣服、皮肤，尤其眼睛上。稀释浓硫酸时，应将浓硫酸慢慢倒入水中；而不能将水倒入浓硫酸，以免迸溅。

（5）能产生有刺激性或有毒气的实验，应在通风橱内（或通风处）进行。

（6）有毒药品（如重铬酸钾、钡盐、铅盐、砷的化合物、汞的化合物等，特别是氰化物）不得进入口内或接触伤口。也不能将有毒药品倒入下水管道。

（7）对于易燃物质，应尽可能使其远离火焰。

（8）实验完毕，应洗净双手后，才可离开实验室。实验室内严禁饮食、吸烟。

四、实验室意外事故的处理

（1）若因酒精、苯或乙醚等引起着火，应立即用湿布或砂土（实验室应备有灭火砂箱）等扑灭。若遇电气设备着火，必须先切断电源，再用二氧化碳灭火器灭火。

（2）遇有烫伤事故，可用高锰酸钾或苦味酸溶液清洗灼伤处，再搽上凡士林或烫伤油膏。

（3）若在眼睛或皮肤上溅着强酸或强碱，应立即用大量水冲洗，然后相应地用碳酸氢钠溶液或硼酸溶液冲洗（若溅在皮肤上最后还可涂些凡士林）。

（4）若吸入氯、氯化氢气体，可即吸入少量酒精和乙醚的混合蒸汽以解毒；若吸入硫化氢气体而感到不适或头晕时，应立即到室外呼吸新鲜空气。

（5）被玻璃割伤时，伤口内若有玻璃碎片，需先挑出，然后抹上红药水并包扎。

（6）遇有触电事故，首先应切断电源，然后在必要时进行人工呼吸。

附录二　正交实验设计

正交实验设计也称正交实验法，是利用"正交表"科学地安排和分析多因素问题实验的一种数理统计方法。

它是在实验因素的全部水平组合中，挑选部分有代表性的水平组合进行实验，通过对这部分实验结果的分析，了解全面实验的情况，找出最优的水平组合。

一、正交实验设计的优点

（1）合理安排实验，减少实验次数。当因素越多时，正交实验设计的这一优势越突出。如 7 因素 2 水平，全实验需 $2^7 = 128$ 个方案，正交实验设计仅需 8 次实验；5 因素 5 水平，全实验需 $5^5 = 3125$ 个方案，正交实验设计仅需 25 次实验。

（2）在众多影响因素中，分清主次，抓住主要矛盾。

（3）找出最优的设计参数或工艺条件。

（4）指出进一步实验方向。

（5）方法简单，使用方便。

二、正交实验设计的应用

正交实验设计广泛应用于纺织技术革新、工艺改革、产品设计和科学实验等方面，在提高产品的质量、产量，研究采用新工艺、新品种，了解新设备的工艺性能，改进技术管理等方面发挥了重要的作用。

三、正交表

正交表符号的意义如下：

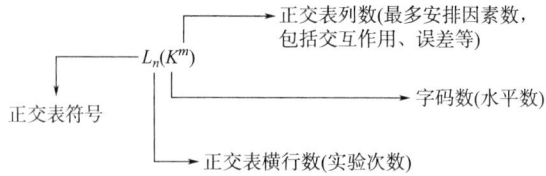

如正交表号 $L_9(3^4)$ 的意义是：做 9 次实验，各因素的水平数为 3，最多考虑 4 个因素（含交互作用、误差等），见表 7-3。

四、正交实验设计的步骤

（1）明确实验目的、确定指标。

（2）挑因素、选水平，制定因素水平表。

（3）选择正交表。

（4）确定实验方案（表头设计，填写实验计划表）。

（5）实验实施。

（6）实验结果分析：直观分析，方差分析。

五、正交实验结果分析

1. 直观分析

计算各因素水平对试验结果的影响，并用图表形式将这些影响表示出来。再通过极差分析，确定出优化的水平搭配方案（生产方案），找出因素对试验结果的影响程度。直观分析不能对误差的大小作出估计，但是简单易行，计算量小。对分析的精确度要求不高的筛选实验，可使用直观分析法。

2. 方差分析

利用试验数据总离差的可分解性，将各个因素离差与试验误差分解开来，计算比较它们的平均离差平方和，以确定各因素对试验结果的影响程度和相对大小，从而找出对试验结果起决定性影响的因素。

六、正交实验计算举例

$$F_{0.05}(2,2) = 19.0$$

白度值越大越好，制成率越低越好，正交实验计算举例见附表 2-1~附表 2-3。

附表 2-1　正交实验计算举例（一）

试验号	1 (A)	2 (B)	3 (C)	4 (误差列)	白度值/ %	白度值的平方
1	1	1	1	1	$Y_1 = 35.8$	$Y_1^2 = 1281.64$

试验号	1 （A）	2 （B）	3 （C）	4 （误差列）	白度值/ %	白度值的平方
2	1	2	2	2	$Y_2 = 36.8$	$Y_2^2 = 1354.24$
3	1	3	3	3	$Y_3 = 37.5$	$Y_3^2 = 1406.25$
4	2	1	2	3	$Y_4 = 40.9$	$Y_4^2 = 1672.81$
5	2	2	3	1	$Y_5 = 39.7$	$Y_5^2 = 1576.09$
6	2	3	1	2	$Y_6 = 40.3$	$Y_6^2 = 1624.09$
7	3	1	3	2	$Y_7 = 45.8$	$Y_7^2 = 2097.64$
8	3	2	1	3	$Y_8 = 45.5$	$Y_8^2 = 2070.25$
9	3	3	2	1	$Y_9 = 53.1$	$Y_9^2 = 2819.61$
K_1	K_{1A} $= Y_1+Y_2+Y_3$ $= 110.1$	K_{1B} $= Y_1+Y_4+Y_7$ $= 122.5$	K_{1C} $= Y_1+Y_6+Y_8$ $= 121.6$	K_{1e} $= Y_1+Y_5+Y_9$ $= 128.6$		
K_2	K_{2A} $= Y_4+Y_5+Y_6$ $= 120.9$	K_{2B} $= Y_2+Y_5+Y_8$ $= 122.0$	K_{2C} $= Y_2+Y_4+Y_9$ $= 130.8$	K_{2e} $= Y_2+Y_6+Y_7$ $= 122.9$	$T = \sum\limits_{i=1}^{9} Y_i = 375.4$	
K_3	K_{3A} $= Y_7+Y_8+Y_9$ $= 144.4$	K_{3B} $= Y_3+Y_6+Y_9$ $= 130.9$	K_{3C} $= Y_3+Y_5+Y_7$ $= 123.0$	K_{3e} $= Y_3+Y_4+Y_8$ $= 123.9$	$P = \dfrac{1}{9}T^2 \approx 15658.35$ $W = \sum\limits_{i=1}^{9}(Y_i^2) = 15902.62$	
最优方案	A_3	B_3	C_2			
极差 R	$R_A = K_{3A}-K_{1A}$ $= 34.3$	$R_B = K_{3B}-K_{2B}$ $= 8.9$	$R_C = K_{2C}-K_{1C}$ $= 9.2$	—		
因素主 次顺序	1	3	2			

附表 2-2 正交实验计算举例（二）

离差 来源	U	离差平方和	自由度	均方	F 值	显著性
A	$U_A = \dfrac{1}{3}\sum\limits_{i=1}^{3}(K_{iA})^2$ ≈ 15863.39	$SS_A = U_A - P$ $= 205.04$	$df_A = 2$	$MS_A = SS_A/df_A$ $= 102.52$	$F_A = MS_A/MS_e$ ≈ 33.18	*
B	$U_B = \dfrac{1}{3}\sum\limits_{i=1}^{3}(K_{iB})^2$ $= 15675.02$	$SS_B = U_B - P$ $= 16.67$	$df_B = 2$	$MS_B = SS_B/df_B$ ≈ 8.34	$F_B = MS_B/MS_e$ ≈ 2.70	不显著
C	$U_C = \dfrac{1}{3}\sum\limits_{i=1}^{3}(K_{iC})^2$ ≈ 15674.73	$SS_C = U_C - P$ $= 16.38$	$df_C = 2$	$MS_C = SS_C/df_C$ $= 8.19$	$F_C = MS_C/MS_e$ ≈ 2.65	不显著

续表

离差来源	U	离差平方和	自由度	均方	F 值	显著性
误差	$U_e = \dfrac{1}{3}\sum\limits_{i=1}^{3}(K_{ie})^2$ ≈ 15664.53	$SS_e = U_e - P$ $= 6.18$	$\mathrm{d}f_e = 2$	$MS_e = SS_e/\mathrm{d}f_e$ $= 3.09$	—	—
总和	—	$SS_T = W - P$ $= 244.27$	$\mathrm{d}f_T = 8$	—	—	—

附表 2-3 正交实验计算举例（三）

试验号	1 (A)	2 (B)	3 (C)	4 (D)	5 (E)	6 (F)	制成率/% X
1	1	1	1	1	1	1	$X_1 = 65.70$
2	1	1	1	2	2	2	$X_2 = 64.05$
3	1	2	2	1	1	2	$X_3 = 51.53$
4	1	2	2	2	2	1	$X_4 = 65.08$
5	2	1	2	1	2	1	$X_5 = 75.85$
6	2	1	2	2	1	2	$X_6 = 67.00$
7	2	2	1	1	2	2	$X_7 = 75.00$
8	2	2	1	2	1	1	$X_8 = 71.40$
K_1	K_{1A} $= X_1 + X_2$ $+ X_3 + X_4$ $= 246.36$	K_{1B} $= X_1 + X_2$ $+ X_5 + X_6$ $= 272.60$	K_{1C} $= X_1 + X_2$ $+ X_7 + X_8$ $= 276.15$	K_{1D} $= X_1 + X_3$ $+ X_5 + X_7$ $= 268.08$	K_{1E} $= X_1 + X_3$ $+ X_6 + X_8$ $= 255.63$	K_{1F} $= X_1 + X_4$ $+ X_5 + X_8$ $= 278.03$	
K_2	K_{2A} $= X_5 + X_6$ $+ X_7 + X_8$ $= 289.25$	K_{2B} $= X_3 + X_4$ $+ X_7 + X_8$ $= 263.01$	K_{2C} $= X_3 + X_4$ $+ X_5 + X_6$ $= 259.46$	K_{2D} $= X_2 + X_4$ $+ X_6 + X_8$ $= 267.53$	K_{2E} $= X_2 + X_4$ $+ X_5 + X_7$ $= 279.98$	K_{2F} $= X_2 + X_3$ $+ X_6 + X_7$ $= 257.58$	
最优方案	A_1	B_2	C_2	D_2	E_1	F_2	
极差 R	R_A $= K_{2A} - K_{1A}$ $= 42.89$	R_B $= K_{1B} - K_{2B}$ $= 9.59$	R_C $= K_{1C} - K_{2C}$ $= 16.69$	R_D $= K_{1D} - K_{2D}$ $= 0.55$	R_E $= K_{2E} - K_{1E}$ $= 24.35$	R_F $= K_{1F} - K_{2F}$ $= 20.45$	
因素主次顺序	1	5	4	6	2	3	